건축계획각론 · 건축산업기사 · 예상문제 · 최신과년도문제 및 해설

건축계획실습

이용희 · 류근주 공저

SEOWOO PUBLICATIONS

머리말

이 책은 건축의 이론적 배경이 되며 건축디자인에 기초가 되는 건축계획각론을 기초로 하여 내용을 정리하였습니다. 건축전문분야의 전문가가 되기 위해 건축을 전공하고 공부하는 건축학도들에게 국가자격시험인 건축기사, 산업기사시험은 이제 학부과정에서 거쳐야 하는 과정으로 인식되고 있습니다. 이 책은 건축전공 대학교재로 활용할 목적으로 집필되었으나 건축 관련 자격증 및 공무원 시험 등을 준비 중인 수험생들에게 참고서로도 유용할 것입니다.

이 책은 우선 건축계획각론 핵심부분을 단원별로 간략하게 요약 정리하여 짧은 시간에 건축계획이론을 정리할 수 있도록 하였고, 건축계획이론을 바탕으로 출제되는 기출문제와 예상문제를 이해하기 쉽게 체계적으로 정리 · 해설하여 효과적인 학습이 되도록 정리하였습니다. 또한 과거 20여년간 출제되었던 문제들을 충분히 수록하여 기사시험의 출제경향이 자연스럽게 파악되고 유사한 문제들에 대해서는 반복적으로 노출되고 학습함으로서 자연스럽게 이해도와 학습 효과를 높였습니다.

저자들은 20여년 이상 건축전공 학생들에게 현장에서 강의하면서 얻은 경험을 바탕으로 최선을 다하여 본 도서를 집필하였습니다. 학문적 역량의 부족으로 미흡한 부분은 여러분들의 관심과 조언으로 추후 보완하도록 하겠습니다. 또한, 집필 중 참고한 선현의 학문적 업적들은 이 책의 근간을 이루는 훌륭한 귀감이 되었음을 밝힙니다.

마지막으로 이 책이 출판되도록 물심양면으로 힘써주신 도서출판서우 이석환 사장님, 이창일 편집실장님과 출판사 관계자 여러분들에게 감사의 뜻을 전합니다.

2020년 여름

저자 일동

차 례

제1편
건축계획각론

제2편
예상문제, 과년도문제 및 해설

제 1 편

건축계획각론

제1장 총론

1. 건축과 건축계획의 정의

- 최초의 건축은 비, 바람, 눈, 맹수 등의 자연환경으로부터 인간을 보호하기위한 비호물의 개념
- 계획이란 어떤 일을 수행하기 전에 일의 방법, 절차, 규모 등을 미리 생각하여 체계를 잡는 것이며, 건축 계획은 설계, 시공, 유지관리 등과 같은 건축일련의 과정을 사전에 체계화하는 작업

2. 건축의 3요소

1) 기능(function) : 건축물의 용도에 맞는 사용상의 편리
2) 구조(structure) : 건물에 적당한 튼튼한 구조

3) 미(beauty) : 건축물의 형태적 아름다움

3. 건축의 과정

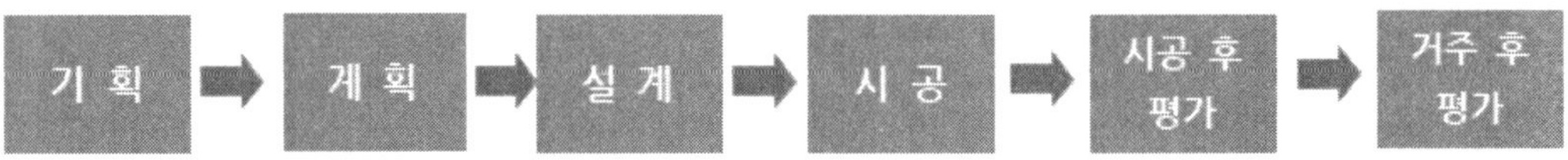

그림 1-1 건축의 과정

- 건축은 크게 6개의 과정으로 진행되는데,

1) 기획(programming)

- 건축물의 개념과 의도에 따라 건축 전 과정의 작업을 체계화하고, 실행예산과 운영 방안을 모색하며, 목표설정과 자료수집, 분석하여 각종 설계 희망사항, 요구조건, 제약 등을 파악

2) 계획(plan)

- 기획과정을 통해 종합된 내용을 바탕으로 설계를 위한 안을 작성하는 작업

3) 설계(design)

- **기본 설계** : 설계자가 생각을 배치도, 평면도, 입면도, 단면도 등 도면화 하는 작업
- **실시 설계** : 건축주와 합의되어 결정 내용을 토대로 실제 시공 과정에서 사용하도록 실시설계도, 구조계산서, 내역서, 시방서 등을 상세하게 작성하는 작업

4) 시공(construction)

- 건축시공기술자에 의해 실시설계도면을 토대로 실제 건물이 만들어지는 과정

5) 시공후 평가(P.C.E : Post Construction Evalution)

- 건축시공이 완료된 시점에서 이루어지는 평가

6) 거주후 평가 (P.O.E : Post Occupancy Evalution)

- 준공된 건축물을 실제 사용한 후에 이루어지는 평가로 거주후평가의 결과는 후속 디자인에 도움을 주는 좋은 지침이 되고 건축계획 및 평가 이론을 개선할 수 있는 자료로 활용

4. 건축계획의 원리

1) 합목적성[合目的性]

- 기능주의와 밀접한 관련성을 갖고, 건물의 사용목적에 적합하도록 계획되어야 함

2) 보건성

- 환기 및 자연환경 등에 적절히 대응하고 대기오염 및 소음 등 주변 환경으로부터 거주자의 건강과 쾌적성을 증대시켜 건강을 유지하도록 계획함

3) 구조성

- 건물의 자중이나 풍압, 지진, 적설하중 등에 대해 안전하도록 계획함

4) 경제성

- 건설비, 경상비, 내용연한 등 건축비용과 유지관리비용이 효율적으로 투입되도록 계획함

5) 사회성

- 주변 도시환경과의 조화, 공익적 측면과 지속가능한 발전 등을 종합 고려하여 계획함

5. 동선 계획

1) 동선의 정의

- 건축. 도시 공간에 있어서의 사람이나 물건의 움직임의 양, 방향, 연관 등을 나타내는 선으로, 공간 내에서 생활행위 중의 사람, 물건, 차량 등의 움직임을 선으로 나타낸 것

2) 동선의 3요소는 빈도, 속도, 하중이다.

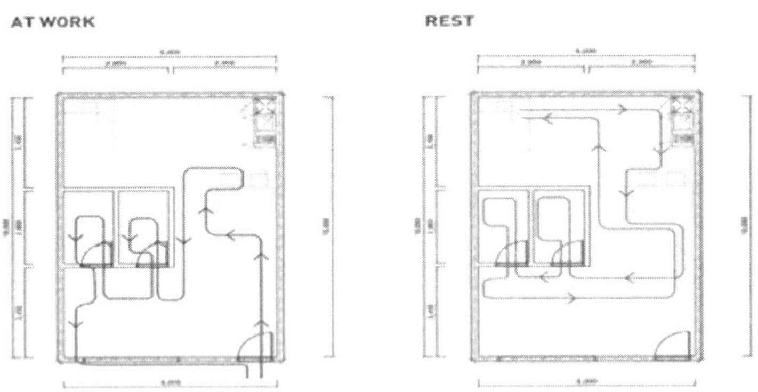

그림 1-2 동선의 예

3) 동선은 단순 명쾌해야하며, 빈도 높은 동선은 짧게 이루어져야 한다.

- 서로 다른 종류의 동선은 분리하고, 개인권, 사회권, 가사노동권은 서로 독립성을 유지해야 함

6. 모듈계획

1) **정의** : 모듈은 건축물을 계획하고 설계하는 과정에서 공간, 건물 부위, 자재, 부품 등의 치수와 크기를 조정하고 결정하는 기준이 되는 단위로 건축의 표준화를 통한 건축구성재의 대량생산을 가능하게 한다. 척도 혹은 기준치수로 기준척도를 10cm로 하고 이것을 1M으로 쓰며 1M, 3M 등의 복합모듈로 활용하였다.

2) 르 꼬르뷔제의 모듈러

- 모듈의 대표적인 예로서 르 꼬르뷔제는 인체의 주요 부분 사이의 거리가 황금비(1:1.618)로 나타나고 있음을 보여주었다.
- 르 꼬르뷔제는 인체의 비율을 건축의 척도로 삼는 모듈 즉 황금비를 발전시켜 실제 건축에 적용하였고 그 대표적인 건축물이 "유니테 다비타시옹"이다.
- 최소한의 공간 속에서 사람이 팔을 벌리고 움직일 때 불편함이 없도록 건축물을 지어야 한다는 것이다. 그는 이런 황금비율을 모듈러 시스템에 적용하였고, 이를 다양하게 조합해서 건축 재료의 기준 수치로 삼았다. 롱샹교회는 이런 모듈러 이론의 정수를 보여주었다.

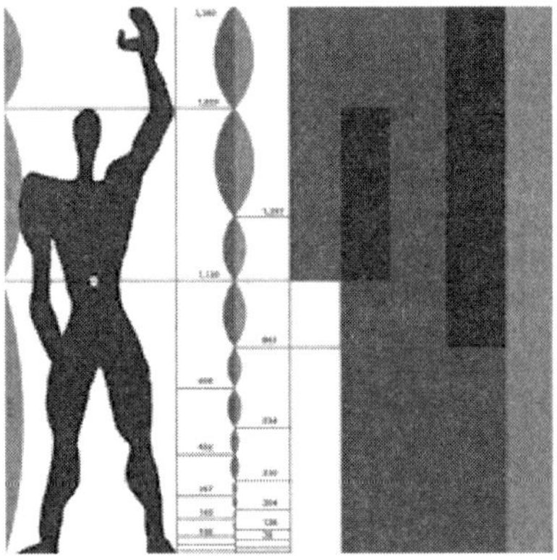

그림 1-4. 르 꼬르뷔제의 휴먼스케일

그림 1-5. 르 꼬르뷔제의 롱샹성당

3) 모듈 종류

- **기본 모듈** : 기준 척도를 1M(10cm)으로 표시한 모듈
- **복합 모듈** : 기본 모듈인 1M의 배수가 되는 모듈로, 20cm는 2M로 표현하고 높이방향의 기준이 되며, 30cm는 3M으로 표현하며 건물 수평방향 길이의 기준이 됨
- **보조 모듈** : 기본 모듈보다 작은 크기 단위가 필요할 경우에 기본 모듈을 정수로 나누어서 사용하는 모듈

4) 모듈 치수

- 모든 모듈 치수는 공칭치수(줄눈 중심 간의 거리, 제품치수+준눈하나)이고 제품치수는 공칭치수에서 줄눈의 두께를 뺀 것

5) 모듈 정합[modular coordination(M.C)]

M.C란 건축물의 재료나 부품에서부터 설계 및 시공에 이르기까지 건축생산 전반에 걸쳐 치수의 유기적인 연계성을 만들어 건축물의 미적질서를 갖게 하도록 치수상의 상호조정을 하는 과정을 말하며, 이를 척도조정 혹은 모듈 정합이라고 한다.

▶ **모듈 정합의 장·단점**

- 장점 - 대량생산이 용이하고 생산비용이 낮아진다.
  자재생산의 경제성 확보가 가능하다.
  현장작업이 단순하여 공기가 단축되고 자재의 낭비를 줄일 수 있다.
  설계 작업을 간편하고 단순화시켜 설계의 효율성을 증대시킬 수 있다.
- 단점 - 동일 형태가 집단적으로 이루어지므로 시각적으로 단조롭다.
  획일화에 의해 개성이 상실된다.

7. 건축의 형태구성 원리

1) 통일성(unity)과 변화성(variety)

- 통일성은 건축물에 공통적인 요소들을 반복 적용하여 일관성을 갖게 하는 것으로 지나치게 강조하면 단조로워지기 쉽다. 단조로움에 대한 상대적인 의미인 변화성은 무질서한 변화보다는 통일성내에서도 건축물의 색체, 질감, 크기, 형태 등의 변화를 주어 동적으로 표현하는 것

2) 비례(proportion)

- 건축에서 일반적으로 선, 면, 공간 사이에서 상호 간의 양적인 관계를 말하며, 역사이래로 황금분할비는 그리스의 황금시대에 발달된 아름다운 비례로 작은 부분과 큰 부분의 비율이 큰 부분과 전체의 비율과 같게 되는 것으로서 그 비율은 1 : 1.618이다.

3) 조화(harmony)와 대비(contrast)

- 조화는 부분과 부분 사이에 질적이거나 양적으로 모순됨 없이 안정되게 질서가 잡혀 있는 것을 의미하며, 대비는 서로 상반되는 요소를 대치시켜 더욱 강조하는

것이다.

4) 균형(balance)

- 건축구성재의 형태적인 혹은 구조적인 부분들이 서로 평형을 유지하게 하는 것

5) 리듬(rhythm)

- 부분과 부분 사이에 시각적 강약이 규칙적으로 연속되게 하는 것을 의미하는데, 리듬에는 반복, 점증, 억양 등이 있다.

6) 질감(texture)

- 물체를 만져보지 않고 눈으로만 보아도 그 표면의 상태를 알 수 있는 것

제 2 장
주거건축

1. 단독주택

1.1 단독주택

1) 새로운 주거 계획의 기본 방향

- 생활의 쾌적함을 증대 시킨다.
- 가사 노동을 경감하고 주거의 단순화를 꾀한다.
- 가족 본위의 주거로 계획한다.
- 개인 생활의 프라이버시를 확립한다.
- 활동성의 증대를 위한 의자를 사용하는 입식 생활을 도입한다.

2) 주생활 수준의 기준

주생활 수준의 기준은 1인당 주거면적으로 나타내며, 주거 면적은 주택 연면적에서 공용부분(현관, 복도, 부엌, 유틸리티, 욕실, 화장실 등)을 제외한 순수 주거면적으로 건축 연면적의 50~60% 정도를 차지한다.

① **1인당 최소 주거면적** : 10m²/인
② **숑바르 드 로브의 기준(1950년)**
- **병리기준** : 8m²/인
- **한계기준** : 14m²/인
- **표준기준** : 16m²/인

③ **Frank Am Mein의 국제주거회의의 기준(1929년)** : 15m²/인
④ **UIOP(세계가족단체협회)의 코르노의 기준** : 16m²/인

1.2. 생활양식에 의한 한식주택과 양식주택의 비교

구분	한식	양식
평면의 차이	방의위치별 분화 조합, 은폐적, 분산식 *안방, 건넌방, 사랑방	방의 기능별 분화 분화, 개방적, 집중식 *거실, 식당, 침실 등
구조의 차이	목조 가구실(가연성 구조) 바다이 높고 개구부가 크다. (자연환경의 영향)	벽돌 조적식(난연성 구조) 바닥이 낮고 창이 작다.
관습의 차이	좌식생활: 온돌, 탈화	입식(의자)생활: 침대 착화
용도의 차이	방의 혼합용도(사용에 따라 용도가 달라진다.)	방의 단일용도(침실, 공부방)
가구의 차이	가구는 부차적 존재(가구와 관계없	가구는 주요한 내용물(가구의 종류

	이 각 소요실의 크기와 설비가 결정)	와 형태에 따라 실의 크기 폭의 비가 결정)
공간의 융통성	높음(실 기능의 혼재)	낮음(실 기능의 독립)
공간의 독립성	약함(문으로 공간 구획)	강함(벽으로 공간구획)
난방방식	바닥의 복사난방 (방마다 개별 설치)	대류난방 (한 곳에서 집중관리)

1.3. 대지의 선정 및 배치 계획

1) 대지의 선정 조건

① 자연적 조건

- 일조 및 통풍이 양호하고, 전망이 좋고 공기가 신선한 곳
- 재해의 염려가 없는 곳이어야 하고 지반이 견고한 곳
- 습기가 적고 배수가 잘 되며, 조용하고 양호한 환경이 유지될 수 있는 곳
- 대지의 형태는 정사각형이나 직사각형에 가까운 것이 좋다.
- 대지의 면적은 건축면적의 3~5배 정도
- 경사지에서의 구배는 1/10 정도까지는 무난하다.
- 부지가 큰 경우는 남북으로 긴 것이 좋다.

② 사회적 조건

- 교통이 편리하고 통학, 통근, 가족의 사회적 활동이 편리한 곳
- 교통이 번잡하지 않고 소음 공해가 없는 곳
- 도시의 제반 시설이 이용이 편리한 곳(상하수도, 전기, 전화, 도시가스 등)
- 공공시설, 학교, 의료시설, 도서관, 공원 ,구매시설, 등의 이용이 편리한 곳
- 기타 법규적 조건에 적합한 곳: 일반 주거지역, 준주거지역, 전용주거지역

2) 배치 계획시 고려사항

① **남북간의 인동간격** : 일조 및 채광

동지 때를 기준으로 하여 최소 4시간 이상(6시간이 이상적)으로서 주택의 인동간격을 결정하는 중요 요소이다. 일조 확보를 위해서 남쪽 공지가 필요하며, 전면 건물 높이의 2배 이상 띄워서 배치하며 남쪽으로 배치를 못할 경우에는 동쪽으로 18도, 서쪽으로 16도 이내에 배치한다.

② **동서간(측면)의 인동간격** : 방화 및 통풍

- **통풍** : 대지에 대한 주풍향을 고려
- **방화** : 연소방지상 최소 6m 이상

3) 방위

단독주택 건물은 가능한 동서로 긴 형태로 하여 최대한 대지의 북쪽으로 배치하고 대지의 남쪽 부분에 여유로운 공지를 확보하여 남향으로 하는 것이 이상적이다.

◈ 공간의 방위별 특성

► 동쪽 : 오전에 햇빛이 공간 내부로 깊이 비쳐서 겨울철의 경우에 실내 공간이 오전에는 따뜻하고 오후에는 차가워지며 주로 침실, 식당, 주방을 배치한다.

► 서쪽 : 오후에 햇빛이 공간 내부로 깊이 비쳐서 여름철의 경우에 실내 공간이 무더워지며 주로 욕실, 건조실, 세면실, 갱의실 등을 배치하며 주방은 위생적인 목적에서 서쪽에 배치하지 않는다.

► 남쪽 : 여름철에는 태양의 고도가 높아 내실까지 햇빛이 깊이 들어오지 않아 실내 공간이 무덥지 않고 겨울에는 내실까지 햇빛이 깊이 들어와 실내가 따뜻해진다. 주로 거실, 식당, 가족실, 침실 등을 배치한다.

► 북쪽 : 하루 종일 실내에 햇빛이 깊게 비치지 않아 겨울철에는 실내가 차갑고 하루 종일 실내의 조도(照度)가 일정하다. 주로 계단, 화장실, 중정, 창고 등을 배치한다.

4) 일조

동지(冬至)를 기준으로 일조시간이 6시간 정도가 가장 좋고 최소 4시간 이상의 일조시간을 확보할 수 있도록 주택을 배치하는 것이 좋다.

5) 도로 · 대지 · 주택과의 관계

대지 형태와 도로 위치는 평면의 모양과 주택 현관의 위치를 결정하는 중요 요소가 되므로 도로 · 대지 · 주택의 관계를 동시에 고려하여 배치계획을 수립 한다. 주택의 배치 및 출입구 위치는 도로와의 관계를 고려하여 결정한다. 현관, 차고, 도로와의 관계를 고려하여 접근 방식을 결정한다.

1.4. 주요 평면 요소의 구성

1) 주택의 평면요소 최소치

① **거실** : 3.3m²/인
② **현관** : 0.9 × 1.2m
③ **화장실** : 0.9m × 0.9m(양변기 설치 경우: 0.8m1.2m)
④ **욕실** : 1.7m × 2.1m(세면기, 양변기 포함)

2) 주택의 평면 요소 구성비

① **거실** : 연면적의 33%(20평 이하: 20~25%)
② **통로(복도)** : 연면적의 10%(50m² 이하에서는 비경제적)
③ **부엌** : 연면적의 8~12%(보통 10%)
④ **현관** : 연면적의 7%

3) 평면 유형

► **홀형**

- 홀을 중심으로 각 실이 연결된 형식으로 동선이 복잡해질 수 있으나 동선이 짧다.
- 높은 공간 이용 효율로 소형 주택이나 아파트 단위세대에 적합하다.

► **중정형**

- 옥외중정을 중심으로 주위에 각 실을 배치한 형식으로 주택 내부에 강한 직사 광선 유입을 막을 수 있다.
- 각 실이 중정을 향해 배치되어 외부공간에 대해서는 폐쇄적인 형태로 공간이 구성된다.

► **편복도형**

- 대지 형상이 길고 좁은 경우에 적합하고 각 실이 일렬로 배치되어 일조와 통풍에 유리하다.
- 동선이 길어져 공간 이용 효율이 낮아지므로 유효면적이 좁아진다.

► **중복도형**

- 동선이 짧아져 복도의 공간 이용 효율이 높다.
- 일조와 통풍에 불리하고 각 실의 프라이버시가 침해당할 우려가 있다.
- 유효면적이 넓어져 대형 주택에 적합하다.

► **회랑 복도형**

- 각 실의 공간 바깥쪽을 환상(環狀)형으로 복도를 에워싼 형식으로 모든 방향에서의 출입이 가능하여 프라이버시를 침해할 우려가 있다.
- 여름철 직사광선의 실내 유입을 막을 수 있다.

► **코어(core)형**

- 평면적 코어, 구조적 코어, 설비적 코어

► **원룸(one room)형**

- 화장실 · 욕실 이외에 나머지 실들을 개별 구획하지 않고 하나의 공간으로 통합한 유형
- 주생활의 간소화와 구조의 단일화로 건축비를 절약할 수 있다.

- 가족 수가 적은 소형 주택 및 공동주택 단위세대에 적합하다.

◈ **코어형의 평면형식상 분류**

건축에서 평면, 구조, 설비의 관점에서 건물의 일부분이 집약된 형태로 존재하는 것을 의미한다.

- **평면적 코어** : 홀이나 계단 등을 건물의 중심위치에 집약하여 유효면적을 증대시키고자 함
- **구조적 코어** : 건물의 일부에 내력벽 등을 집약 배치하여 그 부분에서 건물 전체의 강도를 높이고자 함
- **설비적 코어** : 부엌, 욕실, 화장실 등 설비 부분을 건물의 일부에 집약 배치시켜 효율성을 높이고 설비관계 공사비를 절약하고자 함

◈ **조닝(zoning)**

조닝은 건축 계획에서 공간을 용도나 기능별로 묶어서 구분하여 공간을 배치하거나 주택에서 이루어지는 가족 구성원의 여러 행태를 단순화하기 위해 유사한 것끼리 서로 묶어서 공간별로 계획하는 일을 말한다. 공간의 기능 또는 가족 구성원의 행태가 서로 유사한 것은 서로 접근 시킨다. 사용시간이 동일한 요소들은 서로 접근시킨다. 유사한 요소들은 공간들은 서로 공용하도록 하며, 서로 다른 요소들은 서로 격리 시킨다.

◈ **동선 계획**

- 개인권, 사회권, 가사 노동권에 해당하는 동선들을 서로 간섭하지 않도록 분리한다.
- 명쾌하고 단순하게 구성하며, 사용 빈도가 높거나 가사 노동권의 동선은 가급적 짧게 한다.
- 서로 다른 종류의 동선은 가능한 분리시키고, 가급적 교차시키지 않는다.
- 보행자 동선과 차량 동선은 가급적 분리시켜 보차분리의 원칙으로 계획한다.

1.5. 각 실의 공간계획

1) 현관

- **위치** : 주택평면상 공간구성에 영향이 크며, 일반적으로 대지의 형태와 도로와의 관계에 의해 위치가 정해진다.
- **크기** : 가족 수와 방문객의 수에 따라 결정된다.
- **폭** : 1.2m 이상, **깊이** : 0.9m 이상

2) 복도

- 소규모 주택(50m² 이하)에서는 비경제적이다.
- **폭** : 최소 90cm, 보통 105~120cm 정도
- **면적** : 연면적의 10% 정도

3) 계단

- 계단의 위치는 현관이나 홀에 근접해서 식사실이나 욕실, 화장실과 가까이 둔다.
- 계단의 평면 길이는 일반적으로 270cm 정도가 좋으며, 폭은 90~140cm의 범위로서 복도의 폭과 연결시키기 좋은 105~120cm가 적당하다.
- 계단의 단높이는 16~17cm, 단너비는 25~29cm, 기울기는 29~35도가 적당하다.
- 계단의 난간 높이는 80~90cm 정도가 적당하다.

4) 거실

- 거실은 가족의 단란, 휴식 접객 등이 이루어지는 곳이며, 취침 이외의 전 가족생활의 중심이 되는 다목적 공간으로 공용적 성격을 지니고 있는 공간이다. 위치는 남향으로, 채광과 통풍이 좋고, 주택평면에서 다른 방의 중심적 위치이며, 침실과는 대칭된 위치가 좋다.

- **면적** : 건축 연면적의 30% 정도

5) 식사실

- 보통 100m² 내외의 주택에서는 거실과 겸하거나(LD) 부엌과 겸하는 것(DK)이 좋다. 소형일 경우는 부엌과 직렬하고, 대형은 부엌과 식사실 사이에 배선실을 가운데 두고 해치나 출입구를 통해 공급한다.

► **식사실의 생활 방식별 구분**

- 거실이나 부엌과 완전히 독립된 식사실
- **리빙 키친(LK)** : 거실, 식사실, 부엌을 겸용한 것으로 실을 효율적으로 이용할 수 있고 능률적인 형태이다.
- **다이닝 키친(DK)** : 부엌의 부엌에 간단히 식탁을 꾸미는 것으로 주부의 동선을 단축하여 가사 노동력을 경감할 수 있다.
- **다이닝 알코브(DINING ALCOVE)** : 거실의 일부에다 간단히 식탁을 꾸미는 것으로 보통 6~9m² 정도의 크기이다.

6) 부엌

► **부엌의 크기** : 배선실이나 유틸리티를 포함치 않을 경우 주택 연면적의 8~12% 정도이다. 소규모 주택(50m² 이하)인 경우는 5m² 정도가 필요하며 주택의 규모가 큰 경우(100m² 이상)는 7% 이하도 가능하다.

► **부엌의 크기 결정기준**

- 작업대의 면적
- 작업인의 동작에 필요한 공간
- 수납공간(식기, 식품, 조리용 기구)
- 연료의 종류와 공급 방법
- 주택의 연면적, 가족 수, 평균 작업인 수, 경제 수준

7) 침실

► **기능별 분류**

- **부부침실** : 단순한 침실 이외에 부부 생활을 위해 기밀성이 요구되며, 주부와 가장으로서의 독립성이 확보되어야 하고, 사적인 생활공간으로서 조용한 곳이어야 한다.
- **아동침실** : 공부방과 유희실을 겸하는 것이 좋으며 야간에는 취침할 수 있는 침실 공간이 필요하다.
- **노인침실** : 일조 및 통풍이 양호하고 전망 좋은 조용한 곳으로 한다.
- 아동실에 가까운 주거 중심부에서 좀 떨어진 위치가 좋으며 식당, 욕실 및 화장실 등에 근접시킨다.

► **침실의 사용 인원수에 따른 1인당 소요 바닥면적**

① 성인 1인당 필요로 하는 신선한 공기 요구량 : $50m^3/h$(아동은 성인의 1/2)

② 소요 공간의 크기 : 자연 환기회수를 2회/h로 가정하면 $50^2/h \div 2$회$/h = 25m^3$

③ 1인당 소요 바닥면적 : 천장 높이(h)가 2.5m인 경우

④ $25m^3 \div 2.5m = 10m^2$ (아동은 1/2)

► **침대의 배치 방법**

① 침대 상부 머리 쪽은 창이 없는 외벽에 면하게 한다.

② 침대에 누운 채로 출입문이 보이도록 안여닫이로 한다.

③ 침대 양쪽에 통로를 두고(싱글 베드는 예외), 한쪽을 75cm 이상 되게 한다.

④ 침실 내의 주요 통로 폭은 90cm 이상의 여유를 두도록 한다.

⑤ 침대 하부 발치쪽은 90cm 이상의 여유를 둔다.

2. 공동주택

2.1. 연립주택

최근 도심지의 경사지나 소규모 택지, 재개발 지역 등에 연립주택의 잠점을 살린 저층 고밀도 집합주택지가 타운 하우스 형식으로 건립되고 있는데, 이는 중 · 고층 집합주택에 비하여 전용의 뜰을 갖고 있어 자연과 연결된 인간적인 주거 환경을 형성할 수 있는 이점을 가지고 있다.

1) 연립주택의 특성

► **장점**

① 토지의 이용률을 높일 수 있다.

② 테라스 하우스의 경우 각 세대마다 전용의 뜰을 갖는다.

③ 접지성과 집합 형식에 따라 풍요로운 옥외 공간을 조성할 수 있다.

④ 경사지, 소규모 택지의 이용이 가능하다.

⑤ 대지의 형태 및 지형에 조화시켜 계획함으로써 다양한 배치와 외관의 변화가 가능하다.

► **단점**

① 벽체의 공유로 인하여 일조, 채광, 통풍이 불리하고 평면계획에 제약을 받는다.

② 프라이버시 유지에 불리하다.

③ 계획이 성실하지 못할 경우에는 단조로운 공간과 외관이 형성된다.

2) 연립주택의 형식

① 2호 연립주택

2호의 주택이 옆 세대와 서로 벽체를 공유하는 형식의 연립주택이다.

② **테라스 하우스** : 연속주택

경사지에서 적절한 절토에 의하여 자연 지형에 따라 건물을 테라스형으로 축조하는 것으로 각호마다 전용의 뜰(정원)을 갖는다.

- 평지형 테라스 하우스
- 경사지형 테라스 하우스
- 준접지형 테라스 하우스

① **타운하우스**

테라스 하우스와 같이 각 호마다 전용의 뜰을 갖고 있으며 또한 공용뜰, 어린이 놀이터, 보도, 차도 주차장 등의 오픈 스페이스를 갖고 있는 형식의 연립주택이다.

② **로우 하우스**

타운하우스와 마찬가지로 토지의 효율적인 이용, 건설비의 절약, 유지 관리비의 절감을 고려한 형식으로 단독주택보다 높은 밀도를 유지할 있으며, 제반 공동시설도 단지 규모에 따라 적절히 배치할 수 있어 도시형 주택의 이상형이다.

③ **중정형 하우스**

각 호마다 전용의 중정을 갖고 있는 형식의 테라스 하우스로 한세대 단층형의 주택이며, 거주 영역이 완전히 또는 부분적으로 중정을 에워싸고 있는 형태로 중정의 위치에 따라 L타입, D타입, B타입의 코트 야드 하우스 형식이 있다.

2.2. 아파트

1) 아파트 성립의 요인

① **도시 인구밀도의 증가** : 인구밀도의 증대, 도심지의 상업지역화, 지가상승, 불량주택지 발생으로 인한 재개발

② **도시 생활자의 이동성** : 정착관념 희박, 주택 소유 자본 부족

③ **세대 인원의 감소** : 종래의 대가족 제도에서 핵가족단위로 변화
④ 공동 설비에 대한 혜택과 대지비, 건축비, 설비비의 절약
⑤ 단독주택으로서는 해결할 수 없는 좋은 환경조건 조성

2) 공동주택의 특성

► **장점**
① 1호당 대지의 점유 면적이 절감되어 토지의 효율성을 높일 수 있다.
② 공기 조화, 급탕, 정화조, 변전 등의 설비를 집중화하기 쉽다.
③ 어린이 놀이터 등 공동 광장의 확보 및 수준 향상이 용이하다.
④ 동일 면적의 독립 주택에 비하여 유지 관리비를 절감할 수 있다.

► **단점**
① 자연과 격리되어 정서적 생활에 불편하다.
② 프라이버시가 결핍될 수 있다.
③ 난방, 온수 등의 독자적인 조절이 어렵다.
④ 획일성에 따라 각 세대별 독자성이 결여된다.
⑤ 공동 사회의 소속감과 연대 의식이 결여된다.

3) 배치계획

► **배치 결정조건**
① 거실의 일조, 채광, 통풍, 소음 방지
② 건물의 연소 방지
③ 정원의 옥외 통로용 공간 확보

4) 아파트의 평면 형식상의 분류

(1) 계단실형 : 계단실이나 엘리베이터 홀로부터 직접 단위주호로 들어가는 형식

► **장점**

① 주호내의 주거성과 독립성이 좋다.

② 동선이 짧음으로 건물의 이용도 높고, 전용면적비가 높아 경제적으로 유리

③ 각 단위 주거가 자연 조건 등에 균등한 방향으로 배치되어 일조, 통풍 등이 유리하다.

► **단점** : 고층 아파트일 경우 각 계단실마다 엘리베이터를 설치해야 하므로 시설비가 많이 들고, 엘리베이터의 이용률이 낮아 비경제적이다.

(2) 편복도형

계단 또는 엘리베이터로 각 층에 연결되고 연속된 긴 복도에 의해 각 주호로 출입하는 형식으로 일반적으로 동서 축으로 하고 있다.

► **장점**

① 복도 개방시 각 주호의 거주성이 좋다.

② 고층 초고층 아파트에 적합하다.

③ 통풍, 채광이 양호하다.

④ 엘리베이터 1대당 이용률을 높일 수 있다.

► **단점**

① 복도가 개방식이며 통풍구, 채광구, 통로에 의해 각 주호의 프라이버시가 침해되기 쉽다.

② 복도 개방시 외부에 대해 무방비 상태이므로 위험하다.

③ 복도 폐쇄시 통풍, 채광이 불리해진다.

④ 고층 아파트의 경우 난간을 높게 해야 한다.

⑤ 공용면적이 커진다.

(3) 중복도형

편복도형과 유사하나 복도 양측에 주호를 배치하는 형식으로 축은 남북으로 배치하

며, 도심지 독신자 아파트 등에 적합하다.

► **장점**

① 고층 초고층 아파트에 가장 유리하다.

② 대지의 이용률이 높다.

③ 엘리베이터의 효율이 좋다.

► **단점**

① 프라이버시가 나쁘고 시끄럽다.

② 통풍, 채광상 불리하다.

③ 복도의 면적이 많다.

④ 개구부의 방향의 한정으로 인한 평면계획이 불리하다.

(4) 계단실형(홀형)

계단실이나 엘리베이터 홀로부터 직접 단위 주호로 들어가는 형식

► **장점**

① 주호내의 주거성과 독립성이 좋다.

② 동선이 짧으므로 출입이 편하다.

③ 통행부의 면적이 적으므로 건물의 이용도가 높고, 전용면적비가 높아 경제적으로 유리하다.

④ 각 단위 주거가 자연 조건 등에 균등한 방향으로 배치가 되어 일조, 풍량 등이 유리하다.

► **단점**

① 고층 아파트일 경우 각 계단실마다 엘리베이터를 설치해야 하므로 시설비가 많이 들며, 엘리베이터의 이용률이 낮아 비경제적이다.

(5) 집중형

엘리베이터, 계단 등을 중앙에 배치하고 그 주위에 각 주호를 집중시키는 형식

► **장점**

① 대지의 이용률이 가장 높고, 많은 주호를 집중시킬 수 있다.

② 가장 compact한 평면형으로 계획하기 쉬우므로 고층으로 할 때 구조, 공사비 면에서 유리하다.

③ 중앙에 core 또는 그 주위에 설비를 집중시킬 수 있다.

④ 세대별 규모 변화가 가능하다.

► **단점**

① 프라이버시가 극히 나쁘며 통풍, 채광상 극히 불리하다.

② 복도 부분의 환기 등의 문제점을 해결하기 위해 고도의 설비시설을 해야 함

5) 아파트의 단면 형식상의 분류

(1) 단층형

각 주호의 주어진 규모 가운데 각 실의 면적 배분이 1개 층에서 끝나는 형식

► **장점**

① 평면 구성에 제약이 적다.

② 작은 면적에서도 설계가 가능하다.

► **단점**

① 각 실에 인접하게 되어 프라이버시 유지가 어렵다.

② 공용부분에 면하는 부분이 많으므로 주호의 프라이버시 유지가 어렵다.

③ 각 주호의 규모가 커지면 그에 따른 공용 복도가 길어져서 호당 공용 부분의 면적이 커짐

(2) 복층형

작은 저택의 뜻을 지니고 있는 메조넷은 하나의 주호가 2개 층 이상에 걸쳐 구성되는 형식으로 독립성이 좋고 전용 면적비가 크나 50m^2 이하의 주거 형식에는 비경제적이다.

► **장점**

① 주야간의 사생활공간이 층별로 구분되므로 프라이버시가 가장 좋다. 공용복도가 없는 층은 야간의 생활공간(침실 등)을 배치하고, 복도층에는 주간의 생활공간을 배치한다.

② 엘리베이터의 정지층수를 적게 할 수 있어 수직동선의 편리를 도모한다.

③ 복도가 없는 층은 남북면이 트여 있으므로 좋은 평면 구성이 가능하다.

④ 통로 면적이 감소하고 임대면적이 증가한다.

► **단점**

① 주호 내에 계단을 두어야 하므로 소규모 주택에서는 비경제적이다.

② 공용 복도가 없는 층은 화재 및 위험시 대피상 불리하다.

③ 서로 다른 평면형이 상하층을 포개게 되므로 구조 및 설비 등이 복잡하고 설계가 어렵다.

④ 공용 복도가 중복도형인 경우 복도의 소음 처리에 특별히 신경을 써야 함.

(3) 트리플렉스형

① 하나의 주호가 3층으로 구성 되어 있는 형식이다.

② 프라이버시 확보와 통로 면적의 절약은 메조넷형보다 유리하나 주호의 면적이 크지 않으면 계획상의 융통성이 없어진다.

6) 아파트의 주동형태에 의한 분류

(1) 판상형

- 각 주호의 향, 채광, 통풍 등의 환경조건의 균일성을 확보할 수 있다.
- 일반적으로 남향배치가 가능하다.
- 동일현식의 단위세대가 반복적으로 배열되어 단위평면의 구성이 용이하다.
- 조망과 경관확보가 어렵고 인동간격확보에 따른 배치계획으로 다양한 배치가 어렵다.

(2) 탑상형(타워형)

- 건축외관의 4면성이 강조되어 방향성이 없는 자유로운 배치가 가능하다.
- 랜드마크적 역할을 할 수 있고 조망과 경관성 측면에서 유리하다.
- 각 주호의 환경조건이 향에 따라 불균등하다.
- 개방성의 증가로 단지에 넓은 오픈스페이스를 조성할 수 있다.
- 엘리베이터의 효율성이 낮아 유지관리비용이 증가한다.

7) 독신자 아파트

아파트먼트하우스 중 가장 호텔에 가까운 형식으로서,

- 단위플랜 자신의 면적은 절약되며, 공용의 사교적 부분이 충분히 설치되어 있다.
- 식사는 공용의 식당에서 하고 단위 플랜내 부엌이 없는 것이 일반적이다.
- 욕실은 공동욕실로 계획한다.
- 단위 플랜내 반침은 거실 및 침실에 둔다.

2.3. 배치계획

배치 계획시 주변 환경과의 관계를 고려하고 일조, 통풍, 프라이버시, 방화, 차음 등을 고려하여 주택을 배치한다.

◈ 배치 유형별 특징

► 평행 배치

- 각 세대에 균일한 환경조건을 부여할 수 있고, 에너지 절약에 유리하다.
- 배치가 획일적이고 단조롭고, 외부 공간이 좁다.

► 직각 배치

- 평행 배치에 비해 다양하게 공간의 변화를 줄 수 있다.
- 외부 공간이 넓고 동적으로 구성할 수 있다.

► 사행 배치

- 대지 형상이 불규칙할 경우에 적용된다.

- 인동간격과 같은 법적 제약으로 인해 공간 이용효율이 불량해질 수 있다.

3. 단지 및 도시계획

3.1. 단지계획

인간이 생활하는데 불편함이 없도록 환경 설계 요소인 주거동 구성 및 형식, 인동간격, 프라이버시, 소음, 조망, 통풍 등을 고려할 뿐만 아니라 시설 배치를 계획하는 것을 말한다. 단지계획은 인간이 생활하는데 불편함이 없도록 외부의 물리적인 환경을 조성하는 기술로서 건축, 토목, 조경, 도시계획 등의 경계 영역에 속하며, 이러한 전문가 집단에 의해서 행해진다.

3.2. 주거 단지의 체계

① **인보구(20~40호, 100~200명)** : 어린이놀이터, 공동세탁장

② **근린분구(400~500호, 2000~2500명)** : 생활필수품점, 공중목욕탕, 약국, 이용소, 미용소, 진료소, 파출소, 아동공원 등

③ **근린주구(1600~2000호, 8000~10000명)** : 초등학교, 도서관, 우체국, 소방서, 병원, 어린이공원, 운동장 등

④ **근린지구(20000호, 100000명)** : 도시 생활의 대부분 시설

3.3. 근리주구 이론

1) 하워드 : 내일의 전원도시

- 도시와 농촌의 관계에서 서로의 장점만을 결합시킨 전원도시계획안을 발표하고 런던교외의 레치워스와 웰인지역에서 실현함.

2) 페리

- 최초로 근린의 정의를 설정하여 근린주구의 이론을 주장하였다.
- **뉴욕 및 그 주변 지역 계획(1927)** : 일조 문제와 인동간격의 이론적 고찰로 근린주구 이론을 정리하였다.
- 초등학교 한곳을 필요로 하는 인구가 적당

◈ C.A.Pery의 근린단위 방식

- **규모 : 초등학교 하나를 필요로 하는 인구에 대응하는 규모**
- **경제 : 통과 교통이 내부를 관통하지 않고 용이하게 우회할 수 있는 충분한 넓이와 간선도로에 의해 구획되어야 한다.**
- **공지 : 소공원 및 레크레이션 공간의 체계가 적절히 통합하여야 한다. 근린공원 등 녹지면적을 전체 주구면적의 10% 이상으로 한다.**
- **공동 건축 용지 : 학교나 공공 건축 용지는 중심 위치에 적절히 통합**
- **근린 점포 : 주구 내 인구에 적합한 1~2개소 이상의 상업지구가 설치되고, 위치는 주구 주위 교통의 결절점이나 인접하는 지구의 점포에 인접해서 배치되어야 한다.**
- **지구내 가로체계 : 폭은 좁고 구불구불한 쿨-데-삭의 길로 처리하고, 통과 교통에 상용되지 않도록 계획되어야 한다.**

3) 라이트와 쉬타인

- 뉴저지의 레드번 설계
- 주된 특징은 보행자와 자동차 교통의 분리이다.
- 슈퍼블록(간선도로에 의해 분할되지 않는 주구로 10~20ha로 구성)단위로 계획하여 주택들과 가구 안의 시설들, 학교, 공원들까지도 보도에 의하여 연결된다.

4.4. 주거밀도

밀도란 토지의 집약적, 경제적 및 쾌적한 주거 환경을 조성하기 위하여 주로 토지와 건물, 토지와 인구와의 수량적 관계의 지표로서 대개 단위 면적당의 건물량, 인구량 즉, 인구밀도, 건축밀도로 나타낸다. 주거밀도의 측정지표로는 인구밀도, 호수밀도, 건폐율, 용적율 등이 있다.

① 적정 주거밀도를 결정하기 위한 조건

- **주택 1인당 바닥면적** : 주택 규모가 결정된다.
- **건축 형식(독립주택, 연립, 아파트 : 저층, 중층, 고층)** : 인동간격의 결정
- **건축 구조(목구조, 내화구조 : 블록, 벽돌, 철골, 철근 콘크리트)** : 동서 방향의 인동간격 결정
- **일사, 지반의 경사 등(동지 때 기준 4시간)** : 남북간의 인동간격 결정
- **토지 이용률** : 구역의 크기와 건축 형식에 따라 다르다.

② 주거밀도를 나타내는 방법

- 건폐율(%) = 건축면적/대지면적 ⇨ 건물의 밀집도 표시
- 용적률(%) = 연면적/대지면적 = 건폐율 × 평균층수 ⇨ 대지의 고도 집약 이용도 표시
- 호수밀도(호/ha) = 주택 호수/대지면적 ⇨ 대지와 건물수와의 관계, 인구밀도 산정의 기초
- 인구밀도(인/ha) = 거주인구/토지면적, 호수밀도 × 1호당 평균 세대인원 ⇨ 대지와 인구와의 관계

*1ha=10,000m^2

1km×1km=1,000m × 1,000m = 1,000,000m^2 =100ha

*30,000명÷100ha=300명/ha

중심부의 외주부(인구 밀도 300~400/ha 정도)에 해당되며, 중층 철근콘크리트조 아파트가 적당하다.

4.5. 주거단지 내 동선 계획

1) 보행자동선

① 목적 동선은 최단거리로 하고 오르내림이 없도록 한다.
② 대지 주변부의 보행자 전용로와 연결한다.
③ 보행로의 폭은 어린이놀이터를 포함한 생활공간으로 고려하여 넓게 한다.
④ 생활편의시설을 집중 배치한다.
⑤ 어린이놀이터나 공원은 보행용 도로에 인접해서 설치한다.
⑥ 활동의 결절점은 커뮤니티의 어느 곳에서도 10분 정도의 보행거리 내에 위치하도록 하며, 오픈 스페이스를 둔다.

2) 보행자 도로폭 조건

① **최소 폭** : 2.4m 이상(3인이 부딪히지 않고 통과할 수 있는 폭)
② **보도 폭** : 도록 폭 10m 이상시 보도가 필요하다.
③ **보조 간선도로 및 세로** : 2m
④ **주간선도로** : 3m
⑤ **통학로** : 4m 이상

3) 접근도로의 유형 및 특성

① **격자(Grid)형 도로**
- 통과교통이 혼입되어 교통을 넓은 지역으로 고르게 분산시킬 수 있다.
- 교통사고 발생율이 높아서 안전성이 좋지 않다.

② **T자형 도로**
- 격자형을 개선한 형식으로 통과교통이 적고 차량 속도가 떨어져 안전성이 있으나 복잡한 형태로 계획되면 자칫 미로화 될 수 있다.

③ **쿨드삭(Cul-de-sac)**

- 통과교통을 피해 안정적인 주거환경 조성에 유리한 막다른 도로로 일반적으로 도로끝에 순환광장을 설치한다.
- 출구가 하나라서 교통이 혼잡해질 수 있고, 재해시 피난이나 소방이 어려워 방재상 불리하다. 쿨드삭의 최대길이는 300m를 넘지 않도록 한다.

④ **순환(Loop)형 도로**

- 쿨드삭의 단점을 개선한 도로로서 통과 교통이 없고 안전성과 이용성이 좋지만 보행자와 차량의 동선이 교차되는 문제가 있다.
- 불필요한 차량 진입이 배제되는 이점을 살리면서 우회도로가 없는 쿨데삭형의 결점을 개량하여 만든 형식이다.
- 통과교통이 없기 때문에 주거환경의 쾌적성과 안전성은 확보되지 않지만 도로율이 높아지는 단점이 있다.

제 3 장
학교건축

1. 배치계획

1) 교지계획

교지란 강당, 체육관, 교사, 실험실습실 등과 같은 학교와 관련된 건물이 배치되는 대지와 주차장, 운동장, 조경공간 등으로 사용되는 대지를 말함.

► **교지 선정시 주의할 점**

- 교지는 주변에 퇴폐적 위락 시설 및 위험 시설이 없는 곳이 좋다.
- 일조, 통풍, 전망 및 경관이 양호한곳이 좋다.
- 도로 및 번화가의 소음으로부터 격리된 곳으로 입지를 결정하는 것이 좋다.
- 학교의 장래 확장성을 고려해서 부지계획을 한다.
- 인근의 서비스 시설 등의 이용이 편리하며 재해의 위험이 적은 곳이 좋다.

- 교지의 형태는 정형에 가까운 직사각형이 유리하다.
- 학생의 통학지역내 중심이 될 수 있는 곳이 좋다.

► **교지의 면적**

학교의 유형별 학급별 학생 1인당 소요면적 기준

학교의 유형	규모 및 학급별 구분	학생 1인당 소요면적
초등학교	12학급 이하	20㎡
	13학급 이상	15㎡
중학교	학생 수 480명 이하	30㎡
	학생 수 481명 이상	25㎡
고등학교	보통, 상업, 가정 관련 학과 설치 학교	70㎡
	농업, 수산, 공업 관련 학과 설치 학교	110㎡
대학교		60㎡

2) 배치계획

► **방위**

- 교사 배치시 채광창이 있는 면을 기준으로 정남측, 남남동측, 남남서측으로 방위를 정하는 것이 좋다.
- 대지 형태는 동서 방향으로 긴 교지가 교사의 남향배치에 유리하다.
- 교실은 통풍이 중요하므로 상풍향을 고려하여 통풍을 위한 창문의 방위를 결정하고, 여름철 주간에 각 교실의 창문은 상풍향의 방향으로 열리게 계획하는 것이 좋다.

► 공간 배치

- 학교는 정적인 공간인 교사와 동적인 기능인 운동장으로 구분한다.
- 초등학교에서 저학년과 고학년의 운동장은 구별하여 계획하는 것이 좋다.
- 운동장은 평지로 하고 교사건축물에 의해 그늘이 지지 않고, 교사주위에 소음 및 계절풍 방지를 위한 녹지를 조성한다.
- 주차장은 진입로 근처에 배치하는 것이 좋다.
- 학교 행정 및 지원 시설은 학생들의 동선에 지장이 없는 부분에 위치시키고 장래 증축이나 주차수요 증가에 고려한 배치계획이 요구된다.

2. 교사계획

1) 단층, 다층의 층별 구성에 따른 특징

단층 교사	다층 교사
- 재해시 피난상 유리 - 외부에서 교실로 직접 출입이 가능해 학습활동의 실외연장이 가능 - 외부로 출입계획이 가능해 공용면적의 감소 및 복도가 혼잡하지 않음 - 채광, 환기 유리 - 구조계획이 단순하고 내진, 내풍구조가 용이	- 부지 이용률이 높다. - 시설의 집중화로 공간이용이 효율적 - 복도, 동선, 학년 배치 등에 신중한 계획이 요구 - 저학년은 1층, 고학년은 2층 이상에 배치가 원칙 - 부대시설의 집중화로 효율적이다.

2) 교사의 면적

학생 1인당 교사의 점유면적

유형	점유면적 (㎡/인)
초등학교	3.3 ~ 4
중학교	5.5 ~ 7
고등학교	7 ~ 8
대학교	16 이상

3) 교사의 배치형

폐쇄형	특징	- 남쪽에 운동장을 확보하고 북쪽에서 一자형을 건축하기 시작하여 L자형, ㅁ자형으로 연결 구성하며 완결시켜가는 종래의 일반적인 형식
	장점	- 대지의 효율적인 이용이 가능하며 유기적인 구성이 가능하다.
	단점	- 화재 및 비상시에 불리하다. - 운동장에서 교실로 소음이 발생한다. - 교사주변에 활용되지 않는 부분이 발생한다. - 일조, 통풍, 채광 등 조건이 불균등하다.
분산 병렬형	특징	- 일종의 핑거플랜(finger plan) 유형이다.
	장점	- 일조, 통풍 등 환경조건이 균등하다. - 구조계획이 간단하다. - 격자/규격형의 적용 및 이용이 편리하다. - 각 교사의 사이공간은 놀이터와 정원으로 이용 가능
	단점	- 넓은 대지가 필요하다. - 편복도로 계획할 경우 단조로워서 유기적 구성을 취하기가 어렵다.

3. 평면계획

1) 이용률과 순수율

► 이용률(%) = $\frac{\text{교실이 사용되는 시간}}{\text{1주일 동안의 평균 수업시간}} \times 100$

► 순수율(%) = $\frac{\text{일정한 교과를 위해 사용되는 시간}}{\text{그 교실이 사용되는 시간}} \times 100$

2) 학교운영방식

종합 교실형, U(A)형	
운영방식	교실수는 학급수와 동일하며, 모든 교과수업이 하나의 교실에서만 이루어진다.
장점	학생의 이동이 없고 각 학급마다 가정적인 분위기를 만들 수 있다.
단점	시설의 정도가 낮은 경우에 취약한 유형이며 초등학교 고학년 이상에는 운영에 무리가 따른다.
비고	초등학교 저학년에 적합한 형식으로 이용률은 가장 높지만 순수율이 낮아져 교육의 질이 떨어질 수 있다.
일반교실+특별 교실형, U+V형	
운영방식	일반교실이 각 학급에 하나씩 배정되고 기타 특별교실이 운영되는 형식이다.
장점	홈룸(home room) 활동에 용이하고 학생의 소지품 관리가 안정적이다.
단점	특별교실을 확충하면 일반교실의 이용률이 낮아져서 특별교실의 확충으로 비경제적이다.
비고	초등학교 고학년에 적합한 형식으로 한국의 학교에서 가장 일반적인 유형이다.

교과 교실형, V형	
운영방식	모든 교실이 특정한 교과수업의 운영을 위해 만들어지 형식이다.
장점	각 교과교실의 순수율과 시설의 정도가 높다.
단점	학생의 이동이 많아서 동선의 혼란스럽고 소음 발생의 우려가 있으며 이동에 따른 소지품 관리가 어렵다.
비고	이동할 경우에 소지품 보관장소를 고려할 필요하고 이동 동선 계획에 주의가 요구된다.
특별형, E형(U+V형과 V형의 중간형)	
방법	일반교실의 수가 학급 수 보다 적게 구성되고 특별교실의 순수율이 반드시 100% 유지되지 않는다.
장점	이용률을 상당히 높일 수 있는 관계로 경제적인 형식이다.
단점	학생의 이동이 많아서 동선의 혼란스럽고 소음 발생의 우려가 있으며 이동에 따른 소지품 관리가 어렵다.
비고	소지품 보관과 동선을 충분히 고려하면 충분한 장점을 확보할 수 있다.
플래툰형(P형)	
운영방식	전 학급을 2분단으로 나누고 1개 분단이 일반교실을 사용, 다른 분단이 특별교실을 사용하는 형식이다.
장점	E형처럼 이용률을 높이면서도 학생의 이동을 정리할 수 있고 교과담임제와 학급담임제를 병용할 수 있다.
단점	교사 수 및 시설이 부족하거나 적당하지 않으면 운영이 불가능하고 교과시간을 배당하는데 노력이 필요함.
비고	미국 초등학교에서 과밀수업 해결을 위해 시행한 형식으로 초등학교와 특수학교에는 부적합하다.

달톤형(D형)	
운영방식	학급 및 학년을 없애고 학생들은 각자의 능력에 따라서 교과를 골라 일정한 교과 수업을 수강하는 형식
장점 단점	기본적인 목적이 있는 교육방법으로 시설적 측면에서 장·단점을 비교할 수 없는 형식으로 하나의 교과수업에 출석하는 학생의 수가 일정하지 않기 때문에 다양한 크기의 교실 설치가 요구된다.
비고	미국 매사추세츠주 달톤시에서 처음 실시한 방식으로 한국에서는 사설 학원이나 직업학교 등에서 채용
개방학교(Open school)	
운영방식	학급단위의 수업이 아닌 개인의 능력에 따라 편성하여 지도하는 형식으로 때에 따라서는 무학년제 형식으로 운영하기도 하며 2인 이상의 교사가 협력하여 팀티칭(team teaching) 수업을 운영할 수도 있다.
장점	각자의 능력, 흥미, 자질에 따라서 다양한 학습에 대한 조편성과 참여가 이루어 질 수 있다.
단점	다양한 교과과정에 대응하기 위한 충분한 교재, 교원이 필요하다.

3) 블록 플랜(block plan)의 구성

(1) 학년단위의 블록플랜

► **초등학교**

- 저학년은 가능한 한 교문에 인접한 1층에 배치한다.
- 저학년의 운영방식으로는 종합교실형(U형)의 방식이 적합하다.
- 고학년의 운영방식으로는 일반 및 특별교실형(U+V형)이 바람직하다.

► **중학교**

- 교과 및 학습내용이 다양해서 특별교실의 이용이 증가한다.
- 소지품 보관을 위한 락커룸이 필요하고 통로의 혼잡함을 피하도록 한다.

- 저학년에서 고학년 순으로 일반 및 특별교실형, 플래툰형, 교과교실형으로 운영하는 것이 좋다.

► **고등학교**

- 중학교의 지침과 유사하나 그룹이나 개인 학습 환경을 조성해주기 위한 공간 구성이 필요하다.

(2) 공간 및 시설 구성

- 공간의 명확한 위계와 상호간의 유기적 관계를 수립한다.
- 공간이 가변적 융통성을 갖도록 구성한다.
- 운동장과 교사 블록이 독립성을 유지하되 상호간의 유기적인 관계가 유지되도록 한다.
- 일반교실 및 특별교실 블록, 저학년과 고학년 블록을 명확히 분리한다.
- 출입구 및 주차시설의 배치를 연계하여 구성한다.

(3) 교실의 배치

► **엘보우 액세스형**(elbow access type)

- 교실로 접근시 연결통로를 통해 팔꿈치처럼 ㄱ자형으로 꺾이게 접근하는 방식
- 교실내 환경이 균일하고 학년별로 놀이터 조성계획이 유리
- 학습의 순수율이 높으며 일조 및 통풍조건이 양호
- 학생들의 배치가 불명확하고 각 교과의 통합이 불가능
- 교실의 개성 표현이 힘들고 복도면적이 증가하고 소음이 많이 발생

► **클러스터형**(cluster type)

- 교실을 소단위군으로 분할 배치하는 방식
- 교실간 소음이 적고 교실단위의 독립성 확보가 가능
- 대규모의 교지가 요구되며 관리 및 운영비가 증가
- 교실블록과 관리·사무블록간의 동선이 길어지는 단점이 있다.

4. 기타계획

1) 일반교실

► **위치**

- 초등학교 저학년인 경우 1층에 배치하고 교실 주변에 화장실, 세면실 등 배치
- 저학년 교실은 고학년 교실과 명확하게 분리하고 동학년의 교실은 가급적 동일한 층에 배치

► **빛 환경 계획**

- 일조시간이 긴 방위를 선정하여 배치하고 한 방향으로 채광을 유도
- 교실 깊은 내부까지 고른 조도를 얻도록 하고 직사광선이 들어오지 않도록 함
- 교실을 향해 좌측 채광이 이루어지도록 한다.
- 칠판 현휘 현상을 방지하기 위해 정면 벽체와 접해 1m 정도는 측벽면을 남긴다.

► **색채 계획**

- 저학년은 난색계통이 좋고, 고학년은 사고력 증진을 위해 중성색이나 한색계통이 좋다.
- 천장은 교실내 조도 분포를 위해 80% 이상의 반사율을 갖도록 백색에 가까운 색채로 마감

► **창호 계획**

- 출입문은 각 교실마다 2개소에 설치하고 밖여닫이로 함
- 창문상단은 가능한 천장에 근접하여 교실내부 깊숙한 곳까지 채광이 유입되도록 함
- 창대높이는 초등학교는 800mm, 중학교는 850mm 정도로, 앉아서 바깥이 보이는 높이로 계획하고 단층교실에서는 이보다 낮게 계획함

2) 특별교실

특별교실은 교사의 끝부분에 위치하는 것이 보편적이다. 여러 학급의 학생들이 이용

하므로 통로가 혼잡하지 않도록 출입구, 통로 등을 여유롭게 확보하여 균일한 동선의 흐름이 나타나도록 관련된 교과교실을 서로 조닝(zoing)하여 배치한다. 소음이 발생하는 교실은 격리배치하고 서로 유사한 교과목의 교실은 복합적인 사용이 가능하도록 계획한다.

(1) 자연과학교실(화학실)

- 실험에 의한 유독가스를 막기 위해 트랩 체임버를 설치

(2) 생물교실(실험)

- 직접 옥외에서 출입이 가능하도록 남면 1층에 배치

(3) 미술실

- 북측채광으로 균일한 조도 유도

(4) 시청각실

- 각종 기기설비를 갖춘 공용의 교실로 계획

(5) 어학실습실

- 어학의 청취 및 발음 녹음이 가능하도록 일련의 부스로 구성

(6) 도서실

- 개가식으로 구성하고 접근이 편리한 교실군의 중심위치에 배치
- 최소 1학급의 인원을 수용할 수 있도록 계획

(7) 음악실

- 적당한 잔향시간을 위해 반사재와 흡음재를 적절하게 사용

(8) 가사실습실

배기시설에 유의, 창고 용이, 내수적, 보온적이여야 함.

(9) 컴퓨터실

프린트실은 분리하는 것이 바람직

3) 강당 및 체육관 계획

(1) 강당

강당은 학교 행사나 학생의 집회를 갖는 장소로서 초등, 중등학교인 경우, 체육관과 겸용한 강당으로 계획하는 것이 현실적으로 유리하다. 규모상 전교생을 수용할 필요는 없다.

학생 1인당 강당의 소요면적 기준은 다음과 같다.

초등학교	중학교	고등학교	대학교
0.4㎡/인	0.5㎡/인	0.6㎡/인	0.8㎡/인

(2) 체육관

- **크기** : 농구 코트를 둘 수 있는 정도
  최소 : 400㎡(12.8m × 22.5m)
  보통 : 500㎡(15.2m × 28.6m)
- **천장 높이** : 6m 이상
- **바닥마감** : 목재 마루판 2중 깔기
- **징두리벽 높이** : 운동기구 설치를 고려하여 2.5~2.7m로 한다.
  샤워 수 : 체육학급 3~4개를 1개로 표준한다.
- 강당 겸용일 경우에 체육관의 사용빈도가 높으므로 체육관 기능 위주로 계획

4) 복도 및 계단

► 복도

- 편복도형인 경우에 1.8m 이상, 중복도형인 경우에 2.4m 이상의 폭을 확보
- 일반적으로 폭은 2.7m가 적합(전시공간으로 병용될 경우 3.0m 정도가 적합

► 계단

- 각 층의 학생이 균일하게 이용할 수 있는 곳에 배치한다.
- 각 층의 계단의 위치는 상 · 하 동일한 위치에 배치한다.
- 재난 시에 운동장 및 기타출입구와 연결이 쉬운 곳에 배치한다.
- 보행거리는 내화구조일 경우에는 50m 이내, 내화구조가 아닐 경우에는 30m 이내로 한다.
- 계단 높이가 3m를 초과할 경우 3m 이내 마다 계단참을 설치한다.

5) 화장실 및 수세장

► 화장실

수세식으로 하는 것이 원칙

일반교실로부터 보행거리로 30m 이내, 그 외의 공간에서는 50m 이내의 거리에 배치

초등학교 저학년인 경우 2~3학급당 1개의 전용화장실을 설치하는 것이 좋다.

► 수세장

- 급수전과 청소용, 회화용은 겸용이 가능하나 식수용과는 명확한 분리가 필요
- 설치개수는 4학급당 1개소 정도로 분산하여 설치한다.

제4장

도서관건축

1. 도서관의 종류

1) 국회도서관

국회의원의 직무 행정에 도움이 되도록 하며 행정계열, 사법계열의 직종자와 일반국민에게 도서관 업무 서비스를 제공하는 도서관

2) 공공도서관

설립 주체에 따라 공공단체가 설립한 공립 도서관과 법인이 설립한 사립 도서관으로 분류

3) 학교도서관

초 · 중 · 고등학교에 부속된 도서관이며 학교 교육에 필요한 자료를 정리, 보존하여 제공하는 기능을 수행하고, 독서 및 수험공부를 위한 기능과 학생들의 사회 · 문화 교육의 기능을 수행

4) 대학도서관

대학의 중심 시설로서 일반적 기능인 자료수집, 정리, 보존, 제공 등의 기능을 수행하며 인터넷 검색실, 소규모 연구실 및 세미나실, 시청각실 등을 제공하고 학생이나 교직원들 이외에도 인근 주민들도 이용할 수 있도록 계획한다.

5) 전문도서관

기업체나 연구기관, 관공서 등에서 전문적인 자료를 수집하여 전문적인 이용자들에게 자료 편의를 제공하는 도서관으로 전문분야의 잡지나 연구논문 등을 취급한다.

6) 특수도서관

맹인, 병원, 교도소, 선원 등 특수 환경에 처한 사람을 대상으로 하는 도서관

2. 배치계획

1) 부지계획

- 교통이 편리한 곳에 대지를 정해야 한다.
- 수집 자료 축적에 따른 장래 서고확장을 대비하여 충분한 대지 면적을 갖고 있어야 한다.

- 채광이 좋고 소음이 없는 곳이 입지로 적당하다.
- 재해의 위험성이 적은 곳을 입지로 선정해야 한다.

2) 출입구의 배치 및 대지내 동선

- 도서관 대지내 보행동선은 이용자, 관원, 도서자료반입, 집회 및 회의 등을 위한 전용 출입구를 각각 별도로 설치하여 계획하는 것이 바람직하다.
- 도서관의 차량동선은 이동도서관, 관원용 주차장과 일반 이용자차량의 주차장을 분리하는 것이 좋다.

3) 도로와 대지의 관계

- 도로가 내지의 1면과 접할 경우에 이용자, 관원, 자료의 동선이 교차되지 않도록 유의
- 도로가 대지의 2면과 접할 경우에는 주도로는 이용자 전용, 다른 도로는 관원 전용으로 이용될 수 있도록 도서관을 배치

4) 증축예정지

- 도서관 신축시 수집자료의 증가에 따른 장래의 증축을 고려하여 증축 예정지 확보 필요
- 증축될 공간과의 기능적 연계성을 고려하여 평면을 계획한다.

3. 출납시스템

1) 자유개가식 (free open access system)

- 열람자가 도서 내용을 서가에서 직접 보고 자유롭게 선택하는 형식

책의 목록이 없고 대출수속이 가장 간편

- 보통 1실형이고, 10,000권 이하의 서적보관과 열람에 적당한 형식
- 서고 내 서가정리가 안되면 혼란스럽게 된다.
- 대출수속이 가장 간편하고 소규모 도서관이나 아동 열람실에 적당하다.
- 도서의 훼손, 마모, 망실이 우려가 크다.

2) 안전개가식 (safe quarded open access)

- 이용자가 도서를 서가에서 직접 꺼낼 수 있으나 열람하기 전에 관원에게 검열을 받고 기록을 남긴 후 열람하는 형식
- 자유개가식과 반개가식의 장점을 취한 혼용 형식
- 출납시스템이 불필요하여 혼잡하지 않고 감시가 필요하지 않다.

3) 반개가식 (semi open access)

- 이용자는 주로 안내부분에서 책 제목이나 표지 정도는 볼 수 있으나 책 내용을 열람하려면 관원에게 대출기록을 남긴 후 열람하는 형식
- 별도의 출납 시스템이 필요하나 서가의 열람이나 감시가 불필요하다.
- 신간서적안내에 채용되며, 다량의 도서가 구비되는 대규모 도서관에는 적합하지 않다.

4) 폐가식

- 도서목록을 보고 청구기호를 찾아서 관원에게 제출, 대출받아 열람할 수 있는 형식으로 이용자는 서고내의 서가에 접근할 수 없다.
- 도서대출 절차가 복잡하고 약간의 시간이 소요되며 관원의 작업량이 많다.
- 내용을 모르고 도서목록만 보고 열람 신청하여 원하는 도서가 아닐 수 있다.
- 열람실과 서고의 분리운영으로 감시가 불필요하다.
- 도서의 도난이나 훼손의 우려가 없고 유지관리가 용이하다.

4. 열람실 계획

1) 일반 열람실

- 일반안과 학생의 열람실 이용률은 7:3 정도이고 일반인과 학생용 열람실은 분리한다.
- 서고의 가까운 위치에 배치하고 주변 소음에 대비한 마감재를 사용하고 창문에 루버나 차양설치로 일사량을 조절할 수 있도록 계획한다.
- 성인은 1.5~2㎡/인, 아동은 1.1㎡/1인 정도이다(1석당 평균면적은 1.8㎡/인 전후).
- 통로를 포함한 1석의 평균면적은 2.5㎡/인 이다.

2) 특별열람실(개인연구실)

► 캐럴(carrel)

개인전용의 소열람실로 서고내의 일부분에 타인의 영향을 받지 않는 장소에 프라이버시가 유지될 수 있도록 독립된 형태의 소규모(1.4~4㎡/인) 크기로 계획한다.

3) 아동열람실

- 성인열람실과 구별하여 계획하며 1층에 배치하고 가급적 별도의 출입구를 둔다.
- 자유개가식으로 하고 획일적 가구배치를 피하여 자유롭게 배치한다.
- 실의 규모는 아동 1인당 1.2~1.5㎡가 보편적이다.

4) 신문 및 잡지 열람실

- 출입이 편리한 현관, 로비, 1층 출입구 부근에 설치한다.
- 일반열람실과는 떨어진 곳이 좋다.

5) 참고도서실 (reference room)

- 목록실이나 출납실 가까이에 설치한다.
- 도서대출은 하지 않고, 참고도서 및 이용에 대한 안내 및 조언 등의 업무를 행한다.

5. 서고 계획

1) 서고 계획시 고려사항

- 폐가식(대규모 도서관), 개가식(소규모 도서관)도서의 수장, 보존에 적합하도록 방습, 방화, 유해가스 제거에 유의하며 공조설비 계획
- 도서의 증가에 따른 장래의 확장을 고려
- 모듈에 의한 계획이 가능
- 서고의 층고는 2.3m 전후로 한다.

2) 서고의 위치

- 도서관 후면에 독립적으로 배치
- 열람실의 내부나 그 주변에 배치
- 지하실에 배치
- 평면상 중앙에 배치하면 보관 도서수 증가시 대응하기 어렵다.

3) 서고의 크기

- **서고 1㎡ 당** : 150~200권 정도(*서고 : 책을 보관하는 곳)
- **서가 1단** : 25~30권 정도(*서가 : 책꽂이)
- **서고 공간 1㎡당** : 약 66권 정도

- 1m^2 당 평균 200권(150~250권), 밀집서가의 경우에 280~350권을 수용하도록 한다.

4) 서가의 배열

- 평행직선형이 보통이며, 불규칙한 배열은 손실이 많다.
- **통로폭** : 0.75~1m(서가 사이를 열람자가 이용할 경우 : 1.4m)
- **높이** : 2.1m 전후

5) 자료보존상의 고려사항

- 도서보존을 위해 어두운편이 좋다.
- 온도 16도, 습도 63% 이하
- 서고의 내부는 인공조명과 기계환기를 계획한다.
- 내진, 내화 등 재해에 안전해야 한다.
- 자료 자체가 소독, 제본, 수리 등 내구적이어야 한다.

제5장
사무소건축

1. 개요

1) 사무소의 분류

① **전용 사무소** : 완전한 자기 전용사무소(관청, 본사 소유의 기업체 등)

② **준전용 사무소** : 여러 회사가 사무소 건물을 공동으로 소유하여 관리하고 운영하는 사무소

③ **임대 사무소** : 건물 전부 또는 대부분을 임대하는 형식의 사무소

④ **준임대 사무소** : 건물의 주요부분을 건물주 전용으로 사용하고 나머지는 임대하는 형식

2) 사무소의 면적구성

(1) 유효율(Rentable Ratio; 렌터블 비, %)

- 유효율이란 연면적에 대한 대실(임대, 거주, 주거, 전용)면적의 비율로 유효율이 높다는 것은 대실면적 비율이 높아 임대 수익성이 높다는 것을 의미한다. 유효율은 달리 대실율, 임대율, 거주율, 주거율, 전용율로 말할 수 있다.
- 사무소의 유효율은 연면적에 대해 70~75%, 기준층에 대한 유효율은 80% 정도가 적당하다.

$$유효율 = \frac{대실면적}{연면적}$$

(2) 사무소의 크기

- 일반적으로 사무소의 1인당 소요바닥면적은 8~11㎡/인(약 10㎡/인)으로 산정하고 그 중에서 임대공간의 면적은 6~8㎡/인으로 한다.
- 응접실, 회의실, 중역실, 탈의실 등을 제외하고 실질적인 업무 공간에 대한 1인당 소요 바닥면적은 5.5㎡~6.5㎡/인이 적당하다.

3) 책상 배치단위

배치단위	특 징
4조 직렬	- 4.15㎡/인을 기준으로 하는 배치 형식으로 일반사무실의 책생 배치 표준이다. - 사무능률 및 1인에 대한 책상면적에 적합하다.
3조 직렬	- 4.47㎡/인을 기준으로 하는 배치단위로 경간이 적은 사무소에 적용되는 유형이다. - 바닥면적의 증감이 어려운 책상배치 유형이다.
2조 직렬	- 5.28㎡/인을 기준으로 하는 배치단위로 특수 업무에 적용되는 배치 유형이다.

2. 배치계획

◈ 부지서정시 조건

- 교통이 편리하고 큰 도로에 면하여 사람 및 차량 활동량이 빈번한 도로변의 부지
- 일조조건, 높이제한, 지역지구제 등 규제사항에 유리한 조건을 가진 부지
- 모퉁이 대지 및 2면도로 이상 도로에 접한 대지
- 도심의 상업중심가에 대지를 정하는 것이 좋다.
- 고층빌딩의 경우 도록 폭 20m 이상의 전면도로에 접한 대지
- 도심 외곽에 위치할 경우 여유있는 주차장계획이 가능하도록 넓은 대지를 확보할 것
- 사무소 대실자들의 실무와 연계된 기관들의 근처에 사무소가 배치되어야 한다.
- 회사의 성격, 업무의 기능과 흐름을 고려하여 사무소의 위치가 선정되어야 한다.
- 도로를 통한 대지로의 접근과 주차가 편리해야 한다.
- 대지는 전면도로에 길게 접한 직사각형에 가까운 형태가 좋다.

3. 평면계획

1) 실단위에 의한 분류

(1) 개실(Individual room)형
- 복도를 통해 각 층의 여러 개실로 들어가는 유형
- 독립성이 높고 쾌적하며 채광에 유리
- 실별로 벽체들을 설치해야 하므로 공사비가 높아짐
- 공간 길이에는 변화를 줄 수 있으나 공간 깊이에는 변화를 주기 어려움

(2) 개방(Open room)형
- 공간의 이용효율이 높다.
- 벽체 시공을 하지 않으므로 공사비가 싸짐
- 공간의 길이와 깊이에 변화를 줄 수 있다.

– 공간을 가변적이고 융통성있게 구성할 수 있다.
– 독립성이 결여되고 소음이 커질 우려가 있다.

(3) 오피스 랜드스케이핑 (office landscaping)

개방형 평면의 일종으로 계급이나 서열이 아닌 의사전달과 작업 흐름(work flow)을 고려하여 공간을 능률적으로 배치하는 방식이다. 의사전달과 실질적 작업흐름에 기초하여 공간 및 가구를 배치한다. 서로 관련이 깊은 공간들은 근접배치시키고, 고정 칸막이가 아니라 이동식 칸막이, 가구, 실내조경물 등으로 가변적인 공간을 구성한다. 배치는 격자(grid) 패턴에 따르기 보다는 작업 특성에 따라 자유롭게 조닝(zoning)한다.

► **특징**

– 변화하는 업무 흐름이나 작업패턴에 신속한 대응이 가능하다.
– 칸막이벽 설치에 따른 공사비가 절약된다.
– 공간의 효율이 좋고 작업능률이 향상된다.
– 공간의 레이아웃이 용이하다.
– 시각적, 청각적 프라이버시와 독립성이 결여되기 쉽고 소음이 발생하기 쉽다.
– 업무분위기가 산만할 수 있다.
– 작업에 대한 감독과 통제가 수월하다.

2) 복도형에 의한 분류

복도형식	특징
단일 지역 배치형 (Single Zone Layout, 편복도식)	■ 복도 한쪽에만 사무실을 배치한 유형이다. ■ 비교적 높은 공사비용이 요구된다. ■ 경제성은 떨어지지만 채광과 환기에 유리하다.
2중 지역 배치형 (Double Zone Layout, 중복도식)	■ 중형 사무소 건축물에 적합한 유형이다. ■ 중앙코어의 주계단이나 부계단을 통해 각 사무실로 출입한다. ■ 사무실을 동 · 서 방향으로 배치시킨다.

3중 지역 배치형 (Triple Zone Layout, 2중 복도식)	■ 고층 사무소에 적합한 유형이다. ■ 구조적으로 안정적이고 경제적인 이점이 있다. ■ 일반적으로 모든 계단과 설비가 사무소 내부 지역으로 배치된다. ■ 사무소 내부지역에 인공조명과 기계환기 설비가 필요하다. ■ 사무실은 외벽을 따라 배치된다.

4. 코어계획(Core Plan)

코어란 사무소건물에서 평면, 구조 설비의 관점에서 일부분에 어떤 집약된 형태로 존재하는 것을 의미한다. 코어(core)는 사무소의 기능, 성격, 평면형태, 규모, 구조 및 설비방식에 따라 코어의 규모와 위치가 결정된다.

1) 코어 계획시 고려사항

- 코어 내의 엘리베이터, 계단, 화장실은 최대한 근접하여 배치시킨다.
- 코어와 각 개별 사무실 사이의 동선은 간결하게 구성한다.
- 엘리베이터는 가급적 중앙에 배치
- 코어는 각 층마다 평면상 동일 위치에 배치하여 설비물의 설치와 관리를 용이하게 하고 2차적인 구조체 역할을 하도록 한다.
- 화장실은 외부 방문자가 쉽게 찾을 수 있는 위치에 배치시키되 건물 출입구의 홀이나 복도에서 내부가 보이지 않도록 한다.
- 엘리베이터홀은 출입구면에 근접해 배치시키지 않는다.

2) 코어내 각 공간

(1) **실** : 계단실, 화장실, 세면소, 잡용실, 급탕실, 공조실 등

(2) **샤프트** : 엘리베이터, 파이프, 덕트, 메일슈트

(3) **통로** : 엘리베이터홀, 복도, 특별피난계단

3) 코어의 종류

코어의 유형 및 특징

유형	특징
편심형 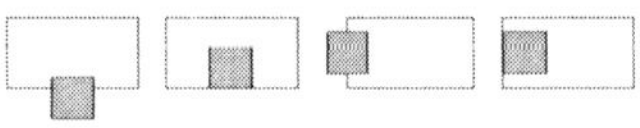	▸ 기준층 바닥면적이 작은 경우에 적합한 유형 ▸ 바닥면적이 일정 규모 이상으로 증가하면 코어 이외의 공간에 피난 계단 및 설비용 샤프트 등을 설치 ▸ 고층 사무소에는 적합하지 않은 유형이다.
독립형 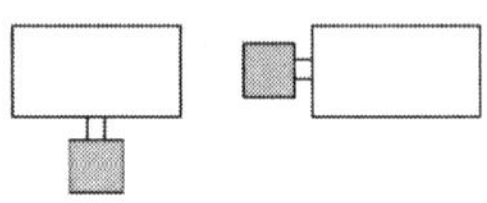	▸ 편심형과 거의 유사하다. ▸ 사무공간의 가변적 융통성이 높다. ▸ 설비 및 배관이 길어져 코어에서 사무공간으로 연결하는데 제약이 많다. ▸ 방재상 불리하고 바닥면적이 증가하면 피난 시설을 수용할 수 있는 부수적 코어가 필요하다.
중심형 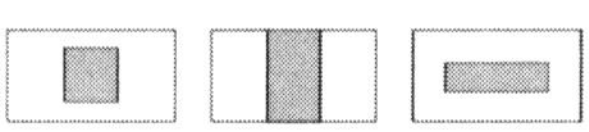	▸ 바닥면적이 큰 중 · 고층 사무소에 적합한 유형코어가 구조적으로 가장 안정적이다. ▸ 임대사무소의 유효율이 높아 경제성을 높일 수 있다. ▸ 내부공간, 외관이 모두 획일적으로 계획될 수 있다.
이중 코어형 (분리형) 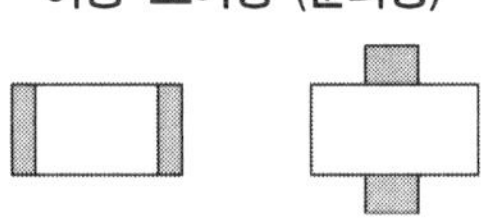	▸ 양측 채광이나 통풍이 요구되는 대규모 전용사무실에 적합하다. ▸ 2방향 피난에 이상적이어서 방재상 유리하다. ▸ 코어로부터 사무실로 이어지는 수평동선이 길어질 우려가 있다.
기타 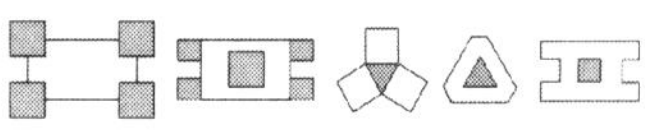 a b c d e	▸ a, b는 분산 코어형으로 방재상 유리하다. ▸ c, d, e는 중심코어형의 변형으로 구조부분의 공사비가 많이 든다. ▸ e는 대규모 사무소 공간을 분할해서 계획할 경우에 적합하다.

5. 단면계획

코어란 사무소건물에서 평면, 구조 설비의 관점에서 일부분에 어떤 집약된 형태로 존재하는 것을 의미한다. 코어(core)는 사무소의 기능, 성격, 평면형태, 규모, 구조 및 설비방식에 따라 코어의 규모와 위치가 결정된다.

1) 층고

(1) 결정요소

- 층고는 사용목적, 채광, 천장높이, 공사비에 의해 결정되며, 사무실의 깊이는 책상배치, 채광량 등으로 결정되지만 층고에도 관계된다.

(2) 층고의 크기

층별 층고의 일반적 기준

층 구분	기준 층고
지하층	► 기계실, 주차장 등을 고려하여 3.5~3.8m(보일러실과 같은 중요한 실이 없는 경우)가 적당하다.
1층	► 일반적으로 4~4.5m 정도로 한다.
중이층	► 중이층으로 설계할 때는 1층 높이를 5.6m~6.6m로 하되 소형사무실인 경우에는 2.7~3m로 한다.
기준층	► 3.3~4m 정도가 적당하다.
최상층	► 최상층은 옥상으로부터의 단열 및 옥상 슬래브의 물매를 고려하여 3.3m 이상으로 한다.

(3) 층고를 낮게 할 경우의 이점

- 건축비 절감

- 공기조화의 효과
- 많은 층수의 확보

6. 세부계획

1) 사무실 계획

(1) 사무실 깊이

- **외측에 면한 실내 (L/H)** : 2~2.4
- **채광 정측에 면하는 실내 (L/H)** : 1.5~2.0

(2) 사무실 전면 폭

- 사무실의 전면 폭은 일반적으로 경간의 배수로 정한다.
- 경간은 철근콘크리트 구조일 경우는 5~6m, 철골 · 철근콘크리트 구조일 경우는 6~7m, 철골구조일 경우에는 7~9m가 적합하다.
- 사무소의 규모나 기능 및 구조방식에 따라 경간을 결정하는 것이 이상적이다.

(3) 채광계획

- 사무실의 채광면적은 바닥면적의 1/10 정도
- **창문 폭** : 1~1.5m 정도가 적당하다.
- **창대 높이** : 0.75~0.8m(고층인 경우에 0.85~0.9m)로 한다.
- 실내의 조도는 충분히 높고 전반에 걸쳐 균일해야 한다.
- 인공조명의 광원은 눈부심이 없도록 휘도를 낮게 한다.

(4) 경간

- 기준층 평면 결정에 가장 기본적이 요소로 효율적인 책상배열에 따라 결정된다.
- 책상배열과 지하주차장의 차량 회전반경을 고려하면 약 6m(5.8m~6.2m)가 기능

적, 구조적으로 적절한 경간이다.

(5) 출입구

- 출입문 폭은 85~100cm 정도(외여닫이: 75cm 이상, 쌍여닫이: 150cm 이상)로 한다.
  출입구 높이는 1.8~2.1m로 한다.

2) 화장실 계획

- 각 층마다 공통된 위치에 설치하는 것이 구조 및 설비적 측면에서 유리하다.
- 환기 상 문제로 외부에 접하도록 하고 그렇지 못할 경우 충분한 환기장치를 설치한다.
- 남녀별로 구분하고 필히 전실을 계획해야 한다.
- 복도를 사이에 두고 사무실과 서로 마주보고 있지 않도록 배치한다.
- 남자용의 경우 세면소와 화장실을 구분한다.
- 변기 수 산정은 가을에 사용빈도가 높아 가을철 사용빈도를 산출기준으로 삼는다.

변기수 산정기준(각각의 변기수(대, 소변기 포함) 1개의 비율로 한다)

구분	수용인원	기준층 바닥면적	임대면적
중규모 이하	15명/대	180㎡/대	120㎡/대
중규모 이상	17~24명/대	300㎡/대	200㎡/대

7. 환경 및 설비계획

1) 엘리베이터 계획

(1) 엘리베이터 배치계획시 조건

- 엘리베이터는 주출입구와 홀에 근접시키고 동선은 짧고 간단하게 계획
- 코어 계획시 엘리베이터는 되도록 한곳에 집중해서 배치
- 시각적으로 잘 보이는 위치에 배치하며, 승강거리는 짧게 계획하는 것이 효율적이다.
- 엘리베이터 홀의 최소넓이 0.5㎡/인, 폭은 4m 정도
- 4대 이하는 직선 배치하고, 6대 이상의 엘리베이터는 대면형이나 알코브형으로 배치

(2) 배치유형

엘리베이터의 배치유형

배치유형	특징
직선형 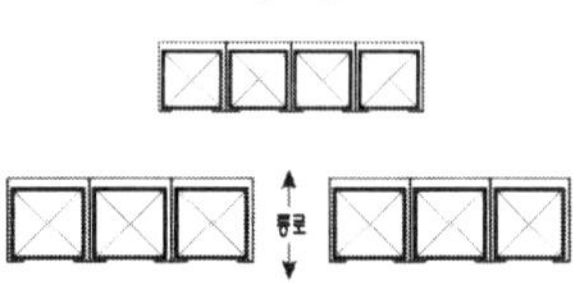 고층행 저층행	■ 1뱅크(bank)는 4대 이하로 일렬배치한다.
알코브(Alcove)형 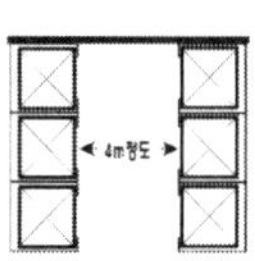	■ 1뱅크(bank)는 4~6대로 한다. ■ 대면거리는 4m 정도(3.5~4.5m)가 적당하다. ■ 대면거리 6m 이상의 알코브는 너무 넓어서 피하는 것이 좋다.
대면형	■ 1뱅크(bank)는 4~8대의 대면배치로 한다. ■ 대면거리는 4m 정도(3.5~4.5m)가 적당하다.

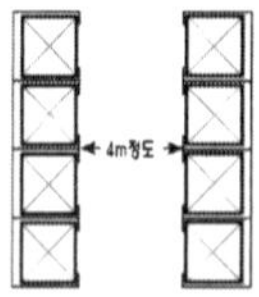	■ 홀이 통로로 사용되어서는 안된다. ■ 저층용과 고층용을 직선으로 병렬배치한다.
혼합형 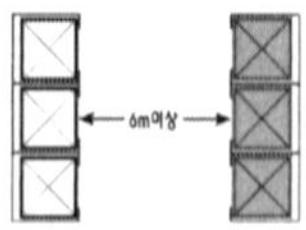	■ 저층용과 고층용을 대면배치할 경우에는 대면거리를 충분히(6m 이상) 확보한다.

8. 주차장 계획

1) 주차장 계획시 고려사항

- 자동차 1대의 주차장 면적은 2.5m×5.5m(장애자용 : 3.3m×5.5m)
- 주차장 면적은 통로를 포함하여 1대당 40~50㎡ 정도
- 차도 폭은 왕복 6m 이상, 일방통행시 3.5m 이상
- 종단 기울기는 17%(1/6) 이하
- 주차대수 50대수 이상인 경우 경사로는 너비 6m 이상인 2차선 차로를 확보하거나, 진출입 차로를 분리해야 함
- 천장높이는 통로부분은 2.3m 이상, 주차장소 부분은 2.1m 이상
  지하주차장의 기둥간격은 5.8~6.2m

2) 주차방법

► 직각 주차

1대당 점유면적이 16.8㎡로 가장 경제적인 주차방식으로 1대당 소요면적이 가장 작다.

► 평행 주차

1대당 소요면적이 43.1㎡으로 가장 많이 차지하는 방식이며 주차대수가 작고, 주차장 폭이 좁을 때 주로 사용한다.

► 60도 주차

직각주차를 하기에 통로폭이 좁을 때 쓰는 형식으로 1대당 소요면적이 30.1㎡로 경제석이다.

► 45도 주차

1대당 점유면적이 23.7㎡로 불필요한 공간이 많고, 지하 주차방식에는 가능한 사용을 제한함.

자주식 주차방식에 따른 소요면적

주차방식	대당 점유면적(A)	통로면적(B)	대당 소요면적($\frac{2A+B}{2}$)
직각 주차	16.8㎡	20.9㎡	27.2㎡
60도 주차	20.4㎡	19.4㎡	30.1㎡
45도 주차	23.7㎡	18.4㎡	32.9㎡
평행주차	20.6㎡	45.0㎡	43.1㎡

제6장
상점건축

1. 개요

1) 상점의 광고요소(AIDMA 법칙)

AIDMA법칙은 미국의 경제학자 롤랜드 홀(Roland Holl)이 제시한 구매결정의 심리적 5단계이다.

① A(Attention, 호기심, 주의, 주목) : 주목시킬 수 있는 배려
② I(Interest, 관심, 흥미) : 공감을 주는 호소력
③ D(Desire, 욕구, 욕망) : 욕구를 일으키는 연상
④ M(Memory, 기억) : 인상적인 변화
⑤ A(Action, 구매, 행동) : 들어가기 쉬운 구성

2) 파사드와 숍 프론트의 조건

① 개성적이고 인상적인가?
② 상점의 업종, 취급상품이 인지되는가?
③ 대중성이 있는가?
④ 통행객의 발을 멈추게 하는가?
⑤ 매점내로 유도하는 효과가 있는가?
⑥ 셔터를 내렸을 때 배려가 있는가?
⑦ 경제적인 제약을 무시하고 있지는 않는가?
⑧ 필요 이상의 간판으로 미관을 해치지는 않는가?

3) 상점가로 고객을 유도할 수 있는 조건

① 한 가지 용무만이 아닌 몇 가지 일을 볼 수 있어야 함
② 특정상품에 대한 비교와 자유로운 선택이 가능한 곳
③ 여러 성질의 다른 매력이 조합되어 있는 곳
④ 지역일대가 번화함, 활기, 참신함 등이 있을 것
⑤ 예전부터 사람들이 발길이 지속적으로 꾸준히 오는 습관이 있는 곳
⑥ 신개발지역으로 그 지역에서 특유의 활동이 요구되는 곳

4) 판매형식

대면판매	정의	▸ 고객과 직원이 진열장을 사이에 두고 대면하여 상담 및 판매가 이루어지는 방식
	장점	▸ 직원이 고객과 마주보고 대면하여 상품설명에 용이하다. ▸ 진열장 중심으로 판매원의 고정 위치를 정하기가 용이하다. ▸ 상품의 포장과 계산이 편리하다.
	단점	▸ 직원 및 판매원이 통로를 점유하여 상품의 진열면적이 측면방식에

		비해 좁다. ▶ 진열장이 많아지면 상점 분위기가 다소 경직될 수 있다.
측면판매	정의	▶ 직원이 고객과 동일하게 같은 방향에서 진열된 상품을 판매하거나 진열된 상품과 같은 방향에 서서 상품을 판매하는 방식
	장점	▶ 고객이 직접 상품과 접촉해 충동구매를 유도할 수 있다. ▶ 상품에 대해 친근감을 느낄 수 있다. ▶ 상품의 구매와 선택이 용이하다. ▶ 대면방식에 비해 진열면적을 넓게 확보할 수 있다.
	단점	▶ 판매원의 위치를 정하기 어렵고 직원 동선의 이동성이 많고 다소 불안정하다. ▶ 직원이 상품의 측면에 서서 해야 하므로 상품의 설명이나 포장이 쉽지 않다. ▶ 계산이나 포장을 위한 별도의 공간확보가 필요하다. ▶ 상품의 파손 및 도난방지에 주의해야 한다.

2. 배치계획

1) 부지서정시 조건

- 교통이 편리한 곳
- 상업지역내 고객의 통행이 많고 번화한 곳
- 2면 이상 도로에 면하고 있는 곳
- 폭 넓은 도로가 만나는 코너에 위치한 대지로 접근성이 좋은 곳
- 향후 인구가 늘거나 지역개발이 일어날 수 있는 장래성이 유망한 곳
- 이용고객의 범위, 예상 인원수, 계층·연령별 구매 범위, 주변교통상황 여건 등에 따라 선정

2) 상점의 방위

(1) 부인용품점(임산부용품, 유아용품)

오후에 그늘이 지지 않는 방향이 좋고 동향은 피한다.

(2) 식료품점

석양에 의한 식품변질이 우려되므로 서향 배치를 피해야 한다.

(3) 가구점, 서점, 양복점

도로의 남측(북향)이나 서측(동향)에 배치하여 일사에 의한 변질을 방지한다.

(4) 음식점

다소 좁은 도로변에 면한 것이 좋고 가능한 양지바른 장소를 선정한다.

도로의 남측(북향)에 위치하는 것이 좋다.

(5) 여름용

도로의 북측에 위치하고 남향이 적합하다.

(6) 겨울용품

도로의 남측에 위치하고 북향이 적합하다.

(7) 귀금속점

태양광이 직사하지 않는 북향으로 방위를 정한다.

자연조명은 좋지 않고 구매력을 높이기위해서는 인공조명이 좋다.

3. 평면계획

1) 동선 계획

(1) 고객동선

- 고객동선은 가능한 길게 하고 배회율을 높여 상점에 오래 머무르게 한다.
- 통로폭은 0.9m 이상을 유지하며 바닥의 단차가 생기지 않도록 한다.
- 직원 및 상품동선과 명확하게 구분하는 것이 좋다.
- 고객출입구와 상품출입구는 반드시 분리한다.
- 규칙적인 목적동선은 단조롭고 고객의 매장 내 배회시간을 짧게 한다.
- 불규칙한 동선은 고객의 배회시간을 길게 하고 비교적 넓은 매장에 효과적이다.

(2) 종업원동선

- 고객동선과 교차되지 않도록 한다.
- 가능한 한 동선길이를 짧게 한다.
- 상품동선과 부분적으로 교차될 수 있다.

(3) 상품동선

- 상품의 반입, 보관, 포장, 발송을 위한 작업동선이다.
- 고객동선과 교차되지 않도록 한다.

2) 매장배치계획

고객방향에서 상품이 효과적으로 보이도록 배치하는 것이 중요하며, 고객과 직원의 동선이 원활하도록 하고 다수의 고객에 소수 직원의 판매 및 상담의 효율적으로 매장을 계획한다. 진열장 배열에 따른 매장평면의 기본형식은 다음과 같다.

(1) 굴절형

쇼케이스 배치와 고객 동선이 굴절된 형태로 배치하는 형식으로 대면 판매와 측면 판매가 조합되어 구성된다.

양품점, 안경점, 모자점, 문구점 등에서 주로 채택된다.

(2) 직렬형

상품 전달 및 고객 동선상 흐름이 가장 빠른 형식으로 협소한 매장에 적합하다. 부분별로 상품 진열이 용이하며 대량 판매 형식도 가능하다. 침구점, 의복점, 가정 전자기기점, 서점, 식기점 등에서 채택된다.

(3) 환상형

상점 중앙에 진열대를 배치하여 직선이나 곡선의 고리모양으로 구성한 형식이다. 중앙 부분에는 소형 또는 고액 상품, 벽면에는 대형 상품을 전시한다. 민속 예술품점, 수예점, 이불점, 귀금속점 등에서 채택된다.

(4) 복합형

일정한 형식을 취하기보다 여러 형식을 적절히 조합시킨 유형이다. 부인복, 서점, 피혁제품점 등에서 채택된다.

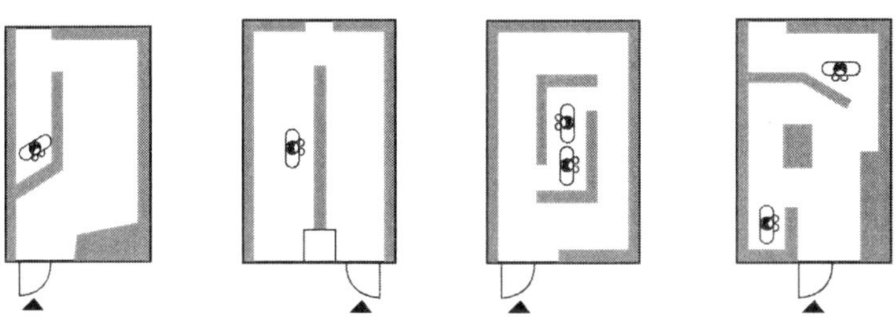

진열장 배열의 기본형식

3) 상점 전면부(숍 프론트) 구성형식에 따른 분류

유형	특징
개방형	▸ 숍의 전면이 모두 오픈된 형식 ▸ 과거부터 많이 사용되어 온 유형 ▸ 전면 유리 : 일반적인 상점, 서점 등 ▸ 전면 개방 : 시장, 철물점, 일용품점 등
폐쇄형	▸ 숍전면의 출입구 이외에는 벽이나 장식창 등으로 외부와의 경계를 차단한 형식 ▸ 고객 출입이 적고 상점 내에서 비교적 오래 머무르는 상점 ▸ 이미용원, 보석상, 카메라점, 귀금속점, 웨딩샵, 사진관
혼용형	▸ 부분적으로 개방하고 나머지 부분은 폐쇄하는 개방형과 폐쇄형의 중간형

4) 쇼윈도우(진열창) 형태에 따른 분류

유형	특징
평형	▸ 상점 전면을 따라 쇼윈도우를 배치하는 가장 보편적인 유형 ▸ 상점 내부를 넓게 사용할 수 있고 자연채광의 유입에 가장 유리한 유형
돌출형	▸ 쇼윈도우를 외부로 돌출시킨 형식이다. ▸ 상품을 외부에 진열하는 유형
만입형	▸ 전면부의 쇼윈도우의 일부나 출입구를 후퇴시킨 형식 ▸ 외부의 쇼윈도우를 강조하여 상점내로 들어가지 않고 외부에서 상품 관람이 가능하다. ▸ 점내 면적이 줄고 자연채광 유입량이 감소한다.
홀형	▸ 위의 만입형의 만입된 부분을 넓게 처리하여 홀 형식으로 구성한 유형 ▸ 만입형과 비슷한 특징을 갖는다.

다층형	▸ 2층 이상의 층으로 연속적인 쇼윈도우를 구성하는 형식 ▸ 상점의 위치가 대규모 도로에 면하거나 광장 등에 면한 경우에 주로 사용된다. ▸ 2층 이상의 점내로 고객 흐름을 자연스럽게 유도하기 위한 수직 동선 계획이 필요하다.

4. 세부계획

1) 진열창(쇼윈도우, show window)

진열창은 출입구의 위치와 함께 결정되며 점포입구의 형식, 상품의 종류, 점포폭의 크기 및 손님을 유치할 수 있는 위치를 중심으로 계획한다.

(1) 진열장계획 결정요소

상점의 위치, 상품의 종류와 정도 및 크기, 상점의 출입구, 보도폭과 교통량, 진열방법 및 정돈상태 등

(2) 진열창 계획 및 크기

- 창대 높이는 0.3~1.2m(일반적으로 0.6~0.9m)
- 유리 높이는 2~2.5m가 적당
- 쇼윈도우의 위치와 크기는 상품과 조화를 고려하여 이루어져야 한다.
- 쇼윈도우의 바닥 높이는 상품의 종류에 따라 달리한다.
- 주목을 끄는 상품은 고객이 밖에서 눈높이보다 약간 낮게 쇼윈도우를 통해 가장 편안한 시선 각도 내에서 바라볼 수 있는 곳에 둔다.
- 다양하고 기발한 디스플레이 기법으로 원칙에 얽매이지 않고 독창적 계획이 가능하므로 쇼윈도우는 강화유리의 최대 제작크기 이내에서 다양하고 자유롭게 계획할 수 있다.

(3) 진열장 내부 조명

- 진열장 내부에 설치되는 조명은 상점 내부보다 1.5~2배 정도 조도를 높이는 것이 양호하다.
- 쇼윈도우 및 진열장 유리로부터 눈부심 현상, 반사(현휘) 방지대책이 필요하다.
- 조명의 광원이 직접 시야에 들어오지 않도록 한다.
- 진열상품을 강조하고 통행객의 주목을 유도하도록 한다.
- 계절에 적합한 분위기 연출을 위한 조명계획이 필요하다.
- 기후, 주간, 야간 및 폐점 후에 대응하는 조명의 점멸계획이 필요하다.
- 조명의 자외선이나 열로 인한 상품의 변질에 유의한다.
- 상품의 색채가 중요한 상점에는 연색성이 좋은 광원을 사용한다.
- 휘도가 높은 광원은 상품표면의 광택을 강조하고 상품의 입체감과 재질감을 강조한다.

(4) 흐림 방지 방법

- 쇼윈도우에 외기가 통하도록 한다.
- 창대 밑에 난방장치를 하여 매장 내 · 외부의 온도차를 적게 한다.

(5) 반사(현휘, 눈부심, Glare)방지 방법

① **주간**

- 쇼윈도우 내부의 조도를 외부보다 밝게 한다.
- 차양을 설치하여 쇼윈도우 외부에 그늘을 조성한다.
- 쇼윈도우의 단면을 경사지게 하거나 특수곡면유리를 사용한다.
- 가로수를 심어서 건너편 건축물이 비치는 것을 방지한다.

② **야간**

- 광원을 감춘다.
- 눈에 입사하는 광속을 적게 한다.
- 광원으로 젖빛 유리 전구를 사용하거나 간접조명방식을 채택한다.

2) 계단

- 계단의 위치는 주위 상품이나 상점 내의 이벤트 요소가 잘 보이고 각 층으로의 출입에 지장이 없는 곳에 배치한다. 또한 계단 자체가 장식적 요소로 활용될 수 있으면 좋다.
- 계단 경사는 상점의 매장규모 적합한 경사도로 설정하는 것이 중요하다.
- 계단 경사가 너무 낮으면 계단 하부에 데드 스페이스가 많이 생기므로 매장의 공간 효율이 떨어질 수 있으므로 주의한다.
- 상점 깊이가 깊은 직사각형 평면인 경우에 측벽을 따라 계단을 설치하는 것이 바람직하다.
- 정방형의 평면인 상점일 경우에 계단을 중앙에 설치하는 것이 동선 및 매장 구성에 유리하다.

제 7 장
백화점건축

1. 개 요

백화점은 인간생활과 관련된 여러 가지 상품을 진열하고 판매하는 대규모 판매시설로 판매기능 이외에 문화, 위락, 교육시설 등의 복합 기능을 갖춘 건축으로 진화되어 왔다.

1) 백화점의 기능 및 분류

백화점의 기능 권역별 분류 및 특징

기능 권역	특징
고객권	고객용 출입구, 통로, 계단, 휴게실, 식당 등의 서비스 기능을 갖는 권역으로 판매권과 결합되어 매장을 구성한다.

종업원권	종업원과 관계된 전용 출입구, 통로, 계단, 후생시설 등의 권역으로 고객권과는 별도로 독립되고 매장 내부와 매장 외부의 상품권과 접한다.
사무관리권	각종 사무실, 회의실 및 임원실, 기계실, 전기실 등
상품권	상품의 반입, 보관, 점외 배달을 행하는 권역으로 판매권과 접하며 고객권과는 절대적으로 분리시킨다.
판매권	백화점에서 가장 중요한 기능을 갖는 상품 전시 및 판매를 위한 권역으로 고객의 구매욕구와 종업원의 판매 및 영업 효율을 증대시킬 수 있는 작업 환경으로 계획되어야 한다.

(2) 규모에 따른 유형

백화점은 매장 바닥 면적이 4,000~10,000㎡일 경우에 대형 백화점, 판매장 바닥면적이 1,000~4,000㎡일 경우에 중 · 소형 백화점으로 구분할 수 있다.

$1,000m^2$ ~ $2,500m^2$	~ $4,000m^2$	~ $10,000m^2$
소형 백화점	중형 백화점	대형 백화점

매장 바닥면적의 규모에 따른 백화점 유형

3) 백화점의 유형

(1) 입지 위치에 따른 유형

입지 위치에 따른 백화점의 유형

유형	특징
도심형	■ 도시 중심의 상업지역에 위치한 백화점 ■ 도시의 랜드마크 기능을 수행한다.

교외형	■ 주로 도심지에서 다소 떨어진 교외에 위치한 백화점 ■ 주로 2~3층의 낮은 층으로 구성된다. ■ 대규모 주차장이 필요하다.
터미널형	■ 철도역이나 버스 및 항공 터미널을 중심으로 형성된 백화점 ■ 주로 기존의 터미널 빌딩과 밀접한 연결 및 통합으로 구성된 경우가 대부분이다. ■ 대도시 상업지역 시내 교통시설과 교외 교통시설 접속점에 위치

2. 평면계획

1) 동선계획

(1) 수평 동선계획

- 백화점 내로 유도된 고객들은 매장내부 구석까지 유도할 수 있도록 계획한다.
- 고객들이 매장을 인지하는데 지루함이 없도록 계획한다.
- 시야를 가리는 돌출물이나 모서리 등의 차폐물이 나타나지 않도록 계획한다.
- 고객 동선은 비상시의 원활한 피난이 이루어지도록 계획한다.
- 계단은 주출입구 맞은편에 위치하며 고객 동선은 최대한 길게 계획한다.
- 에스컬레이터와 엘리베이터는 계단과 출구의 중앙에 위치하는 것이 바람직하다.

(2) 수직동선계획

① **에스컬레이터**

백화점의 대표적인 수송수단으로 방재계획상 불리하며 비상계단으로 사용할 수 없으므로 신중한 계획이 요구된다.

② **엘리베이터**

에스컬레이터의 보조 운송수단으로 고객용, 업무용, 화물용으로 구분한다.

③ **계단**

에스컬레이터와 엘리베이터의 보조기능을 수행하는 계단과 피난시 비상용 피난계단을 설치한다.

2) 매장의 면적비

(1) 연면적 대비 매장의 면적비는 60~70% 정도(소규모 백화점: 80%)로 한다.
(2) 순수한 매장 면적의 비율은 연면적에 대해 40~60%(평균 50%) 정도로 한다.
(3) 가구배치 등에 소요되는 면적의 비율은 순매장면적의 50~70% 정도로 한다.
(4) 매장내 순수한 교통에 필요한 통로 등의 면적 비율은 순매장 면적의 30~50% 정도로 한다.

3) 경간 계획

- 경간(span)은 기둥과 기둥 사이의 거리로서 매장의 진열장(show case), 주차방식과 주차폭, 엘리베이터 및 에스컬레이터 위치에 따라서 그 길이가 결정된다.
- 일반적인 경간(span)은 6~7m이며 이상적인 스팬은 기둥크기를 포함해서 차량 3대의 주차가 가능하고 엘리베이터 2대 혹은 에스컬레이터 설치에 적합한 정도의 경간이 적당하다.

4) 매장내 계획

(1) 통로 폭

- 매장의 통로 폭은 대체로 1.8m 이상으로 하되 통행량에 따라 그 폭을 결정한다.
- 엘리베이터, 로비, 에스컬레이터의 전면에 만들어지는 주 통로의 폭은 대체로 2.7~3m 정도로 한다.

(2) 진열장 규모

-진열장(show case)의 높이는 100cm, 폭은 60~70cm, 길이는 180cm 정도로 해서

카운터와 겸용할 수 있고 고객과 종업원이 대면할 수 있는 경계가 되도록 한다.

5) 진열장(판매대) 배치

(1) 직각(직교) 배치

- 가장 보편적이고 균일한 배치로 진열장의 규격화가 가능하나 동선 및 매장공간이 지루하고 단조로울 수 있다.
- 매장의 공간 이용률을 최대로 확보할 수 있고 면적을 최대한 이용할 수 있다.
- 고객 통행량에 따라 통로 폭을 조절하기 어려워 일부 혼란을 발생시킬 수 있다.
- 간단히 설치할 수 있어 비용이 저렴하나 동선의 혼란이 발생할 수 있다.

(2) 사행(사교) 배치

- 주통로를 직각배치하고 보조통로를 평면상 사선으로 배치하는 유형이다.
- 많은 고객이 매장 구석까지 접근하기 쉽지만 다양한 형태의 진열장이 많이 필요하다.
- 진열장을 사선으로 배치하기 때문에 동선 이용상 변화를 줄 수 있다.
- 다양한 크기와 모양의 진열장이 필요해서 설치비용이 많이 소요된다.

(3) 방사 배치

- 엘리베이터와 에스컬레이터와 같은 수직동선 요소를 중심으로 통로를 방사형으로 배치한 유형으로 고객의 동선이 명확하고 동선을 다소 길게 연출할 수 있다.
- 매장의 인지도가 다른 유형에 비해 비교적 높다.
- 통로공간이 많이 확보할 수 있으나 매장 규모 증가로 공간 이용 효율이 낮다.

(4) 자유유선(유동) 배치

- 상품 성격, 고객의 유동 방향에 따라 자유로운 곡선형 및 원형으로 배치한 유형
- 개성 있는 연출이 가능하지만 진열장 제작비가 고가이다.
- 매장의 변경 및 이동이 곤란하다.
- 매장의 획일성 탈피와 상품의 개성을 고려하여 독특한 배치가 가능하다.

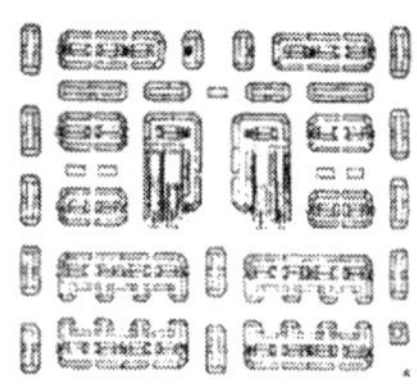	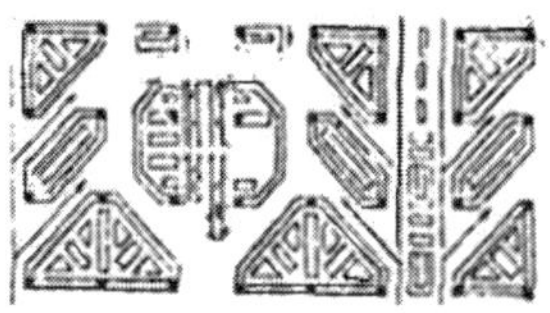	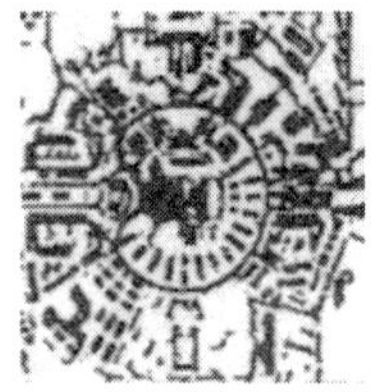	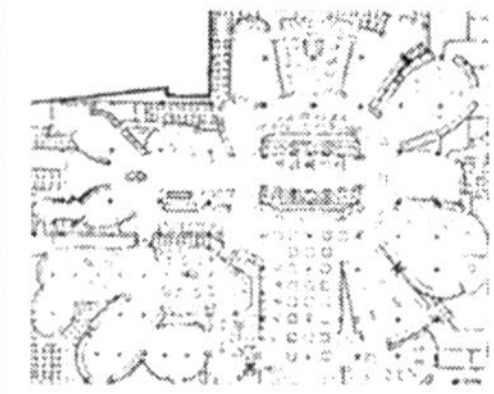
직각 배치	사행 배치	방사 배치	자유유선 배치

진열장(판매대)의 배치 유형

3. 입 · 단면 계획

1) 무창 계획

- 백화점은 일반적으로 입면을 무창으로 계획한다.
- 무창계획은 창을 통한 채광 및 역광으로 인해 상품 진열 · 전시 및 홍보가 불리해지는 단점을 피하기 위해 외벽에 창을 계획하지 않는 방법이다.
- 무창 계획으로 외벽면에 상품전시가 가능하여 진열면적을 늘릴 수 있고 인공조명을 사용해 균일한 조도를 유지할 수 있다.
- 매장 내 냉 · 난방 효율이 증가하여 이에 따른 경제적 효과를 거둘 수 있으나 화재나 정전시 고객들이 혼란에 빠질 우려가 있으며 채광과 통풍에 불리하여 전기 및 공기조화시설에 세밀한 관리가 요구된다.

2) 층고 계획

- 외부에서 매장내로 들어섰을 때 심리적으로 시원한 느낌을 주고 전시효과를 높이기 위해 1층 높이는 보편적으로 기준층보다 높게 계획하는 것이 좋다.
- 반면에 기준층 층 높이는 건축비 절감 및 효율적인 조명이나 공조시스템 운영을 위해 심리적 · 기능적 조건을 충족시키는 범위 내에서 최소한으로 낮추는 것이 경

제적이다.

백화점의 층고

시설	층고
1층	3.5~5.0mm
기준층	3.3~4.0mm
지하층	3.4~5.0m
최상층	연회장이나 식당 등으로 사용되는 경우는 기준층보다 높게 계획함

4. 세부계획

1) 출입구

- 고객출입구, 상품출입구, 종업원출입구로 구분해서 배치하되 가급적 모서리에 배치하는 것은 피한다.
- 매장 내부로 진입하는 고객출입구는 도로에 면하여 30m마다 1개소씩 설치한다.
- 매장내 엘리베이터, 홀, 계단으로의 통로, 주요 쇼윈도우 통로를 향해 출입구를 배치한다.
- 고객 출입구는 정체현상을 막기 위해 엘리베이터와 에스컬레이터에 너무 근접시키지 않는다.

2) 엘리베이터

- 에스컬레이터보다 수송이 계획적이지 못하고 수송량도 적어서 백화점에서 보조적인 운송수단의 역할을 하지만, 소요면적이 작고 승강이 동시에 병행되어 경제적이다.

- 가급적 집중 배치가 좋으나 설치 대수가 6대 이상일 경우는 분산 배치한다.
- 사용용도에 따라서 고객용, 화물용, 사무용으로 구분하여 배치한다.
- 다수의 운반을 위해서는 대수를 늘리는 것보다 1대의 용량을 크게 하는 것이 경제적이다.

백화점의 엘리베이터 계획

대수	▸ 연면적 2000~3000㎡당 15~20인승 규모 1대씩 산정 ▸ 연면적이 5000㎡ 이상인 건축물은 승용승강기 중 1대 이상을 지체부자유자가 이용 가능한 구조로 계획한다.
대수 결정 산출식	▸ S(5분간 엘리베이터 1대의 운반인원수)=60×5×P(정원)/T(일주시간) ▸ 엘리베이터 대수 = 5분간 실제 운행해야 할 인원수/S
크기	▸ 폭 2.1~2.5m, 깊이 1.6~2.0m 규모로 폭을 길이보다 넓게 계획
승강차 면적	▸ 1㎡(최대 5명), 2㎡(최대 12명), 3㎡(최대 20명), 4㎡(최대 30명) ▸ 보통 고객 1인당 0.2㎡ 이상으로 산정한다.

3) 에스컬레이터

- 백화점의 대표적인 수송수단으로 매장전체를 여러 각도에서 관찰할 수 있다.
- 승강을 위한 고객의 대기 시간이 소요되지 않는다.
- 설치 시 7~8m 이상의 보 간격을 확보해야 한다.
- 경사도는 30도 이하로 하고 층높이의 1.73배가 이상적이다.
- 수송량이 엘리베이터의 약 10배로서 백화점 수송수단 중 가장 크고 수송량에 비해 점유 면적이 작다.
- 설치비용이 고가이고 구조 및 설비관리, 안전성에 대해 면밀한 주의가 요구된다.
- 에스컬레이터의 크기에 따른 수송능력과 배치형식은 다음과 같다.

에스컬레이터의 규모 및 수송능력

폭(m)	수송능력	적정수용인원
0.6	4,000명/h	성인1인
0.9	6,000명/h	성인1인, 아동1인
1.2	8,000명/h	성인2인

에스컬레이터의 배치형식 및 특징

배치 형식	특징	단면
직렬식	▪ 고객의 시야가 가장 넓고 크다. ▪ 점유면적이 가장 크다. ▪ 고객 시선이 1방향으로만 한정됨	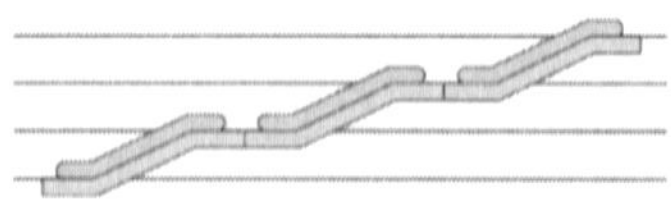
병렬 단속식	▪ 점내를 내려다 보기 좋다. ▪ 연속승강이 불가능하다. ▪ 고객시선이 1방향으로만 한정됨 ▪ 점유면적이 크다.	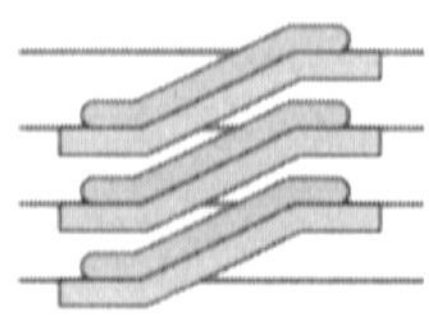
병렬 연속식	▪ 점내를 내려다 보기 좋다. ▪ 연속승강이 가능하다. ▪ 점유면적이 작다.	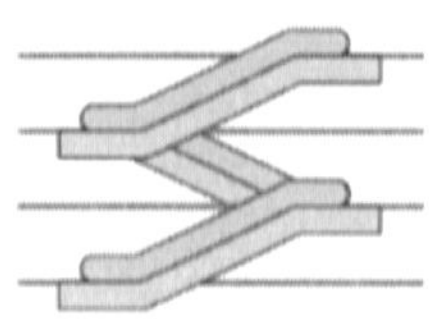
교차식	▪ 연속승강이 가능하다. ▪ 시계가 좋지 않아 매장의 전망이 나쁘다. ▪ 점유면적이 가장 작다.	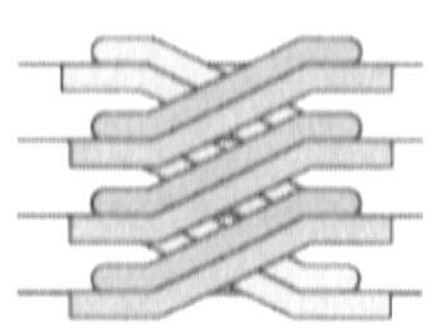

4) 화장실

- 각 층의 주계단, 엘리베이터 또는 로비부근에 배치하는 것이 바람직하다.
- 필수적으로 전실을 설치하여 매장으로 냄새방지 및 시각적 보호를 유지해야 한다.
- 화장실내 변기수는 고객용과 종업원용으로 구분하여 설치한다.

고객과 종업원용 화장실 변기수 산정기준

<table>
<tr><td rowspan="3">고객용</td><td rowspan="2">남자용</td><td>대변기와 수세기</td><td>매장면적 1,000㎡당 1개</td></tr>
<tr><td>소변기</td><td>매장면적 700㎡당 1개</td></tr>
<tr><td>여자용</td><td>변기와 수세기</td><td>매장면적 500㎡당 1개</td></tr>
<tr><td rowspan="3">종업원용</td><td rowspan="2">남자용</td><td>대변기와 세면기</td><td>50명당 1개</td></tr>
<tr><td>소변기</td><td>40명당 1개</td></tr>
<tr><td>여자용</td><td>변기와 수세기</td><td>30명당 1개</td></tr>
</table>

5. 쇼핑센터

- 바닥면에 고저차를 두지 않도록 계획한다.
- 바닥면에 사용하는 재료는 주위환경과 조화를 이루도록 계획한다.
- 고객에게 변화감과 다채로움, 자극과 흥미를 제공한다.
- 몰(mall, 보행자통로)은 보행자 영역의 일부로서 고객을 각 상점에 유도하는 주요 보행자 동선인 동시에 고객의 휴식을 위한 기능을 갖는다.
- 사람들의 유동적 동선이 방해되지 않는 범위에서 나무나 관엽식물을 둔다.
- 몰의 길이 방향으로 20~30m 마다 변화를 주어 공간을 단조롭지 않게 한다.
- 몰에는 확실한 방향성과 식별성이 나타나도록 한다.

- 몰의 폭은 일반적으로 6~12m로 한다.
- 몰에는 일체의 차량통행이 허용되지 않는다.
- 몰의 곳곳에는 고객이 머무를 수 있는 비교적 넓은 공간인 코트(court)를 두어 휴식공간 및 각종 이벤트 진행 공간으로 활용할 수 있도록 한다.

제8장
공장건축

1. 기본계획

공장은 원자재나 부품을 일정한 공정과정을 거쳐 일련의 제품을 생산하는 공업 활동의 장소로서 물품의 제조, 가공 또는 수리에 계속적으로 이용되는 건축물이다.

1) 건축형식상 분류

공장의 건축 형식상 분류 및 특징

분관식(Pavilion Type)	집중식(Block Type)
- 공장의 형식과 구조방식을 각각 다르게 할 수 있다. - 화학공장, 기계조립공장, 중층형 공장에 적합하다.	- 단일 건물이나 블록에 공장을 집중시킨 유형이다. - 기계조립공장, 무창공장, 단층공간에 적합하다.

- 공장의 신축과 증축이 용이하다. - 통풍, 채광이 양호, 배수나 물홈통설치가 용이하다. - 각 동의 건설을 병행할 수 있어서 건설 공기 단축이 가능하다. - 부정형의 대지형태, 지형상 고저차 있을 때 유리하다.	- 내부배치 변경시 공간의 가변적 융통성이 있다. - 공간효율이 좋다. - 제품 운반이 용이하고 동선상 흐름이 단순하다. - 평탄한 대지, 정형화된 형태일 경우에 유리하다.

2. 배치계획

1) 부지 선정시 조건

- 공장의 입지를 결정하기 위해서는 공장 규모, 교통망, 원료 및 제품 공급 소요시간, 공급인구 유무, 에너지 및 동력원 공급현황, 지가 등을 고려해야 하며 소음이나 냄새 등에 따른 민원을 피하기 위해서는 주변에 주택, 학교, 유치원 및 병원 등이 있는 곳은 피하는 것이 좋다.
- 공장이나 설비의 확장시 발생할 수 있는 문제를 대비하여 지반상황의 사전조사가 요구된다.
- 교외지역의 공장대지는 산사태, 하천의 범람, 바람, 지진, 태풍, 염해 위험 등과 같은 자연 재해로부터 안전해야 한다.
- 특히 5㎞ 이내에 바다가 있는 곳은 염분에 의해 건물 구조나 공장의 설비기계, 배관 등에 영향을 미치므로 신중하게 검토해야 한다.
- 원료의 공급과 제품의 차질 없는 공급을 위해 도로 및 교통에 대한 조사가 필요하며 에너지 공급설비, 상하수도 설비, 폐기물과 배수처리설비에 대해 사전 검토해야 한다.

2) 배치 계획시 조건

- 공장의 배치는 대지의 형상, 출입구 위치, 동선의 흐름, 증축 및 확장방향, 공장 건축물 규모에 따라 달라진다.
- 원료 및 제품을 운반하는 방법이나 작업동선을 고려해서 출입구 위치 등이 결정되어야 하며 각 부분별 시설들은 각각 구분되어야 하지만 동시에 유기적으로 연결되도록 공간을 배치한다.
- 여러 공정 중 가장 중요한 공정을 가장 유리한 곳에 배치하고 기계를 합리적으로 배치시킨다.
- 견학자나 방문자의 동선을 고려한 배치 계획도 필요하다. 또한, 사전에 장래의 증축이나 확장을 고려하여 공장을 배치해야한다. 공장은 원자재나 부품을 일정한 공정과정을 거쳐 일련의 제품을 생산하는 공업 활동의 장소로서 물품의 제조, 가공 또는 수리에 계속적으로 이용되는 건축물이다.

3. 평면계획

1) 레이아웃(layout)

- 공장의 레이아웃이란 공장의 생산 활동에 중심이 되는 기계 및 설비 배치방법을 결정하는 것을 의미한다.
- 공장의 레이아웃은 제품의 생산성에 커다란 영향을 미치므로 공장 건축에서 매우 중요하게 다루어진다.
- 제품과 생산량, 생산방식, 공정설계, 운반/저장 시스템, 서비스 시설상의 계획에 따라 레이아웃이 달라진다.
- 생산 및 가공구역은 여유 있는 공간을 확보하고 작업장 통로 폭은 지게차 회전반경 및 하중조건을 고려하여 결정한다.
- 기계실과 보수실은 작업장 생산라인과 분리해서 계획하고 장래의 확장을 고려하

여 경간(스팬: span)을 검토하고 모듈을 구획을 한다.

- 물품, 사람, 에너지, 정보 이동 동선, 재료의 반입과 반출동선을 가능한 짧고 명확하게 구분한다.
- 레이아웃 과정에서 장래 공장 규모 변화에 대응해서 융통성있는 공간 계획이 필요하다.

공장건축의 레이아웃 형식

형식	특징	적용대상
제품중심형 (연속작업식)	► 대량생산 (높은 생산성) ► 표준화 · 규격화된 제품 생산 ► 공정과 기계류를 제품의 흐름에 따라 배치	가전제품, 석유, 시멘트, 화학공장 등
공정중심형 (기계설비 중심형)	► 다품종 소량생산 (낮은 생산성) ► 기능(공정)이 동일하거나 유사한 기계를 집합시키는 배치 (기능식 레이아웃) ► 표준화가 이루어지기 어려운 경우에 채택 ► 생산량 예측이 어려운 주문생산에 적합	주문 생산품공장
고정식	► 제품이 크고 수가 적을 때 ► 고정된 장소에 주재료와 부품이 놓이고 사람이나 기계가 그 곳으로 이동해서 작업	선박, 건축
혼성식	► 위 3가지 방식들이 혼성된 형식	

4. 입 · 단면 계획

1) 공장의 형태

(1) 단층형

무거운 원료나 제품을 취급하는 공장(기계, 조선, 주물공장)

(2) 중층형

가벼운 원료나 제품을 취급하는 공장(제지, 제약, 제과, 제분)

(3) 단층 및 중층병용

양조, 방적공장

(4) 득수형

시멘트, 제분공장

2) 지붕형

(1) 평지붕(slab)형

중층형 공장건물의 최상층에 적용

(2) 뾰족지붕형

동일면에 천창을 내는 방법으로 직사광선을 어느 정도 허용해야 한다.

(3) 솟을지붕형

채광 및 환기에 적합

(4) 톱날지붕형

북향의 채광창으로 하루종일 균일한 조도를 유지할 수 있다.

(5) 샤렌(Schalen)형

기둥이 적게 소요되는 장점으로 공간효율이 좋으나 채광과 환기가 불리하다.

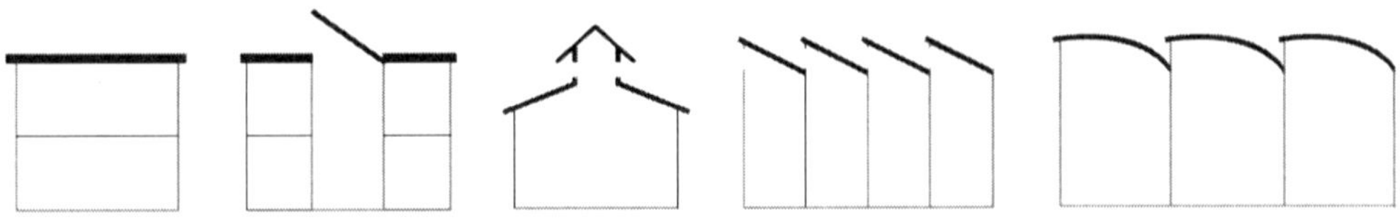

공장의 지붕형태

5. 환경 계획

1) 채광계획

(1) 자연채광

- 가능한 한 창을 크게 설치하고 광선을 부드럽게 확산시킬 수 있는 젖빛유리나 프리즘유리를 사용한다. 가능한 한 동일 패턴의 창을 반복하는 것이 바람직하다.
- **공작 및 조립공장의 채광기준** : 100~150lux
- **정밀기계공장의 채광기준** : 150~250lux
- 톱날지붕, 천창지붕, 솟을지붕, 천창솟을지붕 등으로 지붕을 계획하여 채광을 유도할 수 있다.

(2) 인공조명

- 인공조명을 통해 실내조도를 균일하게 유지할 수 있다.
- 일반조명으로는 형광등이 가장 보편적으로 사용되며 천장높이가 높을 경우 백열등이나 수은등이 사용된다.
- 국부조명은 특수 부분의 조명과 정밀 작업에 필요하다.

2) 환기 계획

(1) 자연환기

- 풍력 및 온도차에 따른 대류 작용으로 환기를 유도한다.

- **풍력에 의한 환기** : 측창, 천장, 환기통 등을 이용한다.
- **온도차에 따른 대류 작용에 의한 환기** : 환기통, 솟을지붕 등을 이용한다.

(2) 기계 환기

- **흡인(吸引)식** : 원심형 팬 이용(방직, 목공 공장 등에 적용)
- **취입(吹入)식** : 추진기형 팬을 이용(주조, 야금 공장 등에 적용)

3) 클린룸(clean room)

- 클린룸은 실내공기 오염 물질을 일정기준치 이하로 억제하여 유해가스 및 금속 이온 등이 사용목적에 적합하도록 관리하는 실을 말한다.
- 클린룸은 크게 산업용과 의료용으로 구분되는데 산업용은 반도체공정, 광학렌즈, 필름제조, 시계, 카메라, 현미경, 레이저 기기를 제작하는 정밀기계생산 공장 등 금속 및 비금속 생산 공장 등에서 주로 필요로 한다. 의료용은 각종 수술실과 무균 병실, 실험실과 제약시설, 인공심장이나 인공혈관을 제조하는 의료기기 생산 공장 등에서 필요로 한다.
- 클린룸의 평면형태는 정방형보다 장방형이 유리하며 폭 4.2～4.8m, 길이 15.2m, 복도 폭 2.4m가 적당하다.

4) 무창공장

- 방직공장과 정밀기계공장에 적합
- 실내조도는 인공조명을 통해 조절(균일한 조도)
- 창호를 설치할 필요가 없다(건설비 저렴).
- 실내에서의 소음이 크다.
- 외부로부터의 자극이 적어 작업능률 향상
- 온 · 습도 조정이 쉽고 유지비가 싸다.

제9장 창고건축

1. 기본사항

- 창고는 일련의 물품을 자연재해나 화재로부터 보호하고 생산에서 소비까지 장 · 단기간동안 물품을 보관 · 저장하는 역할을 한다.
- 창고의 기능에는 물품을 장 · 단기간 보관하는 기능, 생산과 소비 기간을 조절하는 기능, 하역기능(70-80%), 사무기능, 부대기능, 입하기능, 출하기능(피킹, 출하구분, 검품) 등이 있다.

1) 층수에 따른 창고의 유형

(1) 단층 창고
- 지가가 낮고 부지가 넓은 경우 적합하다.
- 중량 화물을 다루는 창고(예: 철강 부두 창고)로서 화물의 출입이 편리하다.

- 경간은 최대한 넓게 계획한다.
- 출입문은 가급적 여닫이로 넓게 계획한다.

(2) 다층 창고

- 지가가 높고 대지 면적이 협소한 곳에 적합하다.
- 화물출입에 기계설비가 필연적으로 사용된다.
- 다층창고의 기준층 높이는 3.65m가 적당하다.
- 최상층의 경우는 방열, 환기 등을 위한 설치관계로 층높이가 다소 높아지는 경우가 있다.
- 대규모의 공간이 필요할 경우에는 2개 층을 개방하여 사용할 수도 있다.

2. 평면계획

1) 창고의 평면유형

(1) 외주 하역식

- 공장 주위에 근접하여 하역장을 배치한 형식으로 해안부두 등과 같은 대규모 창고에 적합하다.

(2) 중앙 하역식

- 창고 내 중앙에 하역장을 배치한 형식으로 화물의 처리가 비교적 빠르다.
- 날씨에 관계없이 하역이 가능하나 채광이 좋지 않다.

(3) 분산 하역식

- 창고 내 여러 장소에 하역장을 설치한 형식으로 창고 면적을 많이 차지하여 대형 창고에 적합한 유형이다.

(4) 무 하역식

- 별도로 하역장이 없이 호이스트(Hoist)나 크레인으로 화물을 운반하는 형식이다.
- 화물의 수용능력이 가장 크고, 기계로 직접 화물을 반출입한다.
- 기계 고장에 대비하여 예비 기계를 확보해야 한다.

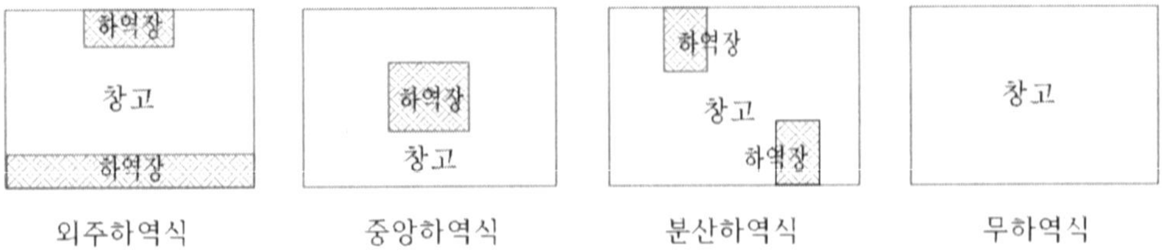

창고의 평면유형

3. 세부계획

1) 경간(span)

- 가능한 넓게 계획하는 것이 바람직하다. 벽체에 위치한 기둥은 굵고, 중간이나 가운데 위치한 기둥은 가늘게 계획하는 것이 좋다.

2) 천장 높이

- 일반적으로 천장 높이는 주요화물의 적재높이보다 60~90cm 정도 높게 한다.

3) 바닥

- 청소가 용이하고 단단한 바닥면으로 계획한다.
- 방습이 요구되는 화물 보관시 바닥높이를 지면보다 20~30cm 이상 높게 계획한다.
- 바닥면의 중앙부는 50~150mm 정도 높여 바닥에 물매를 주어 배수가 용이하도록

한다.

4) 기초

- 보관화물의 무게에서 비롯되는 편심 하중으로 인한 부동침하 등이 일어나지 않도록 주의해서 기초의 종류와 위치를 결정한다.

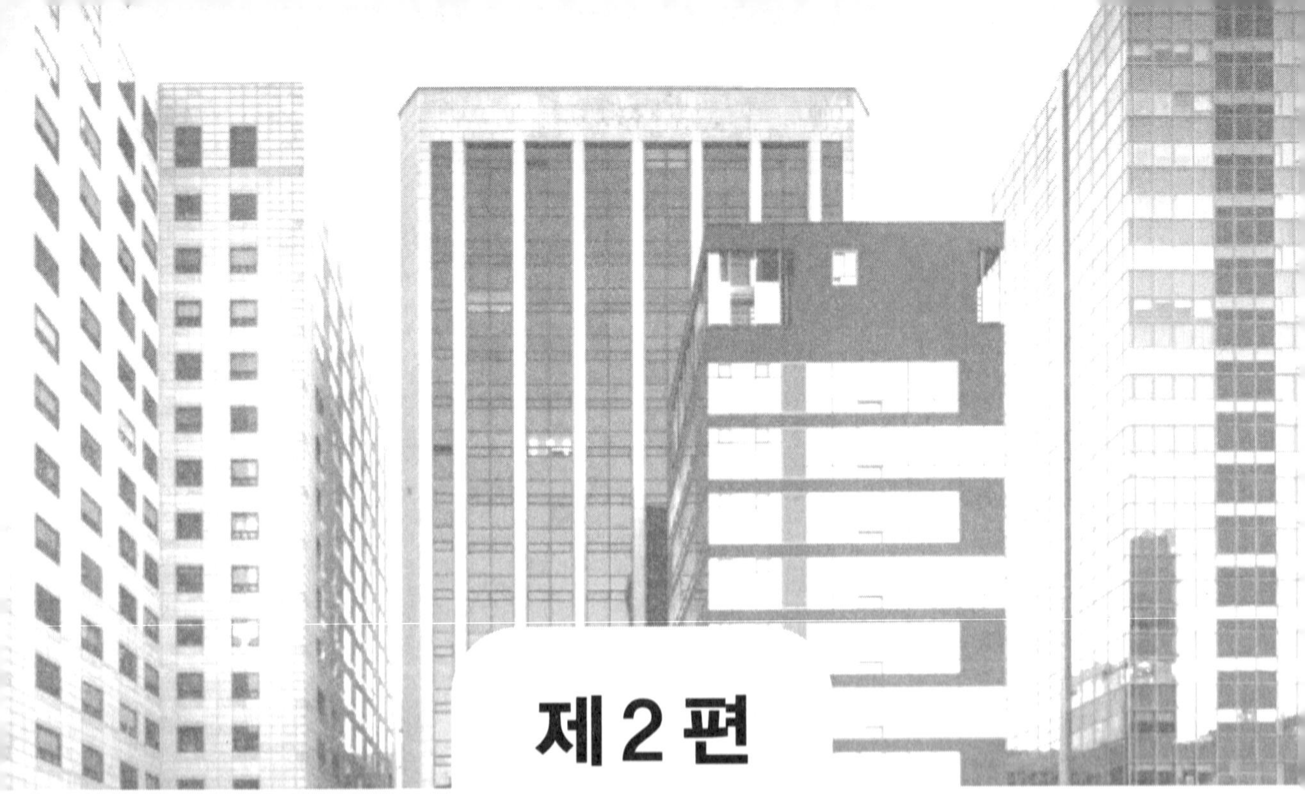

제 2 편

예상문제, 과년도문제 및 해설

제 10 장

총론

1. 공간의 레이아웃에 관한 설명으로 가장 알맞은 것은?

① 조형적 아름다움을 부가하는 작업이다.

② 생활행위를 분석해서 분류하는 작업이다.

③ 공간에 사용되는 재료의 마감 및 색채계획이다.

④ 공간을 형성하는 부분과 설치되는 물체의 평면상 배치계획이다.

[해설]

◈ 공간의 레이아웃(lay–out) : 생활 행위를 분석하여 공간의 배분 계획에 따라 배치하는 것 즉, 공간을 형성하는 부분과 설치되는 물체의 평면상 배치계획이다.

① 공간 상호간의 연계성　　② 동선 체계와 시선 계획 고려

③ 인체공학적 치수와 가구 설치(가구의 크기와 점유면적)　　④ 출입형식

정답 ④

2. 모듈러 코디네이션(Modular Coordination)의 효과와 가장 거리가 먼 것은?

① 대량생산의 용이　　② 설계작업의 단순화

③ 현장작업의 단순화 및 공기 단축　　④ 건축물 형태의 창조성 및 다양성 확보

[해설]

모듈러 코디네이션이란 모듈을 이용해서 건축생산 전반에 적용하여 재료를 규격화하여 치수사의 유기적 연계성을 이루며, 규격화가 됨으로써 생산이 합리화되고, 단순화 작업이 용이해지는 대신 건축물의 다양함과 창조성이 결여되는 문제점이 나타난다.

정답 ④

3. 건축계획의 진행 과정에 있어서 다음 중 가장 먼저 선행되는 작업은?

① 기본계획　　② 조건파악

③ 기본설계　　④ 실시설계

[해설]

건축주의 요구나 조건이 많을 경우 건축주와 의사소통을 도모하면서 설계자의 사고나 경험에 의해 분석을 종합하고 부지에 대한 자연적조건, 사회적조건 등 계획 조건을 파악하고 정리한다.

정답 ②

4. 모듈계획(MC: Modular Coordination)에 관한 설명으로 옳지 않은 것은?

① 건축재료의 취급 및 수송이 용이해진다.

② 건물 외관의 자유로운 구성이 용이하다.

③ 현장 작업이 단순해지고 공기를 단축시킬 수 있다.

④ 건축재료의 대량 생산이 용이하여 생산 비용을 낮출 수 있다.

[해설]

◈ **모듈계획** : 모듈을 사용하여 건축 전반에 사용되는 재료를 규격화하는 것을 말한다.

1. 장점

- 설계 작업이 단순화되므로 용이하다.
- 건축 수성재의 다량 생산이 용이해지고, 생산비용이 낮아질 수 있다.
- 건축 구성재의 수송이나 취급이 편리해진다.
- 현장 작업이 단순하므로 공사 기간이 단축될 수 있다.
- 국제적인 m.c를 사용하면 건축 수성재의 국제 교역이 용이해진다.

2. 단점

- 건축물 형태에 있어서 창조성 및 인간성을 상실할 우려가 있다.
- 동일한 형태가 집단을 이루는 경향이 있으므로 건물의 배치와 외관이 단순해지므로 배색에 신중을 기해야 한다.

정답 ②

5. 다음 중 공간의 레이아웃(lay out)과 가장 밀접한 관계를 가지고 있는 것은?

① 입면계획 ② 동선계획

③ 설비계획 ④ 색채계획

[해설]

건축 공간의 레이아웃은 평면계획을 의미하며 평면계획에서 중요한 계획이 동선계획이다.

정답 ②

6. 모듈계획(MC : Modular coordination)에 관한 설명으로 옳지 않은 것은?

① 대량생산이 용이하다.

② 설계작업이 간편하고 단순화된다.

③ 현장작업이 단순해지고 공기가 단축된다.

④ 건축물 형태의 자유로운 구성이 용이하다.

[해설]

모듈계획은 표준화된 재료의 반복사용으로 건물의 통일성이 유지되지만 또한 표준화된 재료 및 구성재의 사용으로 자칫 건물의 개성과 독창성이 결여될 문제가 있다.

정답 ②

7. 공간의 레이아웃(lay-out)과 가장 밀접한 관계를 가지고 있는 것은?

① 재료계획 ② 동선계획

③ 설비계획 ④ 색채계획

[해설]

건축 공간의 레이아웃은 평면계획을 의미하며 평면계획에서 중요한 계획이 동선계획이다.

정답 ②

8. 다음 중 건축계획단계에서 그리드 플래닝(Grid planning)의 적용이 가장 효과적인 건축물은?

① 교회 ② 사무소

③ 미술관 ④ 단독주택

[해설]

◈ 그리드 플리닝

일정하게 정해진 규칙적인 형태의 기하학적인면이나 입체인 그리드를 계획의 보조 도구로 사용하여 디자인을 전개하는 것이다. 그리드는 단위작업 공간의 워크스테이션 또는 단위 그룹별의 능률적인 작업을 위한 최소 면적 치수를 기본으로 건축에 적용된 설비 그리드 간격과 기둥 간격 의 배치를 고려하여 그리드의 크기, 방향, 형태가 정해진다. 따라서 그리드에 준하여 개실이 만들어지거나 칸막이가 설치되 기도 하며 가구 배치, 창, 문 등도 설치된다.

– 사무소 : 건물 대부분이 집무 공간 및 부속실로 되어있다.

정답 ②

9. 건축설계과정에 관한 설명으로 옳지 않은 것은?

① 건축주의 의도를 충분히 이해한다.

② 건축의 조형을 내부 기능에 못지 않게 중요시 한다.

③ 설비시스템의 결정은 건축설계의 완성 후 진행한다.

④ 기본설계는 기획시의 의도를 구체적인 형태로 발전시키는 단계이다.

[해설]

배치계획에서는 도로에서의 소음, 일조, 통풍, 전망관계, 대지의 특성 등을 고려하여야 하며 조경 주차장 등의 역할과 건축물 내부 실배치 및 외부공간과의 연관관계를 고려하여 결정한다.

정답 ③

10. 모듈계획(MC : Modular Coordination)에 관한 설명으로 옳지 않은 것은?

① 건축재료의 취급 및 수송이 용이해진다.

② 건물 외관의 자유로운 구성이 용이하다.

③ 현장 작업이 단순해지고 공기를 단축시킬 수 있다.

④ 건축재료의 대량 생산이 용이하여 생산 비용을 낮출 수 있다.

[해설]

◈ 모듈 계획

모듈을 사용하여 건축 전반에 사용되는 재료를 규격화하는 것

1. 장점
- 설계작업이 단순
- 건축 구성재의 다량 생산이 용의 생산비용 절감
- 건축 구성재의 수송이 편리
- 현장 작업이 단순하므로 공사 기간이 단축
- 국제적인 m.c를 사용 건축 구성재의 국제 교역이 용의

2. 단점
- 건축물 형태에 있어서 창조성 및 인간성을 상실할 우려가 있다.
- 동일한 형태가 집단을 이루는 경향이 있으므로 건물의 배치와 외관이 단순해지므로 배색에 신중해야 한다.

정답 ②

11. 공간의 레이아웃에 관한 설명으로 가장 알맞은 것은?

① 조형적 아름다움을 부가하는 작업이다.

② 생활행위를 분석해서 분류하는 작업이다.

③ 공간에 사용되는 재료의 마감 및 색채계획이다.

④ 공간을 형성하는 부분과 일치되는 물체의 평면상 배치 계획이다.

[해설]

공간의 레이아웃은 이동거리를 최단으로 하며 재료를 생상과정에 따라 원활하게 보낸다. 다른 경로와 뒤섞이지 않도록 하며 공간을 유효하게 사용하고 안전하게 작업할 수 있도록 한다. 따라서 공간의 레이아웃에 관한 설명으로 가장 알맞은 것은 4번이다.

정답 ④

12. 건물의 계획시 모듈을 설정하여 척도를 조정함으로써 얻게 되는 이점과 가장 거리가 먼 것은?

① 형태가 다양해진다.

② 미적 질서를 가질 수 있다.

③ 공사기간이 단축될 수 있다.

④ 건축구성재의 생산비용이 낮아질 수 있다.

[해설]

모듈이란 척도 혹은 기준수치를 말하며, 건축의 생산수단으로서 기준치수를 정해놓은 것이다. 그리하여 형태가 단조롭다.

정답 ①

13. 실내공기를 오염시키는 물질 가운데 부유입자와 에어졸을 일정량 이하로 억제하여 유해가스, 금속이온 등이 그 실의 사용목적에 따라 관리되고 있는 실은?

① 린넨룸 ② 클린룸

③ 팬트리 ④ 드라이에리어

[해설]

클린룸이란 공기중에 부유하는 입자뿐만 아니라 온도, 습도, 조도, 기류, 공기압 등에 관해서 요구 규정에 따라 환경적으로 제어되는 밀폐된 공간을 말한다(예 : 반도체공장, 정밀 연구소....).

정답 ②

14. 건축물의 성립에 영향을 미치는 요소 중 가장 영향력이 적은 것은?

① 지역의 기후 및 풍토적 요소 ② 건축재료 및 기술적 요소

③ 건축시공상의 편리적 요소 ④ 사회 · 문화적 요소

[해설]

◈ 건축의 규정요소

1. 기후 및 풍토적 요소 2. 사회, 문화적요소 3. 정치 및 종교적 요소

4. 재료 및 기술적 요소 5. 경제적 요소 및 건축가의 개성 등

정답 ③

15. 다음 중 건축의 3요소는?

① 색상, 명도, 채도　　② 구조, 기능, 미

③ 속도, 빈도, 하중　　④ 변화, 균형, 통일성

[해설]

1. 색의 3요소
2. 건축의 3요소
3. 동선의 3요소
4. 디자인의 3요소

정답 ②

제 11 장
주택

1. 다음 중 주택 부엌의 기능적 측면에서 작업삼각형(work triangle)의 3변 길이의 합계로 가장 알맞은 것은?

① 1000mm　　② 2000mm

③ 3000mm　　④ 4000mm

[해설]

► 부엌은 가사작업을 하기 때문에 거주자가 피로를 느끼지 않도록 동선이 효율적으로 구성되어야 한다. 부엌의 작업삼각형은 냉장고, 개수대, 가열대의 중심점을 이어서 삼각형을 만든 것으로 한변의 길이가 800mm 이하, 세변의 총길이의 합은 3.6~6.6m가 적당하다.

정답 ④

2. 숑바르 드 로브에 따른 주거면적기준 중 한계기준은?

① $8m^2$　　② $14m^2$

③ $15m^2$　　④ $16m^2$

[해설]

► 숑바르 드 로브가 주거생활을 원활하게 유지하기 위해서 3가지 면적의 기준을 제시하였는데 병리 기준 : $8m^2$, 한계 기준 : $14m^2$, 표준 기준 : $16m^2$

정답 ②

3. 다음 설명에 알맞은 국지도로의 유형은?

- 가로망 형태가 단순하고, 가구 및 획지 구성상 택지의 이용 효율이 높기 때문에 계획적으로 조성되는 시가지에 많이 이용되고 있는 형태이다. - 교차로가 +자형이므로 자동차의 교통처리에 유리하다.

① T자형　　② 격자형

③ 루프(loop)형　　④ 쿨데삭(cul-de-sac)형

[해설]

► 격자형도로는 가로망의 형태가 단순, 명료하고, 가구 및 획지구성상 택지의 이용효율이 높기 때문에 계획적으로 조성되는 시가지에 가장 많이 이용되어 온 형태이다. 자동차교통에 있어서 편리하고 교차로가 십자형이 되기 때문에 교통처리에 유리하다.

정답 ②

4. 공동주택에 관한 설명으로 옳지 않은 것은?

① 단독주택보다 독립성이 크다.

② 주거환경의 질을 높일 수 있다.

③ 대지의 효율적 이용이 가능하다.

④ 도시생활의 커뮤니티화가 가능하다.

[해설]

► 완벽한 독립된 공간은 공동주택에 대한 설명이아니라 단독주택의 가장 큰 장점 중 하나이다.

정답 ①

5. 단독주택의 거실 계획에 관한 설명으로 옳지 않은 것은?

① 다목적 공간으로서 활용되도록 한다.

② 정원과 테라스에 시각적으로 연결되도록 한다.

③ 개방된 공간으로 가급적 독립성이 유지되도록 한다.

④ 다른 공간들을 연결하는 통로로서의 기능을 우선 시 한다.

[해설]

► 단독주택에서 거실은 가족 생활 중심, 주부의 작업공간을 우선시하고 통로에 의해 실이 분할되지 않게 해야 하며 사람 동선은 가능한 분리하고 필요 이상의 교차는 피해야한다.

정답 ④

6. 공동주택의 형식 중 탑상형에 관한 설명으로 옳지 않은 것은?

① 건축물 외면의 입면성을 강조한 유형이다.

② 판상형에 비해 경관 계획상 유리한 형식이다.

③ 모든 세대에 동일한 거주 조건과 환경을 제공한다.

④ 타워식의 형태로 도심지 및 단지 내의 랜드마크적인 역할이 가능하다.

[해설]

► 탑상형 아파트는 조망권을 확보하기위해 세대별 방향과 라인을 배치해 설계하고 있다. 입면계획과 배치계획이 단조로운 면은 있으나 전세대 남향배치가 가능하여 동일한 거주환경을 제공하는 유형은 판상형이다.

정답 ③

7. 소규모 주택에서 주방의 일부에 간단한 식탁을 설치하거나 식사실과 주방을 하나로 구성한 형태를 무엇이라 하는가?

① 리빙 키친 ② 다이닝 키친

③ 리빙 다이닝 ④ 다이닝 테라스

[해설]

► 다이닝키친은 부엌 일부에 식탁이 설치되고 식사실이 포함됨으로 주부의 동선이 짧은 장점이 있다.

정답 ②

8. 근린생활권의 구성 중 근린주구의 중심이 되는 시설은?

① 유치원 ② 대학교

③ 초등학교 ④ 어린이 놀이터

[해설]

► 근린주구는 초등학교를 중심으로 한 크기로 1,600~2,000호의 규모이며, 이에 속하는 공동시설은 병원, 어린이공원, 도서관, 우체국, 소방서, 동사무소 등이다.

정답 ③

9. 레드번(Radburn) 계획의 기본 원리에 속하지 않는 것은?

① 보도와 차도의 평면적 분리

② 기능에 따른 4가지 종류의 도로 구분

③ 자동차 통과도로 배제를 위한 슈퍼블록 구성

④ 주택단지 어디로나 통할 수 있는 공동 오픈스페이스 조성

[해설]

◈ 레드번 계획의 5가지 기본원리

- 자동차 통과교통의 배제를 위한 슈퍼블록 구성
- 보도망의 형성 및 보도와 차도의 입체적 분리
- 기능에 따른 4가지 종류의 도로구분
- 주택단지 어디로나 통할 수 있는 공동의 오픈스페이스 조성
- 쿨데삭형의 가로망 구성에 의해 주택의 거실을 보도, 정원방향으로 배치

정답 ①

10. 아파트 평면 형식에 관한 설명으로 옳지 않은 것은?

① 집중형은 대지에 대한 이용률이 높다.

② 계단실형은 거주의 프라이버시가 높다.

③ 중복도형은 통행부의 면적이 작은 관계로 건축물의 이용도가 가장 높다.

④ 편복도형은 각 층에 있는 공용 복도를 통해 각 주호로 출입하는 형식이다.

[해설]

◈ 중복도형 아파트의 장점 : 부지의 이용률이 높다.
중복도형 아파트의 단점 : 프라이버시가 나쁘고 시끄럽다. 통풍, 채광상 불리하며 복도의 면적이 커진다.

정답 ③

11. 공동주택의 단면형식 중 메조넷형에 관한 설명으로 옳은 것은?

① 작은 규모의 주택에 적합하다.

② 주택 내의 공간의 변화가 없다.

③ 거주성, 특히 프라이버시가 높다.

④ 통로면적이 증가하여 유효면적이 감소된다.

[해설]

◈ 메조넷형의 장점 : 좋은평면구성이 가능. 전용면적의 증가. 채광, 통풍, 프라이버시 등의 확보. 엘리베이터 정지층수 반감.
메조넷형의 단점 : 소규모 주택에 비경제적, 설계가 복잡함

정답 ③

12. 단독주택의 거실 계획에 관한 설명으로 옳지 않은 것은?

① 거실은 평면계획상 통로나 홀로서 사용되도록 한다.

② 식당, 계단, 현관 등과 같은 다른 공간과의 연계를 고려해야 한다.

③ 거실과 정원은 유기적으로 시각적 연결을 하여 유동적인 감각을 갖게 한다.

④ 개방된 공간에서 벽면의 기술적인 활용과 자유로운 가구의 배치로서 독립성이 유지되도록 한다.

[해설]

► 거실은 온가족의 단란, 휴식공간으로 가족생활의 중심이 되는 곳이기 때문에 통로나 홀로 사용되지 않는다.

정답 ①

13. 한식주택과 양식주택에 관한 설명으로 옳지 않은 것은?

① 한식주택은 좌식이나, 양식주택은 입식이다.

② 한식주택의 실은 혼용도이나, 양식주택은 단일용도이다.

③ 한식주택의 평면은 개방적이나, 양식주택은 은폐적이다.

④ 한식주택의 가구는 부차적이나, 양식주택은 주요한 내용물이다.

[해설]

◈ 평면의 차이

한식주택 : 방의 위치별 실의 구분(안방, 건너방, 사랑방). 조합, 은폐적, 병렬식(분산식)이다.

양식주택 : 방의 기능별 분화(거실, 식사실, 침실)구분. 분화평면으로 개방적이며, 집중배열식이다.

정답 ③

14. 다음 중 단독주택에서 부엌의 크기 결정 시 고려하여야 할 사항과 가장 거리가 먼 것은?

① 거실의 크기 ② 작업대의 면적

③ 주택의 연면적 ④ 작업자의 동작에 필요한 공간

[해설]

◈ 부엌의 크기결정기준

1. 작업대의 면적
2. 작업자(주부)의 동작에 필요한 공간
3. 수납공간(식기, 식품, 조리용 기구)
4. 연료의 종류와 공급방법
5. 주택의 연면적, 가족수, 평균 작업인수, 경제수준

정답 ①

15. 다음 설명에 알맞은 단지 내 도로 형식은?

- 불필요한 차량 진입이 배제되는 이점을 살리면서 우회도로가 없는 쿨데삭(cul-de-sac)형의 결점을 개량하여 만든 형식이다.
- 통과교통이 없기 때문에 주거환경의 쾌적성과 안전성은 확보되지만 도로율이 높아지는 단점이 있다.

① 격자형 ② 방사형 ③ T자형 ④ Loop형

[해설]

► 루프(Loop)형은 고리형이라고도 하며 불필요한 차량도입이 배제되는 이점을 살리면서 우회도로가 없는 쿨데삭의 결점을 개량해 만든 패턴이다. 쿨데삭과 같이 통과교통이 없기 때문에 주거환경, 안전성은 확보되나 도로율이 높아지는 단점이 있다.

정답 ④

16. 주택에서 리빙 키친(Living Kitchen)의 채택 효과로 가장 알맞은 것은?

① 장래 증축의 용이　　② 거실 규모의 확대

③ 부엌의 독립성 강화　　④ 주부 가사노동의 간편화

[해설]

◈ 리빙키친(LDK형) : 거실, 실사실, 부엌을 겸용한 것

① 주부의 가사 노동의 경감 (주부의 동선 단축) ② 부엌의 통풍과 채광이 우수하다. (위생적이다.)

③ 통로가 절약되어 바다 면적의 이용률이 높다. (소주택에 적당) ④ 부엌의 냄새가 거실로 유입됨

정답 ④

17. 한식주택과 양식주택에 관한 설명으로 옳지 않은 것은?

① 한식주택의 실은 혼용도이다.

② 한식주택은 좌식생활 중심이다.

③ 양식주택에서 가구는 부차적 존재이다.

④ 양식주택의 평면은 실의 기능별 분화이다.

[해설]

► 양식주택은 가구의 종류와 형태에 따라 실의 크기와 폭이 결정되어 지며, 한식주택의 가구는 부차적 존재로서 가구에 관계없이 각 소요실의 크기, 설비가 결정된다.

정답 ③

18. 다음 근린생활권의 주택지의 단위 중 가장 기본이 되는 최소한의 단위는?

① 인보구　　② 근린주구

③ 근린분구　　④ 커뮤니티 센터

[해설]

◈ 인보구

인보구는 (20~40호, 100명~200명)이며, 주거단지 구성의 가장 기본이 되는 최소한 단위이며 유아놀이터가 주요한 구성요소이다.

정답 ①

19. 단독주택의 복도 계획에 관한 설명으로 옳지 않은 것은?

① 중복도는 채광, 통풍에 유리하다.

② 연면적 50m^2 이하의 주택에 복도를 두는 것은 비경제적이다.

③ 복도를 계획하는 경우, 복도의 면적은 일반적으로 연면적의 10% 정도이다.

④ 복도로 연결된 각 공간의 문은 복도의 폭이 좁을 경우에는 안여닫이로 계획하는 것이 좋다.

[해설]

► 중복도는 아파트평면상 중앙에 복도가 배치되어 채광, 통풍이 불리하며, 각실의 출입문은 복도에서 실내 쪽으로 개폐할 수 있도록 한다.

정답 ①

20. 아파트의 단위주거 단면구성 형식 중 복층형에 관한 설명으로 옳지 않은 것은?

① 주택 내의 공간의 변화가 있다.

② 단층형에 비해 공용면적이 감소한다.

③ 구조 및 설비가 단순하여 설계가 용이하고 경제적이다.

④ 복층형 중 단위주거의 평면이 2개 층에 걸쳐져 있는 경우를 듀플렉스형이라 한다.

[해설]

► 복층형 아파트는 단면, 구조, 설비가 복잡하고 설계상 어려움이 있으며 비경제적이다.

정답 ③

21. 다음의 아파트 평면형식 중 각 세대의 프라이버시 확보가 가장 용이한 것은?

① 집중형 ② 계단실형

③ 편복도형 ④ 중복도형

[해설]

- 계단실형은 복도가 없어 계단실 또는 엘리베이터 홀에서 직접 세대로 출입되는 방식이다.
- 계단실형>편복도형>중복도형>집중형 이순으로 프라이버스 확보가 용이하다.

정답 ②

22. 건축계획의 진행 과정에 있어서 다음 중 가장 먼저 선행되는 작업은?

① 기본계획 ② 조건파악

③ 기본설계 ④ 실시설계

[해설]

◈ 건축계획 진행과정에서의 조건파악

자연적 조건 : 대지 및 주의 환경 분석

사회적 조건 : 관계 법규 저촉여부

정답 ②

23. 다음 설명에 알맞은 주거단지의 도로 유형은?

- 통과교통을 방지할 수 있다는 장점이 있으나 우회도로가 없기 때문에 방재·방범상으로는 불리하다.
- 주택 배면에는 보행자전용도로가 설치되어야 효과적이다.

① 격자형 ② T자형

③ Loop형 ④ Cul-de-sac형

[해설]

쿨데삭형은 불필요한 통과 교통을 차단하여 보행로 배치가 자유로우며 부정형의 지형에 적응이 용의하다.

정답 ④

24. 주택의 동선계획에 관한 설명으로 옳지 않은 것은?

① 동선은 될 수 있는 한 단순하게 한다.

② 동선에는 공간이 필요하고 가구를 둘 수 없다.

③ 서로 다른 동선은 근접 교차시키는 것이 좋다.

④ 동선의 길이는 될 수 있는 한 짧게 하는 것이 좋다.

[해설]

주택내에서 서로 다른 동선이 교차되면 동선간의 이동이 원활하지 못하게 된다.

정답 ③

25. 주택 부엌에서 작업삼각형의 구성에 속하지 않는 것은?

① 냉장고 ② 개수대

③ 배선대 ④ 가열대

[해설]

► 부엌의 작업삼각형은 싱크대, 조리대, 냉장고이다.
주부의 가사노동경감이 목적이며 가구배치순서는 준비대>개수대>조리대>가열대>배선대이다.

정답 ③

26. 다음 중 단독주택의 현관 위치 결정에 가장 주된 영향을 끼치는 것은?

① 용적률 ② 건폐율
③ 주택의 규모 ④ 도로의 위치

[해설]

► 현관의 위치는 주택평면의 공간구성에 많은 영향을 준다. 일반적으로 현관의 위치는 대지의 형태와 도로와의 관계에 의해 결정된다.

정답 ④

27. 다음 중 단독주택 설계 시 거실의 크기를 결정하는 요소와 가장 거리가 먼 것은?

① 가족 구성 ② 생활 방식
③ 주택의 규모 ④ 마감재료의 종류

[해설]

► 주택에서 거실은 가족의 단란, 휴식, 접객 등이 이루어지는 곳이며, 취침 이외의 전 가족생활의 중심이 되는 다목적공간으로 공용적 성격을 지닌 공간이다. 단독주택의 거실 크기를 결정하는 요소는 가족 수와 가족의 구성, 생활방식, 주택의 규모, 손님의 방문빈도와 수 등을 고려하여 계획한다.

정답 ④

28. 메조네트(maisonette)형 공동주택에 관한 설명으로 옳지 않은 것은?

① 통로 면적이 감소된다. ② 복도가 없는 층이 생긴다.
③ 엘리베이터 정지층수가 적다. ④ 소규모 주택에 주로 적용된다.

[해설]

► 작은 저택의 뜻을 지니고 있는 메조넷은 하나의 주호가 2개 층 이상에 걸쳐 구성되는 형식으로 독립성이 좋고 전용면적이 크나 50제곱미터 이하의 소규모 주택에 사는 비경제적이다.

정답 ④

29. 주택단지 내 도로의 유형 중 쿨데삭(cul-de-sac) 형에 관한 설명으로 옳지 않은 것은?

① 통과교통을 방지할 수 있다.

② 우회도로가 없어 방재 · 방범상 불리하다.

③ 주거환경의 쾌적성 및 안전성 확보가 용이하다.

④ 대규모 주택단지에 주로 사용되며, 도로의 최대 길이는 600m 이하로 계획한다.

[해설]

◈ 쿨데삭 형

- 적정길이는 120~300m이며, 300m 이상인 경우에는 회전구간을 설치한다.
- 보차분리가 이루어지고 불필요한 통과 교통을 차단하여 보행로 배치가 자유롭다.
- 부정형의 지형에 적용이 용이하고 주거환경의 쾌적성 및 안정성 확보가 용이하다.
- 주택 배면에 보행자전용도로가 설치되어야 효과적이다.

정답 ④

30. 한식주택의 특정에 관한 설명으로 옳지 않은 것은?

① 한식주택의 실은 혼용도이다.

② 생활습관적으로 보면 좌식이다.

③ 각 실이 마루로 연결된 조합평면이다.

④ 가구의 종류와 형에 따라 실의 크기와 폭비가 결정된다.

[해설]

	– 한식	– 양식
평면의 차이 :	방의 위치별 분화 조합, 은폐적, 분산식	방의 기능별 분화 분화, 개방적, 집중식
구조의 차이 :	목조 가구식 바닥이 높고 개구부가 크다.	벽돌 조적식 바닥이 낮고 창이 작다.
관습의 차이 :	좌식생활	입식생활
용도의 차이 :	방의 혼합용도	방의 단일용도
가구의 차이 :	가구는 부차적 존재	가구는 중요한 내용물

정답 ④

31. 다음 중 단독주택의 부엌 계획 시 초기에 가장 중점적으로 고려해야 할 사항은?

① 위생적인 급 · 배수 방법

② 환기를 위한 창호의 크기 및 위치

③ 실내 분위기를 위한 마감 재료와 색채

④ 조리 순서에 따른 작업대의 배치 및 배열

[해설]

► 주택의 부엌과 식당 계획시 가장 중요하게 고려해야 할 사항은 가사노동관련 작업 동선이다. 가사 작업은 주부의 동선을 단축하기 위하여 부엌이 작업순서를 작업삼각형이 되도록 하는 것이 유리하다.

정답 ④

32. 다음 중 근린생활권의 단위로서 규모가 가장 작은 것은?

① 인보구 ② 근린주구

③ 근린지구 ④ 근린분구

[해설]

► 인보구는 20~40호 혹은 0.5~2.5ha이며, 어린이 놀이터가 중심이 되는 단위이다.
아파트의 경우는 3~4층 건물로서 1~2동에 해당한다.

정답 ①

33. 연립주택의 종류 중 타운 하우스에 관한 설명으로 옳지 않은 것은?

① 배치상의 다양성을 줄 수 있다.

② 각 주호마다 자동차의 주차가 용이하다.

③ 프라이버시 확보는 조경을 통하여서도 가능하다.

④ 토지 이용 및 건설비, 유지관리비의 효율성은 낮다.

[해설]

◈ 타운 하우스

테라스 하우스와 같이 각 호마다 전용의 뜰을 갖고 있으며, 공용의 뜰, 어린이 놀이터, 보도, 차도, 주차장 등의 오픈스페이스를 갖고 있는 형식의 연립주택이다.

1. 배치상의 다양성을 줄 수 있다.
2. 토지 이용 및 건설비, 유지관리비의 효율성을 고려한 형식이다.
3. 프라이버시 확보는 조경을 통해서도 가능하다.
4. 각 주호마다 자동차의 주차가 용이하다.

정답 ④

34. 주택의 동선계획에 관한 설명으로 옳지 않은 것은?

① 개인, 사회, 가사노동권의 3개 동선은 서로 분리하는 것이 좋다.

② 동선상 교통량이 많은 공간은 서로 인접 배치하는 것이 좋다.

③ 거실은 주택의 중심으로 모든 동선이 교차, 관통하도록 계획하는 것이 좋다.

④ 화장실, 현관 등과 같이 사용빈도가 높은 공간은 동선을 짧게 처리하는 것이 좋다.

[해설]

주택에서 거실은 가족 생활 중심, 주부의 작업공간을 우선시하고 통로에 의해 실이 분할되지 않게 해야 하며 동선이 교차 관통을 피해야 한다.

정답 ③

35. 공동주택의 단위세대 평면형식 중 LDK형에서 D가 의미하는 것은?

① 거실 ② 부엌

③ 식당 ④ 침실

[해설]

► LDK형은 Living Dining Kitchen을 의미하는 것이므로 D형은 Dining(식당) 이다.

정답 ④

36. 홀(hall)형 아파트에 관한 설명으로 옳지 않은 것은?

① 거주의 프라이버시가 높다.

② 대지의 이용률이 가장 높은 형식이다.

③ 엘리베이터 홀에서 직접 각 세대로 접근할 수 있다.

④ 각 세대에 양쪽 개구부를 계획할 수 있는 관계로 일조와 통풍이 양호하다.

[해설]

► 대지의 이용률이 가장 높은 형식은 집중형이다.

정답 ②

37. 주택 부엌의 작업대 배치 방식 중 L형 배치에 관한 설명으로 옳지 않은 것은?

① 정방형 부엌에 적합한 유형이다.

② 부엌과 식당을 겸하는 경우 활용이 가능하다.

③ 작업대의 코너 부분에 개수대 또는 레인지를 설치하기 곤란하다.

④ 분리형이라고도 하며, 모든 방향에서 작업대의 접근 및 이용이 가능하다.

[해설]

► 분리형은 섬(Island)형으로 모든 방향에서 작업대의 접근 및 이용이 가능하며, L형 배치방식과는 다르다.

정답 ④

38. 근린생활권 중 인보구의 중심시설은?

① 파출소　② 유치원

③ 초등학교　④ 어린이놀이터

[해설]

인보구의 중심시설 : 유아놀이터, 구멍가게
근린분구 중심시설 : 유치원, 아동공원, 파출소
근린주구 중심시설 : 초등학교, 유치원, 놀이터

정답 ④

39. 다음 중 공간의 레이아웃(lay out)과 가장 밀접한 관계를 가지고 있는 것은?

① 입면계획　② 동선계획

③ 설비계획　④ 색채계획

[해설]

► 공간의 레이아웃은 동선계획과 밀접한 관계를 가지고 있다.

정답 ②

40. 주택의 각 부위별 치수계획으로 가장 부적절한 것은?

① 복도의 폭 : 120cm　② 현관의 폭 : 120cm

③ 세면기의 높이 : 75cm　④ 부엌의 작업대 높이 : 65cm

[해설]

► 부엌 가구의 작업대 높이는 여성평균신장(158cm)을 기준으로 82~85cm의 높이가 적절하다.

정답 ④

41. 아파트 단지 내 주동배치 시 고려하여야 할 사항으로 옳지 않은 것은?

① 단지 내 커뮤니티가 자연스럽게 형성되도록 한다.

② 옥외주차장을 이용하여 충분한 오픈스페이스를 확보한다.

③ 주동 배치계획에서 일조, 풍향, 방화 등에 유의해야 한다.

④ 다양한 배치기법을 통하여 개성적인 생활공간으로서의 옥외공간이 되도록 한다.

[해설]

► 주동배치는 프라이버시를 확보하고 경관을 위해 오픈스페이스로 하여 공간개방을 하며, 보차분리 개념을 적용하여 주차장은 지하주차장으로 계획한다.

정답 ②

42. 단독주택의 각 실 계획에 관한 설명으로 옳지 않은 것은?

① 거실은 남북방향으로 긴 것이 좋다.

② 욕실의 천장은 약간 경사지게 함이 좋다.

③ 거실과 정원은 유기적으로 시각적 연결을 갖게 한다.

④ 침실의 침대는 머리쪽에 창을 두지 않는 것이 좋다.

[해설]

► 거실은 동서방향으로 하여 남향이거나 동향인 동쪽으로 계획하는 것이 좋다.

정답 ①

43. 주택의 욕실계획에 관한 설명으로 옳지 않은 것은?

① 방수성, 방오성이 큰 마감재료를 사용한다.

② 욕조, 세면기, 변기를 한 공간에 둘 경우 일반적으로 $4m^2$ 정도가 적당하다.

③ 부엌에서 사용하는 물과는 성격이 다르므로 욕실과 부엌은 근접시키지 않도록 한다.

④ 욕실은 침실 전용으로 설치하는 것이 이상적이나 그러지 아니할 경우 거실과 각 침실에서 접근하기 쉽도록 한다.

[해설]

욕실은 주방 부엌과 근접시키면 급배수 설비공사시 공사비등 효율성이 높고 배관공사에 용이하다.

정답 ③

44. 타운하우스(town house)에 관한 설명으로 옳지 않은 것은?

① 각 세대마다 자동차의 주차가 용이하다.

② 프라이버시 확보를 위하여 경계벽 설치가 가능한 형식이다.

③ 일반적으로 1층에는 생활공간, 2층에는 침실, 서재 등을 배치한다.

④ 경사지를 이용하여 지형에 따라 건물을 축조하는 것으로 모든 세대 전면에 테라스가 설치된다.

[해설]

► 4번은 타운하우스가 아닌 테라스하우스에 관한 설명이다.

정답 ④

45. 다음 중 단독주택 현관의 위치결정에 가장 주된 영향을 끼치는 것은?

① 용적률　　② 건폐율
③ 주택의 규모　　④ 도로의 위치

[해설]

► 현관은 도로와의 관계, 방위, 대지 형태에 따라 위치가 결정된다.

정답 ④

46. 주택의 다이닝 키친(dining-kitchen)에 관한 설명으로 옳지 않은 것은?

① 가사노동의 동선 단축효과가 있다.
② 공간을 효율적으로 활용할 수 있다.
③ 부엌에 식사공간을 부속시킨 형식이다.
④ 이상적인 식사공간 분위기 조성이 용이하다.

[해설]

► 다이닝 키친은 주방과 식탁을 겸한 것으로, 작업대와 식탁과의 거리가 짧아 시간과 노력이 절약되어 경제적, 능률적이나 작업대와 식기 등이 눈에 띄고, 조리 냄새 등으로 이상적인 식사 분위기를 만들기 어렵다.

정답 ④

47. 공동주택의 평면형식에 관한 설명으로 옳지 않은 것은?

① 집중형은 부지의 이용률이 높다.
② 계단실(홀)형은 동선이 짧아 출입이 편하다.
③ 중복도형은 통행부 면적이 작아 건물의 이용도가 높다.
④ 편복도형은 각 세대의 자연조건을 균등하게 할 수 있다.

[해설]

► 통행부 면적이 작아 건물의 이용도가 높은 것은 홀형(계단실형)에 관한 설명이다.
중복도형은 복도의 공간 이용 효율이 높다.

정답 ③

48. 단지계획에서 다음 설명에 알맞은 도로의 유형은?

> - 가로망 형태가 단순 · 명료하고, 가구 및 획지구성상 택지의 이용효율이 높기 때문에 계획적으로 조성되는 시가지에 많이 이용되고 있는 형태이다.
> - 교차로가 +자형이므로 자동차의 교통처리에 유리하다.

① 격자형 ② T자형 ③ loop형 ④ cul-de-sac형

[해설]

◈ 격자형 도로는 가로망의 형태가 단순, 명료하고, 가구 및 획지구성상 택지의 이용효율이 높기 때문에 계획적으로 조성되는 시가지에 가장 많이 이용되어 온 형태이다. 자동차교통에 있어서 편리하고 교차로가 십자형이 되기 때문에 교통처리에 유리하다.

정답 ①

49. 아파트 단위주거의 단면구성형식 중 스킵 플로어형에 관한 설명으로 옳지 않은 것은?

① 전체적으로 유효면적이 증가한다.

② 공용부분인 복도면적이 늘어난다.

③ 엘리베이터 정지층수를 줄일 수 있다.

④ 단면 및 입면상의 다양한 변화가 가능하다.

[해설]

► 스킵플로어형은 하나의 가호를 2층에 걸쳐서 배치하여 엘리베이터의 정지장소를 줄이고, 공용복도면적을 절약하는 방식이다.

정답 ②

50. 한식주택에 관한 설명으로 옳지 않은 것은?

① 좌식생활 중심이다. ② 위치별 실의 분화이다.

③ 각 실은 단일용도이다. ④ 가구는 부차적 존재이다.

[해설]

► 한식주택은 공간의 융통성이 높고, 실의 다용도성이 있다.

정답 ③

51. 아파트의 평면형식 중 홀형에 관한 설명으로 옳은 것은?

① 통풍 및 채광이 극히 불리하다.

② 각 세대에서의 프라이버시 확보가 용이하다.

③ 도심지 독신자 아파트에 가장 많이 이용된다.

④ 통행부 면적이 크므로 건물의 이용도가 낮다.

[해설]

► 홀형 아파트는 단위세대를 전,후면으로 개구부를 계획할 수 있어서 채광과 통풍이 좋고 프라이버시가 양호하며, 통행을 위한 공용면적이 작아서 공간 이용률이 높다.

정답 ②

52. 고리형이라고도 하며 통과교통은 없으나 사람과 차량의 동선이 교차된다는 문제점이 있는 주택 단지의 접근도로 유형은?

① T자형 ② 루프형(Loop)

③ 격자형(Grid) ④ 막다른 도로형(Cul-de-sac)

[해설]

◈ 루프형 도로는 쿨드삭의 단점을 개선한 도로로서 통과 교통이 없고 안전성과 이용성이 좋지만 보행자와 차량의 동선이 교차되는 문제가 있다.

정답 ②

53. 다음 중 공동주택의 남북간 인동간격을 결정하는 요소와 가장 관계가 먼 것은?

① 일조시간 ② 대지의 경사도

③ 앞 건물의 높이 ④ 건축물의 동서 길이

[해설]

건축물의 동서길이는 남북간 인동간격을 결정하는데 관련이 없다.

정답 ④

54. 숑바르 드 로브의 주거면적기준 중 한계기준으로 옳은 것은?

① $6m^2$ ② $8m^2$

③ $14m^2$ ④ $16m^2$

[해설]

◈ 숑바르 드 로브에 주거기준

- 병리기준 : $8m^2$
- 한계기준 : $14m^2$
- 표준기준 : $16m^2$

정답 ③

55. 주택계획에 있어서 동선의 3요소에 속하지 않는 것은?

① 속도 ② 빈도

③ 하중 ④ 반복

[해설]

동선의 3요소는 속도, 빈도, 하중이다.

정답 ④

56. 부엌에 식사공간을 부속시키는 형식으로 가사 노동의 동선 단축 효과가 큰 것은?

① 리빙 다이닝 ② 다이닝 키친

③ 다이닝 포치 ④ 다이닝 테라스

[해설]

◈ 다이닝키친은 주방과 식탁을 겸한 것으로, 작업대와 식탁과의 거리가 짧아 가사노동시간과 노력이 절약되어 주부의 가사노동 동선의 단축 효과가 크다.

정답 ②

57. 테라스 하우스(terrace house)에 관한 설명으로 옳지 않은 것은?

① 테라스 하우스는 경사도에 따라 그 밀도가 좌우된다.

② 테라스 하우스는 지형에 따라 자연형과 인공형으로 구분할 수 있다.

③ 자연형 테라스 하우스는 평지에 테라스형으로 건립하는 것을 말한다.

④ 경사지의 경우 도로를 중심으로 상향식 주택과 하향식 주택으로 구분할 수 있다.

[해설]

◈ 자연형 테라스 하우스는 경사지를 이용하여 지형에 따라 건물을 테라스 형으로 축조하는 것을 말하고 진입 방식에 따라 상향식과 하향식으로 나누어진다.

정답 ③

58. 아파트 평면형식 중 중복도형에 관한 설명으로 옳지 않은 것은?

① 채광과 통풍이 용이하다. ② 대지에 대한 이용도가 높다.

③ 프라이버시가 나쁘고 시끄럽다. ④ 세대의 향을 동일하게 할 수 없다.

[해설]

◈ 중복도형은 건물의 중앙에 복도가 있는 형식인데, 복도 양측으로 단위 주거가 배치되어 고밀도화 할 때 유리한 형식이다. 단위 주거가 일조, 채광, 통풍이 균등하지 못하고 복도의 환경이 불량하다.

정답 ①

59. 다음과 같은 조건에서 요구되는 침실의 최소 바닥 면적은?

· 성인 3인용 침실 · 침실의 천장높이: 2.5m · 실내 자연환기 회수 : 3회/h · 성인 1인당 필요로 하는 신선한 공기 요구량

① $10m^2$ ② $15m^2$ ③ $20m^2$ ④ $30m^2$

[해설]

− 성인 1인당 소요공기량 : $50m^3/hr$ − 실내 자연환기 횟수 : 3회/hr로 가정하면

실용적(m^3) = 환기량(m^3/h) / 환기횟수(회/h) = $50m^3$×3인/3회=$50m^3$

* 침실의 바닥면적 $50m^3/2.5m=20m^2$

정답 ③

60. 11. 탑상형(Tower Type) 공동주택에 관한 설명으로 옳지 않은 것은?

① 원형, ㅁ형, +자형 등이 있다.

② 각 세대에 시각적인 개방감을 준다.

③ 각 세대의 거주 조건이나 환경이 균등하게 제공된다.

④ 도심지 및 단지 내의 랜드마크로서의 역할이 가능하다.

[해설]

◈ 탑상형

− 장점 : 대지의 조망, 경관 계획상 유리하다. 각 세대에 시각적인 개방감을 준다.
외부인의 출입 통제, 방법 등의 관리상 유리하다.

− 단점 : 엘리베이터의 이용 호수가 제한되어 관리비면에서 불리하다.
주호가 중앙홀을 중심으로 전면에 배치됨으로써 각 주호의 환경조건이 불균등해진다.

정답 ③

61. 주택의 부엌과 계획 시 가장 중요하게 고려해야할 사항은?

① 조명배치　　② 직업동선
③ 색채조화　　④ 수납공간

[해설]

► 주택의 부엌과 식당 계획시 가장 중요하게 고려해야 할 사항은 작업동선이다. 가사 작업은 인체의 활동 범위를 고려하여야 한다. 주부의 동선을 단축하기 위하여 작업삼각형을 고려하여 계획하는 것이 유리하다.

정답 ②

62. 주거단지 내 동선계획에 관한 설명으로 옳지 않은 것은?

① 보행자 동선 중 목적동선은 최단거리로 한다.
② 보행자가 차도를 걷거나 횡단하기 쉽게 계획한다.
③ 근린주구 단위 내부로 차량 통과교통을 발생 시키지 않는다.
④ 차량 동선은 긴급차량 동선의 확보와 소음 대책을 고려한다.

[해설]

► 보행자가 차도를 걷거나 횡단하기 쉽지 않게 보차분리의 개념을 적용하여 동선계획을 한다.

정답 ②

63. 다음의 근린생활권 중 규모가 가장 작은 것은?

① 인보구　　② 근린분구
③ 근린지구　　④ 근린주구

[해설]

◈ 인보구(20~40호, 10~200명) < 근린분구(400~500호, 2000~2500명) < 근린주구(1600~2000호, 8000~10000)

정답 ①

64. 단독주택 부엌의 작업대 배치 유형에 관한 설명으로 옳지 않은 것은?

① ㄱ자형은 식사실과 함께 구성할 경우에 적합하다.
② 병렬형은 작업 시 몸을 앞뒤로 바꾸어야 하는 불편이 있다.
③ 일렬형은 설비기구가 많은 경우에 동선이 길어지는 경향이 있으므로 소규모 주택에 적합하다.
④ ㄷ자형은 평면계획상 외부로 통하는 출입구의 설치가 용이하나 작업동선이 긴 단점이 있다.

[해설]

◈ ㄷ자형

양측벽면을 이용하므로 수납공간을 넓게 잡을 수 있으며, 이용하기에도 아주 편리하다. 작업동선이 짧고 부엌의 면적을 줄일 수 있는 이점이 있으나 평면계획상 외부로 통하는 출입구의 설치가 곤란하다.

정답 ④

65. 단독주택 현관의 위치 결정에 가장 주된 영향을 끼치는 것은?

① 대지의 크기　② 주택의 층수

③ 도로와의 관계　④ 주차장의 크기

[해설]

► 현관의 위치는 주택평면의 공간구성에 많은 영향을 준다. 일반적으로 대지의 형태와 도로와의 관계에 의해 정해지며 정원과도 연관되는 것이 좋다. 현관의 위치는 주책의 남측이나 중앙 부분에 두는 것이 무난하다. 거실, 부엌, 기타 다른 실과의 동선을 고려하여 위치를 조정한다. 크기는 가족 수와 방문객의 수에 따라 결정된다.

정답 ③

66. 공동주택을 건설하는 주택단지의 부대시설에 관한 설명으로 옳지 않은 것은?

① 주택단지에는 생활폐기물보관시설 또는 용기를 설치하여야 한다.

② 주택단지안의 어린이놀이터 및 도로에는 보안 등을 설치하여야 한다.

③ 관리사무소는 관리업무의 효율성과 입주민의 접근성 등을 고려하여 배치하여야 한다.

④ 주택단지의 총세대수가 300세대 미만인 경우 진입도로의 폭은 최소 10m 이상으로 하여야 한다.

[해설]

► 주택단지의 총세대수가 300세대 미만인 경우 진입도로의 폭은 최소 6m 이상으로 하여야 한다.

정답 ④

67. 아파트의 사회적인 성립요인으로 옳지 않은 것은?

① 세대인원의 감소　② 도시생활자의 이동성

③ 도시의 인구밀도 증가　④ 단독주택에 비하여 프라이버시가 증대

[해설]

► 아파트는 공동주택으로서 단독주택에 비해 시각적, 청각적, 후각적 프라이버시 등이 침해되는 경우가 많다.

정답 ④

68. 아파트 평면형식에 관한 설명으로 옳지 않은 것은?

① 편복도형은 통풍, 채광이 양호하며 프라이버시가 가장 좋다.

② 계단실형은 주거성이 양호하며 공용면적이 작은 이점이 있다.

③ 중복도형은 구조적 측면에서 이점이 있으나 방위에 따른 주호의 환경이 균등하지 않다.

④ 집중형은 엘리베이터, 계단실을 중앙 홀에 두고 주호를 집중 배치하는 형식으로 대지의 이용률을 높일 수 있다.

[해설]

◈ 편복도형

건물의 한 쪽 긴 복도에서 단위 주거에 들어가는 형식으로 엘리베이터 이용률을 높일 수 있기 때문에 고층화할 때 유리한 형식이다. 개구부를 크게 낼 수 없기 때문에 채광, 통풍, 주거 환경이 다소 불리함.

정답 ①

69. 근린생활권에 관한 설명으로 옳지 않은 것은?

① 근린주구는 초등학교가 중심이 된다.

② 인보구는 어린이 놀이터가 중심이 된다.

③ 인보구는 근린분구에 비해 작은 규모를 갖는다.

④ 근린분구의 중심시설로는 도서관, 병원 등이 있다.

[해설]

◈ 주거단지의 구성

- 인보구(20~40호, 100~200명) : 어린이놀이터, 공동세탁장
- 근린분구(400~500호, 2000~2500명) : 공중목욕탕, 약국, 이용소, 미용소, 진료소, 파출소, 아동공원 등
- 근린주구(1600~2000호, 8000~10000명) : 초등학교, 도서관, 우체국, 소방서, 병원, 어린이공원 등
- 근린지구(20000호, 100000명) : 도시 생활의 대부분 시설

정답 ④

70. 주택의 노인실 계획에 관한 설명으로 옳지 않은 것은?

① 정신적 안정과 보건에 유의해야 한다.

② 식당, 욕실 및 화장실에 가까운 곳이 좋다.

③ 일조가 충분하고 전망 좋은 곳에 면하도록 한다.

④ 노인방은 조용하여야 하므로 가장 은밀한 곳에 배치하도록 한다.

[해설]

► 가정내에서 노인은 소외감을 갖지 않도록 가족공동공간과의 연결성에 주의하여 계획한다.

정답 ④

71. 다음 중 주택 부엌에서 작업삼각형(work triangle)의 3변 길이의 합계로 가장 알맞은 것은?

① 1000mm ② 2000mm

③ 3000mm ④ 4000mm

[해설]

► 냉장고, 개수대, 가열대의 중심을 연결하여 만들어진 작업 삼각형의 각 변의 길이를 합한 것이 3.6m~6m일 때 작업 동선이 가장 단축되어 능률적이다.

정답 ④

72. 주택건축의 설계방향으로 옳지 않은 것은?

① 주거면적의 적정규모를 산출한다.

② 개인적인 프라이버시를 존중할 수 있도록 공간 계획을 한다.

③ 설비시설을 효과적으로 계획하여 에너지를 절약할 수 있도록 한다.

④ 부엌에서 가장 중요한 것은 미적 공간 창출이며 이를 위해서 기능적 구성은 고려하지 않는다.

[해설]

► 부엌계획에서 가장 중요한 것은 기능적인 면이지 미적공간 창출이 중요한 것은 아니다.

정답 ④

73. 테라스 하우스에 관한 설명으로 옳지 않은 것은?

① 각 가구마다 정원을 확보할 수 있다.

② 모든 유형에서 각 가구마다 지하실을 설치 할 수 있다.

③ 시각적인 인공테라스형은 일반적으로 위층으로 갈수록 건물의 내부가 작아진다.

④ 자연형 테라스 하우스는 경사지를 이용하여 지형에 따라 건물을 축조한 것이다.

[해설]

- 각 세대마다 개별적 옥외 공간의 확보가 가능하며, 도로를 중심으로 상향식, 하향식으로 구분할 수 있다.
- 일반적으로 후면에 창이 없으므로 각 세대의 깊이는 7.5m 이상으로 하여서는 안된다.
- 경사가 심할수록 밀도가 높아지며, 평지보다 더 많은 인구를 수용할 수 있어 경제적이다.

정답 ②

74. 아파트의 형식 중 메조넷형(Maisonnette)에 관한 설명으로 옳은 것은?

① 소규모 주택에 적당한 형식이다.

② 통로면적과 임대면적이 감소된다.

③ 전용면적비는 크나 독립성이 좋지 않다.

④ 주택 내의 공간변화가 있고 거주성이 좋다.

[해설]

◈ 복층형

- 주야간의 생활공간이 층별로 구분(독립성 확보) - 유효면적의 증가 - 통풍, 채광 유리
- 수직동선의 편리 도모(엘리베이터의 정지 층수 반감) - 좋은 평면 구성 가능

정답 ④

75. 주택에서 주부의 가사노동을 경감시키기 위한 방법으로 옳지 않은 것은?

① 주부의 동선을 단축시킬 것 ② 가급적 넓은 주거공간으로 계획할 것

③ 설비를 좋게 하고 되도록 기계화 할 것 ④ 능률적인 부엌시설과 가사실을 갖출 것

[해설]

► 주거공간이 넓을수록 가사노동시간이 늘어나, 주거공간을 작게 하여 노동시간을 경감 시키는 계획을 한다.

정답 ②

76. 숑바르 드 로브의 주거면적기준 중 표준기준은?

① $8m^2$/인 ② $10m^2$/인

③ $14m^2$/인 ④ $16m^2$/인

[해설]

► 숑바르 드 로브 주거면적 기준 : 병리기준 : $8m^2$/인, 한계기준 : $14m^2$/인, 표준기준 : $16m^2$/인

정답 ④

77. 아파트의 평면 형식 중 중복도형에 관한 설명으로 옳은 것은?

① 대지 이용률이 높다. ② 복도의 면적이 최소화된다.

③ 자연 채광과 통풍이 우수하다. ④ 각 세대의 프라이버시가 매우 좋다.

[해설]

◈ 중복도형

- 장점 : 부지 이용률이 높다.
- 단점 : 프라이버시가 나쁘고 시끄럽다. 통풍, 채광상 불리하다. 복도의 면적이 넓어진다.

정답 ①

78. 엘리베이터 계획에서 다음과 같이 정의되는 용어는?

엘리베이터가 출발 기준층에서 승객을 싣고 출발하여 각 층에 서비스한 후 출발 기준층으로 되돌아와 다음 서비스를 위해 대기하는 데 까지 총 시간

① 수송시간 ② 주행시간

③ 승차시간 ④ 일주시간

[해설]

► 엘리베이터가 승객을 싣고 출발하여 각층에 내려주고 다시 출발층으로 돌아오는 시간이 일주시간이다.

정답 ④

79. 공동주택의 남북 간 인동간격 결정 시 고려사항과 가장 거리가 먼 것은?

① 태양고도 ② 일조시간

③ 대지의 지형 ④ 건물의 동서길이

[해설]

◈ 인동간격 결정요소 :

남북간 인동간격, 계절, 그 지방의 위도, 태양의 고도, 일조시간, 대지의 지형, 앞 건물의 높이

정답 ④

80. 부엌의 작업대 중 작업삼각형(working triangle)의 꼭지점에 속하지 않는 것은?

① 싱크 ② 레인지

③ 냉장고 ④ 배선대

[해설]

► 작업 삼각형은 가열대(레인지), 개수대(싱크대), 냉장고이다.

정답 ④

81. 주택의 평면계획에서 고려하여야 할 사항으로 옳지 않은 것은?

① 구성 본위가 유사한 것은 서로 격리시킨다.

② 시간적 요소가 같은 것은 서로 접근시킨다.

③ 상호간 요소가 서로 다른 것은 서로 격리시킨다.

④ 공간에서의 행위가 유사한 것은 서로 접근시킨다.

[해설]

◈ 조닝의 원칙

2번 : 사용시간이 동일한 요소들은 서로 접근 시킨다.

3번 : 상호 서로 다른 요소들은 서로 격리 시킨다.

4번 : 공간의 기능 또는 가족 구성원의 행태가 서로 유사한 것은 서로 접근 시킨다.

정답 ①

82. 공동주택의 단면형식 중 메조넷형에 관한 설명으로 옳지 않은 것은?

① 거주성, 특히 프라이버시가 높다.

② 통로면적은 물론 유효면적도 감소한다.

③ 복도가 없는 층이 있어 평면계획이 유동적이다.

④ 엘리베이터의 정지 층수가 적어 운영면에서 경제적이다.

[해설]

통로면적은 감소되고 유효면적이 증대된다.

정답 ②

83. 주택 식당의 배치 유형 중 다이닝 키친(DK형)에 관한 설명으로 옳은 것은?

① 대규모 주택에 적합한 유형으로 쾌적한 식당의 구성이 용이하다.

② 싱크대와 식탁의 거리가 멀어지는 관계로 주부의 동선이 길다는 단점이 있다.

③ 부엌의 일부에 간단한 식탁을 설치하거나 식당과 부엌을 하나로 구성한 형태이다.

④ 거실과 식당이 하나로 된 형태로 거실의 분위기에서 식사 분위기의 연출이 용이하다.

[해설]

◈ 다이닝 키친 : 일명 다이넷 이라 하며 부엌의 일부에 식탁을 놓는 것

정답 ③

84. 더운 지방의 좁은 대지 조건에 적절한 형식으로 각 주호 공동의 옥외 정원을 갖는 주택 형식은?

① 로 하우스
② 타운 하우스
③ 중정형 주택
④ 테라스 하우스

[해설]

◈ 중정형 주택 : 세대 마다 전용의 중정을 갖고 있고, 중정을 향해 L자형으로 둘러싼 형식의 연립주택

정답 ③

85. 근린생활권에 관한 설명으로 옳지 않은 것은?

① 인보구 : 15 ~ 40호 기준
② 근린분구 : 400 ~ 500호 기준
③ 인보구 : 어린이 놀이터가 중심
④ 근린분구 : 초등학교가 중심, 우체국 등이 설립

[해설]

◈ 근린분구 : 일상소비생활에 필요한 공동시설이 운영 가능한 단위로서 소비시설을 갖추며, 후생시설, 보육시설을 설치한다.

정답 ④

86. 듀플렉스형 공동주택에 관한 설명으로 옳지 않은 것은?

① 소규모 주거형식에는 비경제적이다.
② 엘리베이터의 정지층수가 많아지므로 이용성이 좋다.
③ 주간의 생활공간과 야간의 생활공간을 층별로 나눌 수 있다.
④ 각 세대가 2개층으로 구성되어 독립성이 좋고 전용면적비가 커진다.

[해설]

◈ 복층형(duplex,maisonnette)형 장점 :

1. 엘리베이터의 정지층수가 적어지므로 운영면에서 경제적이고 효율적이다.
2. 복도가 없는 층은 남,북면이 트여져 있으므로 평면계획상 좋은 구성이 가능하다.
3. 통로면적이 감소되고 유효면적이 증대된다.
4. 독립성이 가장 좋다.

정답 ②

87. 양식주택과 비교한 한식주택의 특징 설명으로 옳지 않은 것은?

① 가구는 중요한 내용물이다.　　② 위치에 따라 실이 구분된다.

③ 실의 기능은 융통성이 높다.　　④ 좌식생화을 기준으로 구성된다.

[해설]

► 한식주택에서 가구는 중요한 내용물이 아니라 부차적 존재이다.

정답 ①

88. 주택설계의 기본방향과 가장 거리가 먼 것은?

① 가장 중심의 주거　　② 가사노동의 경감

③ 생활의 쾌적감 증대　　④ 개인생활의 프라이버시 확립

[해설]

◈ 주택설계의 방향 :

1. 생활의 쾌적함 증대　2. 가사노동의 경감　3. 가족본위의 주거(가장중심에서 주부중심)
4. 좌식+입식의 혼용　5. 개성적인 프라이버시의 확립

정답 ①

89. 아파트 건축의 평면형식에 관한 설명으로 옳지 않은 것은?

① 편복도형은 프라이버시 확보가 가장 용이하다.

② 집중형은 각 세대의 일조 조건을 균등하게 할 수 없다.

③ 홀형은 통행부 면적이 좁으므로 건물의 이용도가 높다.

④ 중복도형은 대지의 이용률이 높으나 채광 및 통풍이 좋지 않다.

[해설]

편복동형은 프라이버시가 좋지 않으나 고층 아파트에 적합하다.

정답 ①

90. 아파트 단지 내 어린이 놀이터 계획에 관한 설명으로 옳지 않은 것은?

① 차량 통행이 빈번한 곳은 피한다.

② 어린이가 안전하게 접근할 수 있어야 한다.

③ 어린이가 놀이에 열중할 수 있도록 외부로부터 서신의 차단되어야 한다.

④ 놀이터의 시설은 보기에 좋고 튼튼해야 하며 놀이를 제한하거나 획일화한 것은 좋지 않다.

[해설]

► 어린이가 이용하는 공간이므로 놀이시설이 튼튼하고 안전하며, 차량통행이 빈번하지 않은 곳과 부모님이 어린이를 찾기 쉬운 곳에 계획한다.

정답 ③

91. 연면적 200m^2을 초과하는 공동주택에 설치하는 복도의 유효너비는 최소 얼마 이상으로 하여야 하는가? (단, 양옆에 거실이 있는 복도의 경우)

① 0.9m　　② 1.2m

③ 1.8m　　④ 2.1m

[해설]

중복도 : 1.8m 이상,　　편복도 : 1.2m 이상

정답 ③

92. 다음 설명에 알맞은 부엌의 평면형은?

① ㄱ자형　　② ㄷ자형

③ 병렬형　　④ 일렬형

[해설]

◈ ㄱ자형 : 작업동선은 효율적이나 여유공간이 많이 남아 식사실과 함께 이용할 경우에 적합

ㄷ자형 : 병렬형과 ㄱ자형을 혼합한 평면형, 작업 동선이 짧고 부엌의 면적을 줄일 수 있지만 평면 계획상 외부로 통하는 출입구 설치 불가

병렬형 : 일렬형에 비해 작업동선이 단축되지만 작업시 몸을 앞 뒤로 바꿔야 하는 불편, 식당과 부엌이 개방되지 않고 외부로 통하는 출입구가 필요한 경우에 쓰임

정답 ④

93. 주택의 평면계획에 관한 설명으로 옳지 않은 것은?

① 저실이 통로가 되지 않도록 평면계획시 고려해야 한다.

② 현관의 위치는 도로와의 관계, 대지의 형태 등에 영향을 받는다.

③ 부엌은 가사노동의 경감을 위해 작업삼각형(work triangle)의 변의 길이를 가급적 길게 한다.

④ 부부침실보다는 낮에 많이 사용되는 노인실이나 아동실이 우선적으로 좋은 위치를 차지하는 것이 바람직하다.

[해설]

► 작업삼각형은 각 변의 길이가 너무 길면 보행거리가 늘어나 능률이 떨어지고, 또 너무 짧으면 작업이 불편하게 된다. 길이가 3.6m 이상, 6m 이하여야 일이 순조롭고 편리하다.

정답 ③

94. 다음 중 근린분구의 중심시설에 속하지 않는 것은?

① 약국 ② 유치원

③ 파출소 ④ 초등학교

[해설]

– 인보구 : 어린이놀이터 – 근린분구 : 유치원, 파출소 등 – 근린주구 : 초등학교, 우체국

정답 ④

95. 아파트의 단위주거 단면구성형식 중 메조넷형에 관한 설명으로 옳은 것은?

① 소규모 주택에서의 활용이 유리하다.

② 통로면적의 감소로 전용면적이 증가된다.

③ 엘리베이터가 매층 정지하여 이용이 편리하다.

④ 부지의 이용률은 좋으나 통로가 없는 층에서는 채광, 통풍을 좋게 할 수 없다.

[해설]

► 통로면적이 감소하고 임대면적(전용면적)이 증가하며, 프라이버시가 좋다.

정답 ②

96. 다음은 엘리베이터 설치 수량 산정과 관련된 내용이다. ( )안에 공통으로 들어갈 수치는?

> 엘리베이터 설치 수량 산정은 건축물의 종류, 규모, 임대상황 등을 고려하여, 엘리베이터의 (　　)분간 총 수송능력이 승객의 집중률에 의한 (　　)분간 최대 교통수요량과 같거나 그 이상이 되도록 한다.

> 동선과 배치가 간단항 평면형이지만, 설비기구가 많은 경우에는 작업동선이 길어지므로 소규모 주택에 주로 적용된다.

① 5　　② 10　　③ 20　　④ 30

[해설]

◈ N = Pm / P1,　　여기서 N : 엘리베이터 수량(대)
Pm : 수송능력 최대 5분간 교통 수요량,　　P1 : 1대당 5분간 수송능력(인/5min)

정답 ①

97. 주택에서 공간 사이의 경계에 높이 차를 두어야 할 필요가 가장 적은 곳은?

① 현관과 거실　　② 거실과 식당
③ 화장실과 거실　　④ 거실과 거실앞의 테라스

[해설]

► 거실과 식당의 사이에는 단차를 두지 않아 안전을 고려하고 주부의 동선이 매끄럽게 계획한다.

정답 ②

98. 아파트 형식 중 홀(hall)형에 관한 설명으로 옳은 것은?

① 독선자 아파트에 주로 사용된다.
② 복도형에 비해 통행부 면적이 크다.
③ 기계적 환경조절이 반드시 필요하다.
④ 복도형에 비해 프라이버시가 양호하다.

[해설]

► 복도가 없이 계단실 또는 엘리베이터 홀에서 직접 단위세대로 출입하는 형식.

정답 ④

99. 리빙 키친(Living Kitchen)의 채택 효과로 가장 알맞은 것은?

① 장래 증축의 용이　　② 거실 규모의 확대
③ 부엌의 독립성 강화　　④ 주부 가사노동의 간편화

[해설]

► 거실과 부엌이 하나가 되어 주부의 가사노동이 경감됨.

정답 ④

100. 다음 설명에 알맞은 연립주택의 유형은?

- 일반적으로 경사지를 이용하며 지형에 따라 건물을 축조한다. - 각 세대마다 개별적인 옥외 공간의 확보가 가능하다. - 도로를 중심으로 상향식과 하향식으로 구분할 수 있다.

① 타운 하우스　② 로우 하우스
③ 테라스 하우스　④ 파티오 하우스

[해설]

◈ 집합주택의 일종으로 각 단위주거가 수평방향으로 연결되어 있으나, 각 호에서 직접 뜰로 나올 수 있게 된 집

정답 ③

101. 주주거공간을 주행동에 따라 개인공간, 사회공간, (가사)노동공간 등으로 구분할 경우, 다음 중 (가사)노동공간에 속하는 것은?

① 현관　② 서재
③ 화장실　④ 다용도실

[해설]

– 개인공간 : 서재,　– 노동공간 : 부엌, 다용도실,　– 사회공간 : 식당, 현관

정답 ④

102. 단독주택의 거실 계획에 관한 설명으로 옳지 않은 것은?

① 거실에서 문이 열린 침실의 내부가 보이지 않도록 한다.
② 거실과 정원 사이에 테라스를 둘 경우 거실의 연장 효과가 있다.
③ 가족의 단란을 도모하기 쉽도록 각 실로 둘러 싸인 홀 형식으로 계획한다.
④ 가능한 동측이나 남측에 배치하여 일조 및 채광을 충분히 확보할 수 있도록 한다.

[해설]

► 남향이 좋고, 침실과는 항상 대칭 되게 배치한다. 정원, 테라스와 연결되어 직접 출입이 가능하게 한다.

정답 ③

103. 단독주택의 각 실 계획에 관한 설명으로 옳지 않은 것은?

① 주택 현관의 크기 결정시 방문객의 예상 출입량까지 고려할 필요는 없다.

② 식당 및 부엌은 능률을 좋게 하고 옥외작업장 및 정원과 유기적으로 결합되게 한다.

③ 계단은 안전상 경사, 폭, 난간 및 마감방법에 중점을 두고 의장적인 고려를 한다.

④ 거실은 주거생활 전반의 복합적인 기능을 갖고 있으며 이에 대한 적합한 가구와 어느 정도 활동성을 고려한 계획이 되어야 한다.

[해설]

주택 현관의 크기는 가족 수와 방문객 수를 고려하여 계획한다.

정답 ①

104. 주택단지 안의 건축물에 설치하는 공동으로 사용하는 계단의 유효폭은 최소 얼마 이상이어야 하는가?

① 0.9m ② 1.0m

③ 1.2m ④ 1.5m

[해설]

◈ 공동사용계단일 경우 120cm 이상, 건축물 옥외계단일 경우 90cm 이상, 세대내 경우 75m 이상

정답 ③

105. 아파트 건축의 평면형식에 관한 설명으로 옳지 않은 것은?

① 중복도형은 채광, 통풍 조건이 불리하다.

② 홀형은 통행이 양호하며 프라이버시가 좋다.

③ 편복도형은 복도가 개방형이므로 각호의 채광 및 통풍이 양호하다.

④ 계단실형은 통행부 면적 비율이 높으며 독신자 아파트에 주로 채용된다.

[해설]

► 계단실형은 통행부 면적이 감소하며, 중복도형은 독신자아파트에 주로 계획된다.

정답 ④

106. 아파트에 의무적으로 설치하여야 하는 장애인 등의 편의시설에 속하지 않는 것은?

① 장애인전용주차구역

② 장애인 등의 통행이 가능한 복도

③ 장애인 등의 통행이 가능한 접근로

④ 장애인 등의 출입이 가능한 출입구(문)

[해설]

► 복도는 장애인도 이용 가능하기 때문에 편의시설에 속하지 않는다.

정답 ②

107. 주거공간의 모듈계획(MC: Modular Coordination) 적용에 관한 설명으로 옳지 않은 것은?

① 설계 작업이 단순하고 간편해진다.

② 현상작업이 단순하고 공기를 단축시킬 수 있다.

③ 건축재료의 대량생산이 용이하고 생산비를 절약할 수 있다.

④ 사용자 개개인의 성격에 맞는 변화있는 공간 구성이 용이하다.

[해설]

◈ 척도조정(MC: Modular Coordination)

- 설계 작업, 시공이 단순해짐
- 제품의 공장생산화로 대량 생산을 통해 자재비 감소, 공사 원가 감소
- 건축재료 수송, 취급 편리
- 현장 작업 단순화, 공기 단축
- 국제적 M.C 사용으로 건축 재료의 국제 교역 가능

정답 ④

108. 다음 설명에 알맞은 근린생활권은?

이웃에 살기 때문이라는 이유만으로 가까운 친분이 유지되는 공간적 범위로서, 반경 100~150m 정도를 기준으로 하는가장 작은 생활권 단위이다.

① 인보구　　② 근린주구　　③ 근린분구　　④ 광역지구

[해설]

► 주택 단지의 최소단위로 주요시설은 어린이놀이터이다.

정답 ①

109. 탑상형(Tower Type) 공동주택에 관한 설명으로 옳지 않은 것은?

① 각 세대에 시각적인 개방감을 줄 수 있다.

② 다른 주거동에 미치는 일조의 영향이 크다.

③ 단지내의 랜드마크(land Mark)적인 역할이 가능하다.

④ 각 세대에 일조 및 채광 등의 거주환경을 균등하게 제공하는 것이 어렵다.

[해설]

- 탑상형 공동주택은 긱 세대에 시각적인 개방감을 줄 수 있으며 조망에 유리하다.
- 건축외관의 4면성이 강조되어 방향성이 없는 자유로운 배치가 가능하나 각주호의 환경주건은 불균등하다.
- 지역의 랜드마크적인 역할이 가능하다.

정답 ②

110. 다음 설명에 알맞은 거실의 가구 배치 유형은?

> · 3인 이상이 서로 대화를 나누기에 무리가 따른다.
> · 가구의 점유 면적이 적어 거실의 폭이 좁은 경우에 많이 이용된다.

① 원형　　② 직선형　　③ 자유형　　④ 코너형

[해설]

► 가구 배치시 자유형은 가구의 점유 면적이 적어 거실의 폭이 좁은 경우에 많이 이용되며, 3인 이상이 서로 대화를 나누기에 무리가 따를 수 있다.

정답 ③

111. 주택의 동선계획에 관한 설명으로 옳지 않은 것은?

① 동선에는 공간이 필요하다.

② 가사노동의 동선은 북쪽에 오는 것이 좋다.

③ 주부의 가사노동 단축을 위해 평면에서의 주부의 동선을 짧게 한다.

④ 개인, 사회, 가사노동권의 3개 동선을 서로 분리하여 간섭이 없도록 한다.

[해설]

◈ 주택의 동선계획

주택내 동선에는 공간이 필요하며 주부의 동선은 주부의 가사노동 단축을 위해 평면상 짧고 효율적으로 계획한다. 개인, 사회, 가사노동권의 3개 동선은 교차나 간섭이 없도록 서로 분리하여 계획한다.

정답 ②

112. 다음 중 일반적인 주택의 부엌에서 냉장고, 개수대, 레인지를 연결하는 작업삼각형의 3변의 길이의 합으로 가장 적정한 것은?

① 3.5m ② 5.0m

③ 6.2m ④ 6.8m

[해설]

► 작업 삼각형은 냉장고와 개수대 그리고 가열기를 잇는 것이며, 이 작업삼각형의 길이는 3.6~6.6m로 하는 것이 능률적이며 개수대는 창에 면하는 것이 좋다. 따라서 4개의 보기 중 작업삼각형 3변의 길이의 합으로 가장 적정한 것은 2번 5.0m이다(2번 5.0m의 보기가 없었다면, 정답은 3번 6.2m이다).

정답 ②

113. 다음의 아파트 평면형식 중 프라이버시 확보가 가장 양호한 것은?

① 홀형 ② 집중형

③ 편복도형 ④ 중복도형

[해설]

► 홀형(계단실형)은 세대별 독립성이 좋으며 출입이 용이하고, 통행부의 면적이 작아 건물의 이용도도 높다.

정답 ①

114. 래드번(Radburn) 계획에서 제시한 5가지 기본원리에 속하지 않는 것은?

① 보도와 차도의 평면적 분리

② 기능에 따른 4가지 종류의 도로 구분

③ 자동차 통과교통의 배제를 위한 슈퍼블록의 구성

④ 주택단지 어디로나 통할 수 있는 공동의 오픈 스페이스 조성

[해설]

► 래드번(Radburn) 계획에서는 슈퍼블럭단위로 계획하였으며, 보행자의 보도와 자동차의 차도를 분리하여 보차분리 계획을 실현하였고, 중앙에는 대공원설치를 계획하였다. 따라서 보도와 차도의 평면적 분리가 아닌 수직적 입체분리나 시간분리 등의 보차분리를 실현했기 때문에 정답은 1번이다.

정답 ①

115. 주택의 부엌에서 작업삼각형(Work Triangle)의 구성요소에 속하지 않는 것은?

① 냉장고 ② 배선대

③ 개수대 ④ 레인지

[해설]

► 작업삼각형의 길이는 주부의 피로도를 좌우하는 것으로 세변의 합이 짧을수록 유리하다. 냉장고, 개수대(싱크대), 가열대(조리대)사이는 동선이 짧아야 하므로 작업삼각형의 구성요소에 속하지 않는 것은 배선대이다.

정답 ②

116. 공동주택의 관한 설명으로 옳지 않은 것은?

① 단독주택보다 독립성이 크다.

② 주거환경의 질을 높일 수 있다.

③ 도시생활의 커뮤니티화가 가능하다.

④ 동일한 규모의 단독주택보다 대지비나 건축비가 적게 든다.

[해설]

► 공동주택은 주거환경의 질을 높일 수 있고, 도시생활의 커뮤니티화가 가능하며 동일한 규모의 단독주택보다 대지비나 건축비가 절약할 수 있다. 주거형태 중 프라이버시나 사생활, 독립성이 큰 것은 공동주택보다 단독주택이다.

정답 ①

117. 계단실형인 공동주택의 계단실에 관한 설명으로 옳지 않은 것은?

① 계단실의 각 층별로 층수를 표시한다.

② 계단실 최상부에는 개구부를 설치하지 않는다.

③ 계단실의 벽 및 반자의 마감은 불연재료 또는 준불연재료로 한다.

④ 계단실에 면하는 각 세대의 현관문은 계단의 통행에 지장이 되지 않도록 한다.

[해설]

► 공동주택의 계단실형(홀형)에서 최상부의 꼭대기층에는 옥탑과 피난계단이 설계되어 피난을 위한 개구부가 계획되어야 한다.

정답 ②

118. 다음 중 근린주구 생활권의 주택지의 단위로서 규모가 가장 작은 것은?

① 인보구　　　② 근린주구
③ 근린지구　　　④ 근린분구

[해설]

► 근린주구 생활권의 주택지의 단위는 인보구 ▷ 근린분구 ▷ 근린주구 ▷ 근린지구 순이다. 따라서 생활권의 주택지의 단위로 규모가 가장 작은 것은 인보구이다.

정답 ①

119. 고리형이라고도 하며 통과교통은 없으나 사람과 차량의 동선이 교차된다는 문제점이 있는 주택단지의 접근도로 유형은?

① T자형　　　② 루프형(Loop)
③ 격자형(Grid)　　　④ 막다른 도로형(Cul-de-sac)

[해설]

► 루프형이란 단지순환로(ring road) 혹은 고리형이라고도 하며 단지가장자리를 거다란 루프(loop)로 둘러싸여 내부의 세대와 연결시키는 방법과 단지의 중앙부에 근접한 보다 작은 루프로써 양측의 세대를 서비스하는 방법이 있다. 단지내 통과교통은 없으나 단지내 사람과 차량의 동선이 교차된다는 문제점이 있는 주택단지의 접근도로 유형으로 보행자의 이동을 위해 신중한 계획이 필요하다.

정답 ②

120. 주택의 동선계획에 관한 설명으로 옳지 않은 것은?

① 개인, 사회, 가사노동권의 3개 동선은 서로 분리하는 것이 좋다.
② 동선상 교통량이 많은 공간은 서로 인접 배치하는 것이 좋다.
③ 거실은 주택의 중심으로 모든 동선이 교차, 관통하도록 계획하는 것이 좋다.
④ 화장실, 현관 등과 같이 사용빈도가 높은 공간은 동선을 짧게 처리하는 것이 좋다.

[해설]

거실의 위치는 남향으로 햇빛과 통풍이 좋고 주거 중 다른 방의 중심적 위치이며 침실과는 대칭된 위치가 좋다. 거실은 주택의 중심으로 모든 동선이 교차하거나 관통하도록 계획하는 것은 좋지 않다.

정답 ③

121. 생리적인 면을 고려한 6세 이상의 아동 2인용 침실의 면적으로 적당한 것은? (단, 6세 이상 아동 1인의 소요공기량은 $25m^3/h$, 자연환기횟수는 2회/h, 천장높이는 2.5m이다.)

① $10m^2$ ② $15m^2$
③ $20m^2$ ④ $25m^2$

[해설]

실용적(m^3) = 소요공기량(m^3/h)/자연환기횟수(회/h) = $25m^3 \times 2/2$ = $25m^3$
따라서 아동 2인용 침실의 면적은 $25m^3 \div 2.5m = 10m^2$ 이다.

정답 ①

122. 공동주택을 건설하는 주택단지의 부대시설에 관한 설명으로 옳지 않은 것은?

① 주택단지 안의 어린이놀이터 및 도로에는 보안등을 설치하여야 한다.
② 관리사무소는 관리업무의 효율성과 입주민의 접근성 등을 고려하여 배치하여야 한다.
③ 주택단지의 총 세대수가 300세대 미만인 경우 진입도로의 폭은 최소 10m 이상으로 한다.
④ 조경을 하고자 하는 부분의 지하에 주차장 등 지하 구조물을 설치하는 경우에는 식재에 지장이 없도록 두께 0.9m 이상의 토층을 조성하여야 한다.

[해설]

주택단지 총세대수가 300세대 미만인 경우 진입도로의 폭은 최소 6m 이상으로 한다.

정답 ③

123. 테라스 하우스에 관한 설명으로 옳은 것은?

① 중정을 아트리움으로 구성하는 관계로 아트리움 주택이라고도 한다.
② 연속주택이라고도 하며, 도로를 중심으로 상향식과 하향식으로 구분할 수 있다.
③ 타운 하우스라고도 하며, 1층은 생활공간, 2층은 수면공간의 배치가 일반적이다.
④ 평지에서는 건설이 불가능하며, 경사가 심할수록 더 많은 세대를 수용할 수 있다.

[해설]

1. 아트리움은 지붕이 유리로 된 건물이다.
3. 타운하우스는 2~3층 주택을 붙인 형태의 공동체단지이다.
4. 테라스하우스는 평지에 건설 가능.

정답 ②

124. 주택 식당의 배치유형 중 다이닝 키친(DK형)에 관한 설명으로 옳은 것은?

① 대규모 주택에 적합한 유형으로 쾌적한 식당의 구성이 용이하다.
② 싱크대와 식탁의 거리가 멀어지는 관계로 주부의 동선이 길다는 단점이 있다.
③ 부엌의 일부에 간단한 식탁을 설치하거나 식당과 부엌을 하나로 구성한 형태이다.
④ 거실과 식당이 하나로 된 형태로 식사 분위기의 연출이 용이하다.

[해설]

다이닝(식당)과 키친(부엌)을 하나로 합친 공간구성 형태이다.

정답 ③

125. 한식주택과 양식주택에 관한 설명으로 옳지 않은 것은?

① 한식주택은 공간의 융통성이 높고 양식주택은 공간의 독립성이 높다.
② 한식주택의 가구는 부차적 존재이며, 양식주택의 가구는 중요한 내용물이다.
③ 한식주택의 평면구성은 폐쇄적 · 집중식이고, 양식주택은 개방적 · 분산식이다.
④ 한식주택의 평면은 실의 조합으로 되어 있으며, 양식주택은 실의 분화로 되어 있다.

[해설]

	– 한식	– 양식
평면의 차이 :	방의 위치별 분화	방의 기능별 분화
	조합, 은폐적, 분산식	분화, 개방적, 집중식
구조의 차이 :	목조 가구식	벽돌 조적식
	바닥이 높고 개구부가 크다.	바닥이 낮고 창이 작다.
관습의 차이 :	좌식생활	입식생활
용도의 차이 :	방의 혼합용도	방의 단일용도
가구의 차이 :	가구는 부차적 존재	가구는 중요한 내용물

정답 ③

126. 숑바르 드 로브(Chombard de lawve)에 따른 1인당 주거 면적의 한계기준은?

① $8m^2$　　② $10m^2$
③ $14m^2$　　④ $16m^2$

[해설]

숑바르 드 로브가 주거생활을 원활하게 유지하기 위해서 3가지 면적의 기준을 제시하였는데
병리 기준 : $8m^2$, 한계 기준 : $14m^2$, 표준 기준 : $16m^2$

정답 ③

127. 공동주택의 단면 형식 중 스킵플로어형에 관한 설명으로 옳지 않은 것은?

① 소규모의 주거 형식에는 비경제적이다.

② 프라이버시 확보가 용이하며 전용면적비가 크다.

③ 세대 평면 유형의 다양화가 불가능하여 입면이 획일화된다는 단점이 있다.

④ 엑세스(Access) 동선이 복잡한 관계로 설비나 구조적인 측면에서 면밀한 검토가 요구된다.

[해설]

스킵플로어형은 중2층의 형태를 계획하면서 세대 평면 유형의 다향화가 가능하다.

정답 ③

128. 주택단지 안의 건축물에 설치하는 난간의 간살의 간격은 최대 얼마 이하로 하여야 하는가?(단, 안목치수)

① 10cm ② 15cm

③ 20cm ④ 30cm

[해설]

주택난간 간살의 안목치수는 최대 10cm 이하로 계획한다.

정답 ①

129. 주택단지안의 폭 8m 이상인 도로에 설치하여야 하는 보도의 최소 폭은?

① 1.2m ② 1.5m

③ 1.8m ④ 2.1m

[해설]

주택단지 안의 폭 8m 이상인 도로에는 보도 폭 1.5m 이상으로 설치하여야 한다.

정답 ②

130. 주택계획시 향의 배치가 중요하다. 다음과 같은 특성을 갖는 향은?

· 아침에 태양이 실내 깊이 유입된다. · 겨울철의 경우 아침은 따뜻하나 오후에는 한랭한 공간이 조성된다.

① 동측방향 ② 서측방향

③ 남측방향 ④ 북측방향

[해설]

아침에 해가 뜨는 방향은 동쪽이기 때문에 아침에 실내 깊이 유입되는 향은 동측방향이다.

정답 ①

131. 주거공간은 기능에 따라 공용공간, 개인공간, 작업공간, 위생공간 등으로 구분할 수 있다. 다음 중 작업공간에 해당하는 것은?

① 부엌 ② 서재
③ 현관 ④ 식당

[해설]

- 공용공간 : 가족 구성원이 공동으로 사용하는 공간으로 거실, 식사실, 응접실 등이 있다.
- 개인공간 : 개인의 독립적인 생활을 위한 공간으로 침실, 서제 등이 있다.
- 작업공간 : 작업이 이루어지는 공간으로 부엌, 세탁실, 다용도실 등이 있다.
- 위생공간 : 목욕, 세면, 배변 등이 이루어지는 공간으로 욕실, 세면실, 화장실 등이 있다.

정답 ①

132. 주택단지 안의 건축물에 설치하는 난간의 간살의 간격은 최대 얼마 이하로 하여야 하는가? (단, 안목치수)

① 10cm ② 15cm
③ 20cm ④ 30cm

[해설]

주택난간 간살의 안목치수는 최대 10cm 이하로 계획한다.

정답 ①

133. 주택단지안의 폭 8m 이상인 도로에 설치하여야 하는 보도의 최소 폭은?

① 1.2m ② 1.5m
③ 1.8m ④ 2.1m

[해설]

주택단지 안의 폭 8m 이상인 도로에는 보도 폭 1.5m 이상으로 설치하여야 한다.

정답 ②

134. 주택계획시 향의 배치가 중요하다. 다음과 같은 특성을 갖는 향은?

·아침에 태양이 실내 깊이 유입된다. ·겨울철의 경우 아침은 따뜻하나 오후에는 한랭한 공간이 조성된다.

① 동측방향 ② 서측방향
③ 남측방향 ④ 북측방향

[해설]

아침에 해가 뜨는 방향은 동쪽이기 때문에 아침에 실내 깊이 유입되는 향은 동측방향이다.

정답 ①

135. 엘리베이터 설계시 고려사항으로 옳지 않은 것은?

① 군 관리운전의 경우 동일 군내의 서비스 층은 같게 한다
② 승객의 층별 대기시간은 평균 운전간격 이하가 되게 한다.
③ 교통수요량이 많은 경우는 출발기준층이 2개 층 이상이 되도록 계획한다.
④ 초고층, 대규모 빌딩인 경우는 서비스 그룹을 분할(죠닝)하는 것을 검토한다.

[해설]

교통수요량이 많은 경우는 출발 기준층이 1개 층이 되도록 계획되어야 한다.

정답 ③

136. 공동주택의 배치형식 중 탑상형(Tower Type)에 관한 설명으로 옳지 않은 것은?

① 각 세대에 시각적인 개방감을 준다.
② 각 세대의 거주 조건이나 환경이 균등하게 제공된다.
③ 도심지 및 단지 내의 랜드마크로서의 역할이 가능하다.
④ 판상형 배치에 비해 대지의 조망 및 경관 계획상 유리한 형식이다.

[해설]

탑상형 구조는 전체 구조가 한쪽 방향으로 일방 배치되어 있으므로 동간의 거리가 충분하지 않을 경우 앞동으로 인하여 일조나 조망에 제한을 받을 수 있는 구조이다.

정답 ②

137. 주택 부엌의 작업대 배치 방식 중 L형 배치에 관한 설명으로 옳지 않은 것은?

① 정방형 부엌에 적합한 유형이다.

② 작업대의 코너 부분에 개수대 또는 레인지를 설치할 수 없다.

③ 모서리 부분의 활용도가 낮은 관계로 이에 대한 대책이 요구된다.

④ 분리형이라고도 하며, 모든 방향에서 작업대의 접근 및 이용이 가능하다.

[해설]

4번은 섬(island)형으로 L형 부엌가구 배치방식과는 다른 것이다.

정답 ④

138. 아파트에서 엘리베이터 대수를 산정하기 위한 가정조건으로 옳지 않은 것은?

① 실제의 주행속도는 전속도의 80%로 가정

② 이용자의 대기시간은 1개층에서 10초로 가정

③ 엘리베이터 정원의 80%를 수송으로 가정

④ 1인이 승강에 필요한 시간은 문의 개폐 시간을 포함하여 10초로 가정

[해설]

1인이 승강에 필요한 시간은 문의 개폐 시간을 포함하여 6초로 한다.

정답 ④

139. 주거단지의 단위를 작은 것부터 큰 순서로 올바르게 나열한 것은?

① 인보구<근린주구<근린분구

② 인보구<근린분구<근린주구

③ 근린분구<인보구<근린주구

④ 근린분구<근린주구<인보구

[해설]

◈ 근린단위 방식

인보구(20~40호) : 0.5~2.5ha

근린분구(400~500호) : 15~25ha

근린주구(1600~2000호) : 100ha

정답 ②

140. 다음 설명에 알맞은 단지내 도로 형식은?

> - 불필요한 차량 진입이 배제되는 이점을 살리면서우회도록가 없는 쿨데삭(cul-de-sac)형의 결정을 개량하여 만든 형식이다.
> - 통과교통이 없기 때문에 주거환경의 쾌적성과 안전성은 확보되지만 도로율이 높아지는 단점이 있다.

① 격자형　② 방사형　③ T자형　④ Loop형

[해설]

① 격자형 – 가로망의 형태가 단순, 명료하고 가구 및 획지구성상 택지의 이용효율이 높기 때문에 계획적으로 조성되는 시가지에 가장 많이 이용되어 온 형태이다.
　– 자동차교통에 있어서 편리하고 교차로가 십자형이 되기 때문에 교통처리에 유리하다.

② 방사형 – 주거단지의 도로형식이 아니다.

③ T자형 – 격자형이 갖는 택지의 이용효율을 유지하면서 지구내 통과 교통의 배제, 주행속도의 저하를 위하여 도로의 교차방식을 주로 T자 교차로 한 형태이다.
　– 통행거리가 조금 길게 되고 보행자에 있어서는 불편하기 때문에 보행자 전용도로와의 병용에 유리하다.

정답 ④

141. 부엌 작업대의 배치 유형 중 L자형에 관한 설명으로 옳지 않은 것은?

① 정방형 부엌에 적합한 유형이다.
② 두 벽면을 이용하여 작업대를 배치한 형태이다.
③ 작업대의 코너부분에 개수대 또는 레인지 설치가 용이하다.
④ 모서리 부분의 활용도가 낮은 관계로 이에 대한 대책이 요구된다.

[해설]

L자형은 정방형 부엌에 알맞고, 비교적 넓은 부엌에서 능률이 좋으나 모서리부분은 이용도가 낮다.

정답 ③

142. 다음 설명에 알맞은 연립주택의 유형은?

> - 각 세대마다 개별적인 옥외 공간의 확보가 가능하다.
> - 연속주택이라고도 하며, 도로를 중심으로 상향식과 하향식으로 구분할 수 있다.

① 타운 하우스　② 로우 하우스
③ 중정형 주택　④ 테라스 하우스

[해설]

① **타운 하우스** – 토지의 효율적인 이용, 건설비 및 유지관리비의 절약을 고려한 연립주택의 한 종류로 단독주택의 이점을 최대한 살리고 있다.

② **로우 하우스** – 2동 이상의 단위주거가 계벽을 공유하고, 단위주거 출입은 홀을 거치지 않고 지면에서 직접 출입하며, 밀도를 높일 수 있는 저층주거로 층수는 3층 이하이며, 2층이 일반적이다.

③ **중정형 주택** – 보통 한 세대가 한 층을 점유하는 주거형식으로 중정을 향하여 L자형으로 둘러싸고 있다.

정답 ④

143. 19. 다음의 아파트 평면형식 중 각 세대의 프라이버시 확보가 가장 용이한 것은?

① 집중형 ② 계단실형
③ 편복도형 ④ 중복도

[해설]

① **집중형** - 프라이버시가 극히 나쁘며, 통풍 채광상 극히 불리하다.
③ **편복도형** - 프라이버시가 좋지 않으나 고층아파트에 적합하다.
④ **중복도형** - 프라이버시가 나쁘고 시끄럽다.

정답 ②

144. 복층형 아파트에 관한 설명으로 옳지 않은 것은?

① 엘리베이터의 정지 층수를 적게 할 수 있다.
② 복도가 없는 층은 프라이버시 확보가 용이하다.
③ 복도가 없는 층은 통풍 및 채광 확보가 용이하다.
④ 다양한 평면 구성은 불가능하나 여유있는 공간을 확보할 수 있다.

[해설]

복도가 없는 층은 남북면이 트여져 있어 통풍채광이 유리하고 평면계획상 다양하고 좋은 구성이 가능하다.

정답 ④

145. 다음 중 주택에서 가사노동의 경감을 위한 방법과 가장 거리가 먼 것은?

① 설비를 좋게 하고 되도록 기계화할 것
② 능률이 좋은 부엌시설이나 가사실을 갖출 것
③ 평면에서의 주부의 동선이 단축되도록 할 것
④ 청소 등의 노력을 절감하기 위하여 좁은 주거로 계획할 것

[해설]

필요 이상의 넓은 주거면적을 지양하고 공간의 크기를 줄여 청소 등의 가사 노동력을 경감할 수 있다.

정답 ④

146. 각종 연립주택에 관한 설명으로 옳지 않은 것은?

① 중정형 주택은 중정을 아트리움으로 구성하는 관계로 아트리움 주택이라고도 한다.

② 로우 하우스는 지형 조건에 따라 다양한 배치 및 집약적인 공동설비 배치가 가능하다.

③ 테라스 하우스는 경사지를 적절하게 이용할 수 있으며, 각 호마다 전용의 정원을 갖는다.

④ 타운 하우스는 도로에서 2층으로 진입하므로 2층은 생활공간, 1층은 수면공간의 공간구성을 갖는다.

[해설]

◈ 타운하우스 – 토지의 효율적인 이용, 건설비 및 유지 관리비의 절약을 고려한 연립주택의 한 종류로 단독주택의 이점을 최대한 살리고 있다.

① 1층 : 거실, 식당, 부엌 등의 생활공간(부엌은 출입구에 가까이, 거실 및 식당은 테라스나 정원을 향함)

② 2층 : 침실, 서재 등 휴식 및 수면공간(침실은 발코니를 수반함)

정답 ④

147. 부엌의 각종 설비를 작업하기에 가장 적절하게 배열한 것은?

① 냉장고 → 레인지 → 개수대 → 작업대 → 배선대

② 냉장고 → 개수대 → 작업대 → 레인지 → 배선대

③ 냉장고 → 개수대 → 레인지 → 작업대 → 배선대

④ 냉장고 → 작업대 → 레인지 → 개수대 → 배선대

[해설]

◈ 부엌의 작업순서

준비 – 냉장고 – 싱크대(개수대) – 조리대 – 가열대(레인지) – 배선대

정답 ②

148. 다음은 10층 이상인 공동주택에 설치되는 화물용 승강기에 관한 설명이다. ( ) 안에 공통으로 들어가는 숫자는?

> 복도형인 공동주택의 경우에는 (　　)세대까지 1대를 설치하되, (　　)세대를 넘는 경우에는 (　　)세대마다 1대를 추가로 설치할 것

① 10　　② 60
③ 100　　④ 120

[해설]

복도형 공동주택은 100세대까지 1대를 설치하고 넘을 경우에는 100세대마다 1대를 추가로 설치한다.

정답 ③

149. 한식주택은 좌식의 특징, 양식주택은 입식의 특징을 갖고 있다. 이러한 차이가 발생하는 가장 근본적인 원인은?

① 난방방법　　② 조명방법
③ 채광방법　　④ 환기방법

[해설]

한식주택에서 좌식의 특징은 온돌난방의 생활방식의 차이로 난방방법에서 구분된다.

정답 ①

150. 주택 평면계획에서 일반적으로 인접 및 분리의 원칙이 적용된다. 다음 각 공간의 관계가 인접의 원칙에 해당하지 않는 것은?

① 거실–현관　　② 거실–식당
③ 식당–주방　　④ 침실–다용도실

[해설]

다용도실은 서비스 발코니와 주방사이의 공간으로 세탁, 걸레빨기 및 잡품창고를 겸한 실을 말하므로 주방과 인접의 원칙을 적용된다.

정답 ④

151. **주택의 거실 계획에 관한 설명으로 옳지 않은 것은?**

① 거실은 평면계획상 통로나 홀로서 사용되도록 한다.

② 식당, 계단, 현관 등과 같은 다른 공간과의 연계를 고려해야 한다.

③ 거실과 정원은 유기적으로 시각적 연결을 하여 유동적인 감각을 갖게 한다.

④ 개방된 공간에서 벽면의 기술적인 활용과 자유로운 가구의 배치로서 독립성이 유지되도록 한다.

[해설]

거실의 위치는 통로에 의해 실이 분할되지 않아야 하며, 평면계획상 통로나 홀로 사용되지 않아야 한다.

정답 ①

152. **한식주택과 양식주택에 관한 설명으로 옳지 않은 것은?**

① 한식주택은 목조가구식으로 바닥이 높다.

② 한식주택은 각 실이 단일용도로 되어 있다.

③ 한식주택은 좌식생활이며, 양식주택은 입식생활이다.

④ 한식주택의 가구는 부차적 존재이며, 양식주택의 가구는 중요한 내용물이다.

[해설]

한식주택은 방이 혼용용도(다목적)이고, 양식주택은 방의 단일용도(침실, 공부방)로 계획된다.

정답 ②

153. **공동주택의 단면형식에 따른 분류에 해당하는 것은?**

① 판상형 ② 집중형

③ 메조넷형 ④ 테라스형

[해설]

판상형, 집중형, 테라스형은 평면형식상의 분류이다.

정답 ③

154. **편복도형 아파트에 관한 설명으로 옳지 않은 것은?**

① 복도를 통하여 각 주호의 프라이버시가 침해받기 쉽다.

② 엘리베이터 1대당 이용 주호 수가 계단실형에 비해 적다.

③ 각 세대의 방위를 동일하게 함으로서 거주성이 균일한 배치유형이 가능하다.

④ 계단 및 엘리베이터가 직접적으로 각 층에 연결되며, 복도에서 각 세대로 접근하는 유형이다.

[해설]

고층인 경우 편복도형이 적합하므로, 엘리베이터 1대당 이용 주호수가 계단실형에 비해 많다.

정답 ②

155. 주방과 식당이 한 실로 되어 있는 DK형에 관한 설명으로 옳지 않은 것은?

① 소규모 주택에 적합한 형식이다.

② 식당을 중심으로 한 단란한 생활형에 적합하다.

③ 거실 겸 침실은 전용되는 온돌방으로 하는 경우가 많다.

④ 식사와 취침은 분리하지만 단란은 취침하는 곳과 겹칠 수 있다.

[해설]

- 부엌의 일부에 식탁을 놓은 것이 DK형이므로 주방을 중심으로 한 단란한 생활형에 적합하다.

정답 ②

156. 공동주택의 형식 중 듀플렉스(Duplex)형에 관한 설명으로 옳지 않은 것은?

① 화재 발생 시 피난에 대한 고려가 필요하다.

② 통로가 없는 층은 프라이버시의 확보가 용이하다.

③ 평면 구성의 제약이 적으며, 소규모 주택에 적용이 용이하다.

④ 엘리베이터의 정지층 및 통로면적의 감소로 전용면적의 극대화를 도모할 수 있다.

[해설]

듀플렉스(Duplex)형 측 복층형은 소규모 주택에서는 비경제적이다.

정답 ④

157. 연립주택의 종류 중 타운 하우스에 관한 설명으로 옳지 않은 것은?

① 배치상의 다양성을 줄 수 있다.

② 프라이버시 확보는 조경을 통하여서도 가능하다.

③ 토지 이용 및 건설비, 유지관리비의 효율성을 고려한 형식이다.

④ 일반적으로 각 세대마다의 주차가 불가능하므로 공동의 주차공간이 필요하다.

[해설]

타운하우스의 특징으로 각 호마다 주차가 용이하다.

정답 ④

158. 다음 중 주택의 부엌 계획에서 작업 삼각형(Work triangle)의 세변의 합으로 가장 적정한 것은?

① 2,000mm
② 3,200mm
③ 5,000mm
④ 7,000m

[해설]

냉장고와 개수대 그리고 가열기를 잇는 작업삼각형의 길이는 3.6~6.6m로 하는 것이 능률적이다.

정답 ④

159. 다음 중 아파트의 주동계획에서 지상에 필로티를 두는 이유와 가장 관계가 먼 것은?

① 개방감의 확보
② 원활한 보행동선의 연결
③ 오픈스페이스로써의 활용 가능
④ 용적률의 감축 및 공사비 절감

[해설]

공동주택의 주동에서 필로티는 개방감을 확보할 수 있고, 원활한 보행동선의 연결과 오픈스페이스로써의 활용 가능하다. 용적률의 감축과 공사비의 절감과는 무관하다.

정답 ④

160. 주택에서 주방의 일부에 간단한 식탁을 설치하거나 식사실과 주방이 하나로 구성된 형태는?

① 독립형(D형)
② 다이닝 키친(DK형)
③ 리빙 다이닝(LD형)
④ 다이닝 테라스(DT형)

[해설]

다이닝 키친은 일명 다이넷이라 하며, 부엌의 일부에 식탁을 놓은 것이다.

정답 ④

161. 다음 중 단독주택의 현관 위치 결정에 가장 주된 영향을 끼치는 것은?

① 방위
② 건폐율
③ 주택의 규모
④ 도로의 위치

[해설]

단독주택에서 현관의 위치는 도로의 위치와 경사도 및 대지의 형태에 따라 영향을 받는다.

정답 ④

162. 연면적이 500m^{2}인 공동주택에서 2세대 이상이 공동으로 사용하기 위해 설치하는 복도의 유효 너비는 최소 얼마 이상이어야 하는 가?(단, 갓복도인 경우)

① 0.9m ② 1.2m
③ 1.5m ④ 1.8m

[해설]

◈ 공동주택의 복도 폭
- 중복도 : 1.5m 이상
- 편복도 : 1.2m 이상

정답 ②

163. 아파트의 평면 형식 중 계단실형에 관한 설명으로 옳은 것은?

① 독신자 아파트에 주로 채용된다.
② 집중형에 비해 부지의 이용률이 높다.
③ 복도형에 비해 거주의 독립성이 높다.
④ 중복도형에 비해 1대의 엘리베이터에 대한 이용 가능한 세대수가 많다.

[해설]

① 독신자아파트는 중복도형, 집중형에 적합하다.
② 집중형이 부지의 이용률이 가장 높다.
④ 고층 아파트일 경우 각 계단실마다 엘리베이터를 설치해야 하므로 시설비가 많이 든다.

정답 ③

164. 경사지를 적절히 이용할 수 있으며, 각 호마다 전용의 정원을 갖는 주택 형식은?

① 로우 하우스(Row house) ② 타운 하우스(Town house)
③ 파티오 하우스(Patio house) ④ 테라스 하우스(Terrace house)

[해설]

① 로우 하우스 - 2동 이상의 단위주거가 계벽을 공유하고, 단위주거 출입은 홀을 거치지 않고 지면에서 직접 출입하는 형식
② 타운 하우스 - 토지의 효율적인 이용, 건설비 및 유지관리비의 절약을 고려한 연립주택의 한 종류로 단독주택의 이점을 최대한 살리고 있다.
③ 파티오 하우스 - 중정형 하우스라고 하며, 보통 한 세대가 한 층을 점유하는 주거형식으로 중정을 향하여 L자형으로 둘러싸고 있다.

정답 ④

165. 다음 중 근린주구 생활권의 주택지의 단위로서 규모가 가장 작은 것은?

① 인보구 ② 근린주구

③ 근린지구 ④ 근린분구

[해설]

규모가 작은 것부터 나열하면 인보구 – 근린분구 – 근린주구 – 근린지구 이다.

정답 ①

166. 아파트의 블록플랜(Block plan) 결정 조건으로 옳지 않은 것은?

① 각 단위평면은 2면 이상 외기에 접하도록 한다.

② 현관은 계단으로부터 최대 12m 이내에 있도록 한다.

③ 각 단위평면의 중요한 실은 균등한 조건을 가지도록 한다.

④ 거실과 같은 세대의 중요한 실이 모서리나 구석 등에 배치되지 않도록 한다.

[해설]

현관은 계단으로부터 최대 6m 이내에 계획한다.

정답 ②

167. 주택 설계의 방향에 관한 설명 중 옳지 않은 것은?

① 가사노동이 경감되도록 한다.

② 좌식과 입식이 혼용되도록 한다.

③ 가장(家長) 중심의 공간이 되도록 한다.

④ 생활의 쾌적함이 증대되도록 한다.

[해설]

◈ 가족본위의 주거 (가장중심 → 주부중심, 가족중심)

주택은 가족모두의 단란은 물론, 각 구성원의 개성이 존중되며 개인 프라이버시도 존중되어야 한다. 주부중심이면서도 가족관계 구성원 모두가 존중되는 가족중심의 주택이 주택설계의 방향이다.

정답 ③

168. 숑바르 드 로브(Chombard de Lawve)가 설정한 표준기준에 따를 경우, 4인 가족을 위한 주택의 주거면적은?

① $32m^2$ ② $56m^2$

③ $64m^2$ ④ $128m^2$

[해설]

– 표준기준 16m^{2}이므로 4인 가족 기준은 64m^{2}이다.

정답 ③

169. 주택단지의 단위 중 인보구의 중심시설은?

① 파출소
② 초등학교
③ 고등학교
④ 어린이 놀이터

[해설]

– 근린분구 : 유치원, 파출소 – 근린주구 : 초등학교

정답 ④

170. 연면적 200m^{2}을 초과하는 공동주택에 설치하는 복도의 유효너비는 최소 얼마 이상으로 하여야 하는가? (단, 양옆에 건축법상 거실이 있는 복도의 경우)

① 0.9m
② 1.2m
③ 1.8m
④ 2.4m

[해설]

– 양옆의 거실이 있는 복도는 1.8m 이상, 기타 복도는 1.2m 이상 이다.

정답 ③

171. 탑상형(Tower Type) 공동주택에 대한 설명으로 옳지 않은 것은?

① 각 세대에 시각적인 개방감을 줄 수 있다.
② 다른 주거동에 미치는 일조의 영향이 적다.
③ 단지내의 랜드마크(Land Mark)적인 역할이 가능하다.
④ 각 세대에 일조 및 채광 등의 거주환경을 균등하게 제공할 수 있다.

[해설]

탑상형은 전체 구조가 한쪽 방향으로 일방 배치되어 있으므로 주동간의 거리가 충분하지 않을 경우 앞동으로 인하여 일조나 조망에 제한을 받을 수 있는 구조이다.

정답 ④

172 다음 설명에 알맞은 연립주택의 유형은?

> - 일반적으로 경사지를 이용하며 지형에 따라 건물을 축조한다.
> - 각 세대마다 개별적인 옥외 공간의 확보가 가능하다.
> - 도로를 중심으로 상향식과 하향식으로 구분할 수 있다.

① 타운 하우스(Town House) ② 로우 하우스(Low House)
③ 테라스 하우스(Terrace House) ④ 파티오 하우스(Patio House)

[해설]

테라스 하우스는 경사지를 이용하여 옥외 공간을 확보 가능하며 도로를 중심으로 상향식 혹은 하향식으로 구분 가능하다.

정답 ③

173. 독립성 확보가 가장 용이한 아파트의 평면형식은?

① 집중형 ② 계단실형 ③ 편복도형 ④ 중복도형

[해설]

계단실형의 장점은 독립성이 좋고 출입이 용이하며 통행부 면적이 적어 건물의 이용도가 높다.

정답 ②

174. 주택의 거실 계획에 대한 설명 중 옳지 않은 것은?

① 거실에서 문이 열린 침실의 내부가 보이지 않도록 한다.
② 거실의 연장을 위하여 가급적 정원 사이에 테라스를 둔다.
③ 통로로서의 이용을 원활하게 하기 위해 가급적 각실의 중심에 배치한다.
④ 가능한 동측이나 남측에 배치하여 일조 및 채광을 충분히 확보할 수 있도록 한다.

[해설]

◈ 거실의 계획 고려사항

- 남향이 가장 적당, 채광, 환기에 유리
- 한쪽 방과 접속해야 면적에 있어 유리하다.
- 정원, 테라스와 연결되어 직접 출입이 가능하게 한다.
- 통로에 의해 실이 분할되지 않게 한다.
- 침실과는 항상 대칭 되게 배치
- 다른 방들의 중심적 위치

정답 ③

175. 다음과 같은 조건에서 요구되는 주택 침실의 최소 넓이는?

- 2인용 침실
- 1인당 소요공기량 : 50㎥/h
- 침실의 천장높이 : 2.5m
- 실내의 자연환기횟수 : 2회/h

① $10m^2$ ② $20m^2$ ③ $30m^2$ ④ $50m^2$

[해설]

100m3/h ÷ 2회/h ÷ 2.5m = 20m2

정답 ②

176. 주택의 침실계획에 관한 설명 중 옳지 않은 것은?

① 침실의 출입문을 열었을 때 직접 침대가 보이지 않게 하고 출입문은 안여닫이로 한다.

② 아동침실은 정신적으로나 육체적인 발육에 지장을 주지 않도록 안전성 확보에 비중을 둔다.

③ 노인실은 다른 가족들과 생활주기가 크게 다르므로 공동생활영역에서 완전히 독립 배치시키는 것이 좋다.

④ 객용침실은 소규모 주택에서는 고려하지 않아도 되며 소파베드 등을 이용해서 처리한다.

[해설]

노인실은 다른 가족들에게 쉽게 파악할 수 있는 곳으로 계획 하는게 좋다.

정답 ③

177. 승강기 배치에 관한 설명 중 옳지 않은 것은?

① 승강기를 직렬로 배치할 경우 4대를 한도로 한다.

② 승강기가 5대 이상일 때는 알코브형 배치를 고려한다.

③ 알코브형 배치는 8대 정도를 한도로 하고 그 이상일 경우 군별로 분할하는 것을 고려한다.

④ 승강기의 출발층은 승강기의 효율적 운영을 위하여 여러 개소로 분산시키는 것이 좋다.

[해설]

승강기의 출발층은 1개소로 한정하는 것이 운영면에서 효율적이다.

정답 ④

178. 아파트의 형식 중 홀형에 대한 설명으로 옳은 것은?

① 각 주호의 독립성을 높일 수 있다.

② 기계적 환경조절이 반드시 필요한 형이다.

③ 도심지 독신자 아파트에 가장 많이 이용된다.

④ 대지에 대한 건물의 이용도가 가장 높은 형식이다.

[해설]

홀형은 계단실형으로 프라이버시 등 각세대의 독립성이 좋고 출입이 편하다.

정답 ①

179. 경사지 이용에 적절한 형식으로 각 주호마다 전용의 정원을 갖는 주택 형식은?

① 타운 하우스(town house) ② 로 하우스(row house)

③ 중정형 주택(patio house) ④ 테라스 하우스(terrace house)

[해설]

테라스 하우스는 경사지 이용에 적절한 형식으로 주호마다 전용의 정원을 갖는다.

정답 ②

180. 실내공간의 동선계획에 대한 설명 중 옳지 않은 것은?

① 동선의 빈도가 크면 가능한 한 직선적인 동선처리를 한다.

② 모든 실내공간의 동선은, 특히 상점의 고객 동선은 짧게 처리하는 것이 좋다.

③ 주택의 경우 가사노동의 동선은 되도록 남쪽에 오도록 하고 짧게 하는 것이 좋다.

④ 주택에서 개인, 사회, 가사노동권의 3개 동선은 서로 분리되어 간섭이 없어야 한다.

[해설]

상점은 동선을 길게 하여 머물러있는 시간을 늘리는 것이 좋다.

정답 ④

181. 공동주택의 단면형식 중 메조넷형에 대한 설명으로 옳지 않은 것은?

① 채광 및 통풍이 유리하다. ② 작은 규모의 주택에 적합하다.

③ 주택 내의 공간의 변화가 있다. ④ 거주성, 특히 프라이버시가 높다.

[해설]

작은 저택의 뜻을 갖고 있는 메조넷은 하나의 주거단위가 복층형식을 취하는 형태로 단위주거의 평면이 2개 층에 걸쳐져 있을 때 듀플렉스형, 3층에 있을 때 프리플렉스형이라고 한다. 주호내에 계단을 두어야 하므로 소규모주택에는 비경제적이다.

정답 ④

182. 부지의 이용률이 가장 높은 아파트의 평면 형식은?

① 계단실형 ② 중복도형

③ 편복도형 ④ 집중형

[해설]

집중형은 부지의 이용률이 가장 높으며 제한된 부지에 가장 많은 주호를 계획할 수 있다.

정답 ④

183. 한식주택과 양식주택을 비교 설명한 것 중 옳지 않은 것은?

① 한식주택은 공간의 융통성이 높고, 양식주택은 공간의 독립성이 높다.

② 한식주택은 평면구성이 폐쇄적, 집중식이고, 양식주택은 개방적, 분산식이다.

③ 한식주택의 가구는 부차적 존재이며, 양식주택의 가구는 중요한 내용물이다.

④ 한식주택은 좌식생활이며, 양식주택은 입식생활이다.

[해설]

	– 한식	– 양식
평면의 차이 :	방의 위치별 분화	방의 기능별 분화
	조합, 은폐적, 분산식	분화, 개방적, 집중식
구조의 차이 :	목조 가구식	벽돌 조적식
	바닥이 높고 개구부가 크다.	바닥이 낮고 창이 작다.
관습의 차이 :	좌식생활	입식생활
용도의 차이 :	방의 혼합용도	방의 단일용도
가구의 차이 :	가구는 부차적 존재	가구는 중요한 내용물

정답 ②

184. 페리(C. A. Perry)는 근린주구론에서 6가지 항목에 대한 각각의 계획 원칙을 제시하였는데, 다음 중 이에 해당하는 항목이 아닌 것은?

① 규모(Size) ② 경관(Landmark)

③ 경계(Boundary) ④ 오픈스페이스(Open space)

[해설]

6원칙의 종류로는 규모, 경계, 오픈스페이스, 공공건축용지, 근린점포, 지구내 가로체계가 있다.

정답 ②

185. 주택의 동선계획에 관한 설명 중 옳지 않은 것은?

① 가사노동의 동선은 되도록 북쪽에 오도록 하고, 길게 한다.

② 개인, 사회, 가사노동권의 3개 동선이 서로 분리되어 간섭이 없도록 한다.

③ 주택 내부 동선은 외부 조건과 배실 설계에 따른 출입 형태에 의해 1차적으로 결정된다.

④ 동선에는 공간이 필요하고 가구를 둘 수 없다.

[해설]

가사노동의 동선은 짧을수록 좋고, 각종 계통의 동선이 분리되어 있는 것이 좋다.

정답 ①

186. 주택의 세부계획에 있어서 옳지 않은 것은?

① 거실은 평면계획상 통로나 홀(Hall)로서 사용되지 않도록 한다.

② 식당의 최소면적은 식탁의 크기와 모양, 의자 배치, 주변 통로 등에 의해 결정된다.

③ 부엌은 남쪽이나 동쪽에 두어 쾌적하고 능률적인 작업이 되도록 한다.

④ 현관의 크기는 방문객의 편의를 위해 크게 하면 할수록 좋다.

[해설]

주택 현관의 크기는 가족 수와 방문객 수를 고려하여 계획한다.

정답 ④

187. 주택의 평면계획에 관한 설명 중 옳지 않은 것은?

① 거실은 통로와 홀(Hall)로 사용되는 것이 바람직하다.

② 거실의 생활은 의식적이고 동적인 행동이기 때문에 그 넓이는 단순히 실내 거주인 수에 소요되는 면적만으로 정해질 수 없다.

③ 노인침실은 일조가 충분하고 전망 좋은 조용한 곳에 면하도록 한다.

④ 현관의 크기는 주택의 규모, 가족의 수, 방문객의 예상 수 등을 고려한 출입량에 중점을 두는 것이 타당하다.

[해설]

거실은 가족의 단란, 휴식, 접객 등이 이루어지는 곳이며, 취침 이외의 전 가족 생활이 중심이 되는 다목적 기능을 가진 공간이므로 통로와 홀로 사용하는 것은 바람직하지 않다.

정답 ①

188. 주택의 동선계획에 대한 설명 중 옳지 않은 것은?

① 동선에는 공간이 필요하다.

② 동선의 3요소는 속도, 빈도, 하중을 말한다.

③ 개인, 사회, 가사노동권의 3개 동선이 서로 분리되어 간섭이 없어야 한다.

④ 하중이 큰 가사노동의 동선은 되도록 북쪽에 오도록 하고, 짧게 한다.

[해설]

주택의 동선계획은 단순, 명쾌하게 계획해야 하며 서로 다른 종류의 동선이나 차량, 사람의 동선 등은 가능한 분리시키고 필요 이상의 교차는 피한다. 개인권, 사회권, 가사노동권은 서로 독립성을 유지해야한다. 동선에는 기능에 요구되는 공간이 필요하다.

정답 ④

189. 주택 부엌에서 작업 삼각형은 작업 능률과 관계되어 있는 것으로 3가지 작업대를 연결하여 만든 것이다. 다음 중 이 3가지 작업대에 해당하지 않는 것은?

① 냉장고 ② 개수대

③ 배선대 ④ 가열대

[해설]

작업 삼각형은 냉장고와 개수대 그리고 가열기를 잇는 것이다. 작업삼각형의 길이는 3.6에서 6.6m로 하는 것이 능률적이며 개수대는 창에 면하는 것이 좋다.

정답 ③

190. 주거 내의 행위 중 가장 폐쇄성을 요구하는 행위는?

① 취침 ② 식사

③ 휴식 ④ 단란

[해설]

주택내 행위 중 식사, 휴식, 단란, 취침 중에 가장 폐쇄성을 요구하는 행위는 취침이다. 취침은 조용한 상태에서 이루어져야 하며 휴식도 개인적 프라이버시가 요구되지만 가장 폐쇄성을 요구하는 행위는 취침이다.

정답 ①

191. 중복도형 아파트에 관한 설명 중 잘못된 것은?

① 도심지의 독신자 아파트에 많이 이용된다.

② 프라이버시가 나쁘고 시끄럽다.

③ 채광, 통풍조건을 양호하게 할 수 있다.

④ 대지에 대한 건물 이용도가 높다.

[해설]

중복도형은 부지의 이용률이 높고 대지에 대한 건물이용도가 높아 세대수가 많이 필요한 독신자아파트에 유리하다. 또한 프라이버시가 나쁘고 시끄러우며 통풍이나 채광상 불리하다.

정답 ③

192. 주거공간을 주 행동에 따라 개인공간, 사회공간, 노동공간 등으로 구분할 경우, 다음 중 사회공간에 속하는 것은?

① 서재　　② 부엌

③ 식당　　④ 다용도실

[해설]

◈ 주거공간의 4요소

1. 개인공간 : 부부침실, 노인실, 거족실, 서재
2. 사회공간(공동공간) : 거실, 식사실, 가족실
3. 노동공간 : 주방, 가사실, 다용도실
4. 보건, 위생공간 : 욕실, 화장실

정답 ③

193. 다음 설명에 알맞은 주택지의 단위는?

- 어린이놀이터가 중심이 되는 단위이다. - 아파트의 경우는 3~4층 규모의 1~2동 건축물이 해당된다.

① 근린주구　② 근린분구　③ 근린지구　④ 인보구

[해설]

인보구는 어린이놀이터가 중심이 되는 단위이며 아파트의 경우 3~4층 규모의 1~2동 건축물에 해당한다.

정답 ④

194. 아파트의 평면 형식 중 홀형(Hall type)에 관한 설명으로 옳지 않은 것은?

① 프라이버시가 양호하다.

② 좁은 대지에서 집약형 주거가 가능하다.

③ 통행부 면적이 작아서 건물의 이용도가 높다.

④ 편복도형에 비해 주거단위까지의 동선이 길어 통행이 불편하다.

[해설]

홀형은 계단실형이라고도 불리며 독립성이 좋고 출입이 편하다. 통행부의 면적이 작으므로 건물의 이용도가 높다. 따라서 홀형에 관한 설명으로 옳지 않은 것은 4번이다.

정답 ④

195. 경사지를 적절하게 이용할 수 있으며 각 주호마다 전용의 정원을 갖는 주택 형식은?

① 테라스 하우스(Terrace house)　　② 타워 하우스(Tower house)

③ 타운 하우스(Town house)　　④ 로우 하우스(Row house)

[해설]

테라스 하우스는 경사지에서 적절할 절토에 의하여 자연지형에 따라 건물을 테라스형으로 축조하는 것으로 각호마다 전용의 뜰(정원)을 갖는다.

정답 ①

196. 주택 평면의 지대별 계획으로 옳지 않은 것은?

① 유사한 요소의 것은 공용하도록 한다.

② 시간적 요소가 같은 것끼리 서로 접근시킨다.

③ 구성 본위로 유사한 것은 서로 격리시킨다.

④ 상호 간 요소가 서로 다른 것끼리는 서로 격리시킨다.

[해설]

주택 평면의 지대별 계획은 유사한 요소의 것은 공용하고 시간적 요소가 같은 것끼리 서로 접근시킨다. 상호 간 요소가 서로 다른 것끼리 격리시킨다. 구성 본위로 유사한 것은 서로 격리시키지 않는다. 번이다.

정답 ③

197. 다음의 주택계획에 대한 설명 중 옳지 않은 것은?

① 거실은 각 실로의 연결 통로로서 가족의 통행에 지장이 없도록 계획한다.

② 식당의 최소면적은 식탁의 크기와 모양, 의자의 배치 상태, 주변 통로와의 여유공간 등에 의하여 결정된다.

③ 리빙 키친은 거실과 부엌을 동일 공간에 둔 형식으로 주부의 가사노동이 간편화된다.

④ 현관크기는 주택의 규모, 가족의 수, 방문객의 예상 수 등을 고려한 출입량에 중점을 두어 계획한다.

[해설]

거실은 남향이 가장 적당하며 햇빛과 통풍이 잘되는 곳에 위치하며 통로에 의한 실이 분할되지 않는 곳이여야 한다. 거실은 다른 한쪽 방과 접속하게 되면 유리하고 침실과는 항상 대칭되게 한다. 거실은 주택 중심부에 두고 각 방에서 자유롭게 출입하도록 한다. 주택계획에 거실이 통로나 복도의 기능을 하면 좋지 않다.

정답 ④

198. 공동주택의 단위주거 단면 구성에 따른 형식 중 주거단위의 단면을 단층형과 복층형에서 동일층으로 하지 않고 반 층씩 엇나게 하는 형식은?

① 플랫형(Flat type)　　② 스킵플로어형(Skip floor type)

③ 듀플렉스형(Duplex type)　　④ 트리플렉스형(Triplex type)

[해설]

스킵플로어형 : 주거단위의 단면을 단층형과 복층형에서 동일층으로 하지 않고 반 층씩 엇나가게 하는 형식

정답 ④

199. 주거공간을 주행동에 따라 개인공간, 작업공간, 사회적 공간으로 구분할 경우, 다음 중 작업공간에 해당하는 것은?

① 화장실　　② 서재

③ 다용도실　　④ 현관

[해설]

◈ 주거공간의 4요소

1. 개인공간 : 부부침실, 노인실, 거족실, 서재　　2. 사회공간(공동공간) : 거실, 식사실, 가족실

3. 노동공간(작업공간) : 주방, 가사실, 다용도실　　4. 보건, 위생공간 : 욕실, 화장실

정답 ③

200. 주택의 동선계획에 관한 설명 중 옳지 않은 것은?

① 동선의 형(型)은 될 수 있는 한 단순하게 한다.

② 거실은 통로로서 사용되지 않도록 하는 것이 좋다.

③ 가사노동의 동선은 되도록 남쪽에 오도록 하고, 짧게 한다.

④ 다른 종류의 동선과는 서로 근접교차시켜 동선간의 이동이 원활하게 한다.

[해설]

다른 종류의 동선을 서로 근접교차 시키게 되면 동선간의 이동이 원활해 지는게 아니라 혼잡하게 되므로 서로 근접교차 시키는 것은 바람직하지 않다.

정답 ④

201. 다음 중 아파트의 성립(成立)요소가 아닌 것은?

① 도시 생활자의 이동성
② 부지비, 건축비 등의 절약
③ 세대 인원의 증가
④ 도시 인구 밀도의 증가

[해설]

아파트의 성립 요소는 크게 도시인구밀도의 증가, 도시 생활자의 이동성, 세대 인원의 감소, 공동 설비에 대한 혜택과 대지비, 건축비, 설비비 절약 등이 있다.

정답 ③

202. 공동주택의 단면형 중 스킵 플로어(skip floor)형식에 대한 설명으로 옳은 것은?

① 주거단위가 동일층에 한하여 구성되는 형식이며, 각 층에 통로, 또는 엘리베이터를 설치하게 된다.

② 주거단위의 단면을 단층형과 복층형에서 동일층으로 하지 않고 반 층씩 엇나게 하는 형식을 말한다.

③ 하나의 단위주거의 평면이 2개 층에 걸쳐 있는 것으로 듀플렉스형이라고도 한다.

④ 하나의 단위주거의 평면이 3개 층에 걸쳐 있는 것으로 틀리플렉스형이라고도 한다.

[해설]

◈ 스킵 플로어형

주거공간 구성에 있어서 단면상 층간 반층 정도씩 엇나게 걸쳐 있으며 구조 및 설비 계획상 복잡하다.

정답 ②

203. 경사지를 적절히 이용할 수 있으며, 각호마다 전용의 정원을 갖는 주택형식은?

① 타운 하우스(town house) ② 로우 하우스(row house)

③ 테라스 하우스(terrace house) ④ 파티오 하우스(patio house)

[해설]

테라스 하우스는 경사지에서 적절한 절토에 의하여 자연지형에 따라 건물을 테라스형으로 축조하는 것으로 각호마다 전용의 뜰(정원)을 갖는다.

정답 ③

204. 숑바르 드 로브(chombard de Lauw)의 병리기준에 해당되는 1인당 주거면적은?

① $8m^2$ ② $10m^2$

③ $14m^2$ ④ $16.5m^2$

[해설]

- 숑바르 드 로브가 주거생활을 원활하게 유지하기 위해서 3가지 면적의 기준을 제시하였는데 병리 기준 : $8m^2$, 한계 기준 : $14m^2$, 표준 기준 : $16m^2$

정답 ①

205. 주택의 부엌 계획에 대한 설명 중 옳지 않은 것은?

① 작업위 순서는 일반적으로 준비대→싱크대→조리대→가스렌지→배선대의 순으로 진행된다.

② U자형 부엌은 통상 가스렌지를 가운데 두고 싱크대와 냉장고를 마주보게 배치한다.

③ 저장, 준비, 조리공간을 잇는 work triangle의 세 변의 길이가 너무 길어지면 작업능률이 저하된다.

④ 일렬형 부엌은 싱크대, 조리대, 가스렌지 등의 작업대를 일렬로 한 벽면에 배치한 형태이다.

[해설]

U자형 부엌은 양측 벽면이 이용될 수 있으므로 수납공간을 넓게 잡을 수 있으며 넓게 활용하는 유형으로 이용하기에도 아주 편리하다.

정답 ②

206. 경사지 이용에 적절한 형식으로 각 주호마다 전용의 정원을 갖는 주택 형식은?

① 타운 하우스(town house) ② 로 하우스(row house)

③ 중정형 주택(patio house) ④ 테라스 하우스(terrace house)

[해설]

테라스 하우스는 경사지에서 적절한 절토에 의하여 자연지형에 따라 건물을 테라스형으로 축조하는 것으로 각호마다 전용의 뜰(정원)을 갖는다.

정답 ④

207. 아파트의 단위주거 단면구성형식 중 스킵 플로어형에 대한 설명으로 옳지 않은 것은?

① 전체적으로 유효면적이 증가한다.

② 공용부분인 복도면적이 늘어난다.

③ 엘리베이터 정지층수를 줄일 수 있다.

④ 복도가 없는 층에서 주거 단위평면이 남북으로 트일 수 있다.

[해설]

스킵 플로어는 공용 복도면적이 절약된다.

정답 ②

208. 한식주택 중 남부지방의 서민주택 평면은?

①
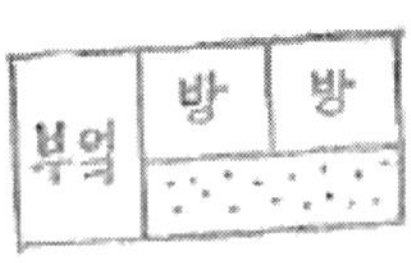

②
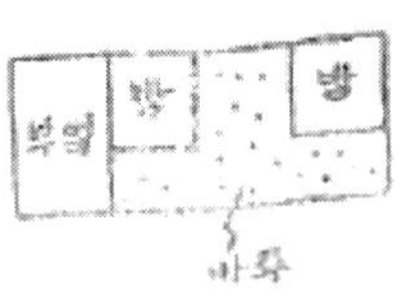

③
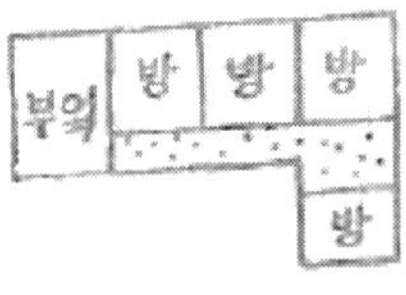

④
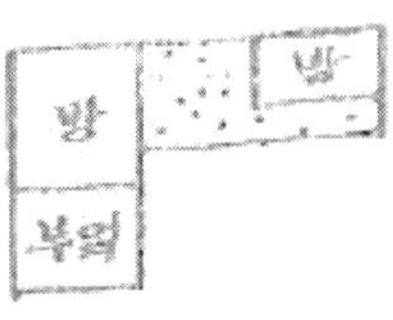

[해설]

1. 평안, 황해지방　　2. 남부지방　　3. 개성지방　　4. 서울지방

정답 ②

209. 다음 중 대단위 아파트단지의 건물 배치계획에 있어서 남북간 인동간격의 결정요소와 가장 관계가 먼 것은?

① 건축물의 방위각　　② 대지의 경사도

③ 건축물의 동서길이　　④ 일조시간

[해설]

남북간 인동간격은 일조 및 채광 조건으로 결정되며, 동서(측면)간의 인동간격은 통풍, 방화와 관계가 있다.

정답 ③

210. 현대주택 설계의 방향으로 옳지 않은 것은?

① 건강하고 쾌적한 인간본래의 생활을 되찾는 것이 요구된다.

② 평면기능상으로 주부의 동선을 최소한 단축한다.

③ 가족의 생활을 희생시키는 형식적이고 외적인 요인들을 제거하여야 한다.

④ 전통적인 한식의 좌식생활 위주로 계획하는 것이 좋다.

[해설]

현대주택은 입식 좌식 둘 다 사용하기 때문에 좌식위주로 계획하지는 않는다.

정답 ④

211. 주택의 식당계획에서 LDK형의 의미로 가장 알맞은 것은?

① 별도의 거실을 두고 부엌의 일부에 식당을 설치한 형태

② 별도의 부엌을 두고 거실과 식당을 겸용하는 형태

③ 거실, 식당, 부엌을 개방된 하나의 공간에 배치한 형태

④ 식당, 부엌, 다용도실을 개방된 하나의 공간에 배치한 형태

[해설]

LDK형은 거실, 식당, 부엌을 하나의 공간에 계획한 구조이고 동선이 짧아 주부에게 편한 반면, 음식냄새 등 프라이버시가 거의 없어서 외부손님이 부엌에 쉽게 접근할 수 있는 단점이 있다.

정답 ②

212. 주택의 부엌과 식당 계획시 가장 중요하게 고려해야 할 사항은?

① 조명배치　　② 작업동선

③ 색채조화　　④ 수납공간

[해설]

부엌과 식당은 주부의 가사노동과 관련이 많아 주부의 작업동선을 중요하게 고려해야 한다.

정답 ④

213. 주택 계단의 설치계획에 대한 설명 중 옳지 않은 것은? (단, 주택의 연면적이 200m^2 이상인 경우)

① 계단의 오름은 일반적으로 시계 반대방향으로 한다.

② 높이가 1m를 넘는 계단 및 계단참의 양옆에는 난간(벽 또는 이에 대치되는 것을 포함한다)을 설치한다.

③ 높이가 3m를 넘는 계단에는 높이 3m이내마다 너비 1.2m 이상의 계단참을 설치한다.

④ 계단을 내려갈 때 핸드레일은 왼손으로 잡도록 계획한다.

[해설]

주택의 계단 설치시 오른손잡이를 고려하여 오른쪽으로 잡도록 계획한다.

정답 ④

214. 메조넷형(maisonette type) 아파트에 관한 설명 중 틀린 것은?

① 통로 면적이 증가되고, 유효면적이 감소된다.

② 주택 내의 공간의 변화가 있다.

③ 엘리베이터 정지 층수를 적게 할 수 있다.

④ 50m^2 이하의 주거형식에는 비경제적이다.

[해설]

메조넷형(maisonette type)은 통로 면적이 감소하고 유효면적이 증가한다.

정답 ④

215. 다음의 아파트 평면 형식 중 독립성(privacy)이 가장 양호한 것은?

① 편복도형 ② 중복도형

③ 집중형 ④ 홀형

[해설]

홀형(계단실형)은 독립성이 좋고 출입이 편하며, 통행부 면적이 적거 건물의 이용도가 높다.

정답 ④

216. 부엌의 작업 과정에서 작업의 삼각형(working triangle)에 속하지 않는 것은?

① 싱크 ② 레인지

③ 냉장고 ④ 테이블

[해설]

개수대(싱크), 가열대(레인지), 냉장고를 잇는 삼각형을 작업 삼각형이라고 한다.

정답 ④

217. 주택의 현관 및 복도에 대한 설명 중 옳지 않은 것은?

① 현관은 최소한 폭 1.2m, 깊이 0.9m를 필요로 한다.

② 소규모 주택에서는 복도를 두는 것이 비경제적이다.

③ 현관의 위치는 대지의 형태, 도로와의 관계 등에 영향을 받는다.

④ 통로로서의 복도 폭은 80cm가 가장 적합하다.

[해설]

주택의 통로로서의 복도 폭은 120cm 이상이 가장 적합하다.

정답 ④

218. 도시의 주택을 고층 집단화하는 경우에 대한 설명으로 옳지 않은 것은?

① 토지이용의 효율이 높다.

② 단위면적당의 건축비가 절감된다.

③ 집약시설로써 환경의 질적 향상을 도모할 수 있다.

④ 공동시설을 설치할 수 있다.

[해설]

공동주택은 단위면적당 건축비가 높아진다.

정답 ②

219. 주택의 동선계획에 관한 설명 중 틀린 것은?

① 동선의 형은 가능한 한 단순하게 한다.

② 속도가 빠른 동선은 통로의 너비를 넓게 하고, 장애가 없도록 한다.

③ 개인, 사회, 가사 노동권의 3개 동선을 일치시킨다.

④ 거실이 동선에 의해 종횡무진으로 끊어질 경우, 그 공간은 안정감을 잃게 된다.

[해설]

주택의 동선계획시 개인, 사회, 가사노동권의 동선은 서로 분리하여 간섭이 없도록 한다.

정답 ③

220. 다음 중 단독주택에서 순수주거면적이 45m^2 일 때, 이 주택의 일반적인 전체바닥면적 산정 값으로 가장 알맞은 것은?

① 82m^2 ② 100m^2

③ 115m^2 ④ 130m^2

[해설]

주생활수준의 기준에서 순수주거면적은 주맥 연면적의 50~60%(평균 55%)이므로

연면적×0.55=45m^2 연면적=81.8m^2 약 82m^2

정답 ①

221. 집중형 아파트에 관한 설명 중 옳지 않은 것은?

① 대지에 대해서 건물이용도가 높다.

② 각 주호의 일조시간을 동일하게 확보할 수 있다.

③ 프라이버시가 좋지 않다.

④ 기후조건에 따라 기계적 환경조절이 필요하다.

[해설]

환경조건이 가장 나쁘고 통풍, 채광상 불리하다.

정답 ②

222. 아파트 건축의 각 평면형식에 대한 설명 중 옳지 않은 것은?

① 홀형은 통행이 양호하며 프라이버시가 좋다.

② 편복도형은 복도가 개방형이므로 각호의 채광 및 통풍이 양호하다.

③ 중복도형은 채광, 통풍조건을 양호하게 할 수 없다.

④ 계단실형은 통행부 면적이 높으며 독신자 아파트에 주로 채용한다.

[해설]

계단실형은 통행부 면적이 적으며, 독신자 아파트는 중복도형이나 집중형이 적합하다.

정답 ④

223. 아파트의 단위주거 단면구성 형식 중 복층형에 대한 설명으로 옳지 않은 것은?

① 구조 및 설비가 단순하여 설계가 용이하고 경제적이다.

② 복층형 중 단위주거의 평면이2개 층에 걸쳐져 있는 경우를 듀플렉스형이라 한다.

③ 주택 내의 공간의 변화가 있다.

④ 단층형에 비해 공용면적이 감소한다.

[해설]

복층형아파트는 구조 및 설비가 단순하지 않고 설계가 용이하지 않으며, 소규모주택에서는 비경제적이다.

정답 ①

224. 사회학자 숑바르 드 로브가 주장한 주거면적의 한계기준과 병리기준의 값으로 옳은 것은?

① 한계기준 : $14m^2$/인 병리기준 : $8m^2$/인

② 한계기준 : $8m^2$/인, 병리기준 : $14m^2$/인

③ 한계기준 : $16m^2$/인, 병리기준 : $14m^2$/인

④ 한계기준 : $8m^2$/인, 병리기준 : $16m^2$/인

[해설]

- 숑바르 드 로브가 주거생활을 원활하게 유지하기 위해서 3가지 면적기준을 제시하였는데 병리 기준 : $8m^2$, 한계 기준 : $14m^2$, 표준 기준 : $16m^2$

정답 ①

225. 다음의 주택에 관한 설명 중 옳지 않은 것은?

① 한식 주택의 가구는 부차적 존재이며, 양식 주택의 가구는 주요한 내용물이다.

② 한식 주택은 좌식생활을 반영하며 주로 실의 조합으로 구성된다.

③ 양식 주택은 입식생활을 반영하며 벽돌조적식 구조의 특성을 가진다.

④ 3세대 주거는 노부모세대와 부모세대 공간, 그리고 자녀세대 공간을 각기 다른 주호 내에 계획하는 주거를 의미한다.

[해설]

3세대 주거는 노부모세대와 부모세대 공간, 그리고 자녀세대 공간을 한주호 내에 계획하는 주거를 의미함.

정답 ④

226. 7. 주택의 동선계획에 대한 설명 중 틀린 것은?

① 동선에는 공간이 필요하다.

② 동선의 3요소는 속도, 빈도, 하중을 말한다.

③ 개인, 사회, 가사노동권의 3개 동선이 서로 분리되어 간섭이 없어야 한다.

④ 하중이 큰 가사노동의 동선은 되도록 북쪽에 오도록 하고, 짧게 한다.

[해설]

하중이 큰 가사노동의 동선은 되도록 남쪽에 오도록 계획하고, 동선이 짧도록 계획한다.

정답 ④

227. 일반주택계획에 관한 설명 중 옳지 않은 것은?

① 실내의 계단은 현관이나 거실에 가까이 근접하여 위치시키는 것이 좋다.

② 통풍을 고려하여 북측에도 창문을 낼 필요가 있다.

③ 현관의 위치는 대지의 형태, 도로와의 관계 등에 의하여 결정된다.

④ 부엌은 음식물이 상하기 쉬우므로 남향을 피하고 주택의 서측에 배치하는 것이 가장 좋다.

[해설]

서향은 일조량이 길어 음식물이 상하기 쉬우므로 부엌은 피하는 것이 좋다.

정답 ④

228. 소규모 주택에서 거실의 일단에 식탁을 꾸며 놓은 것은?

① 다이닝 포치(Dining Porch) ② 다이닝 키친(Dining Kitchen)

③ 다이닝 알코브(Dining Alcove) ④ 다이닝 테라스(Dining Terrace)

[해설]

개방형식당에서 거실의 일부에다 간단히 식탁을 꾸미는 것

정답 ③

229. 주택의 동선계획에 관한 설명 중 옳지 않은 것은?

① 가사노동의 동선은 되도록 북쪽에 오도록 하고, 길게 한다.

② 개인, 사회, 가사노동권의 3개 동선이 서로 분리되어 간섭이 없도록 한다.

③ 주택 내부동선은 외부조건과 배실설계에 따른 출입 형태에 의해 1차적으로 결정된다.

④ 동선에는 공간이 필요하고 가구를 둘 수 없다.

[해설]

가사노동동선은 밝고 명랑한 분위기를 위해 동선은 남향이 바람직함

정답 ①

230. 공동주택의 공동시설 계획에 대한 설명 중 옳지 않은 것은?

① 이용빈도가 높은 건물은 이용거리를 짧게 한다.

② 확장 또는 증설을 위한 용지를 확보한다.

③ 중심을 형성할 수 있는 곳에 설치한다.

④ 간선도로 변에 위치시킨다.

[해설]

공동시설은 일반적으로 간선도로변을 피하여 계획한다.

정답 ④

231. 공동주택에서 하나의 주거단위가 복층형식을 취하는 메조넷형에 대한 설명으로 옳지 않은 것은?

① 엘리베이터의 정지 층수가 적어 경제적이고 효율적이다.

② 복도가 없는 층이 있어 평면계획이 유동적이다.

③ 통로면적은 물론 유효면적도 감소한다.

④ 거주성, 특히 프라이버시가 높다.

[해설]

메조넷형은 통로면적은 감소하고 유효면적은 증가한다.

정답 ③

232. 다음 중 주택 침실에 관한 설명으로 옳지 않은 것은?

① 침실은 독립성(privacy)이 보장되어야 한다.

② 출입문은 침대가 직접 보이지 않도록 안여닫이로 한다.

③ 침실은 도로에 면한 위치가 좋다.

④ 침실의 침대는 머리쪽에 창을 두지 않는 것이 좋다.

[해설]

침실은 도로쪽은 피하고 정원 등 공지에 면한 위치가 좋다.

정답 ③

233. 다음의 공동주택에 관한 설명 중 옳지 않은 것은?

① 의도적으로 주택을 집합화함으로써 토지이용의 효율을 높인 주거군을 말한다.

② 생활에 필요한 상수와 하수의 통합이 필요해 진다.

③ 주택의 집적으로 주거밀도가 높아짐에 따라 억제기능이 필요하다.

④ 상업적 · 문화적 공동시설을 만들어 주거환경의 질을 높일 수 있다.

[해설]

상수와 하수가 통합되면 먹는 물이 오염되어 사용할 수 없다.

정답 ②

234. 공동주택의 건물단면형 중 트리플렉스형에 대한 설명으로 옳지 않은 것은?

① 주택 내의 공간의 변화가 있다.
② 거주성, 특히 프라이버시가 높다.

③ 유지관리비의 절감
④ 프라이버시의 확보

[해설]

트리플렉스형은 유지관리비가 많이 들어간다.

정답 ③

235. 다음의 주택계획에 관한 설명 중 옳지 않은 것은?

① 현관문은 미닫이보다 여닫이로 하는 것이 좋다.

② 침실은 현관에서 멀리 떨어진 곳으로 조용한 공지에 면하게 하는 것이 좋다.

③ $50m^2$ 정도의 소규모 주택에서는 식사공간을 침실과 겸용하는 것이 좋다.

④ 현관은 간단한 접객의 용무를 겸하는 이외의 불필요한 공간을 두지 않는 것이 좋다.

[해설]

소규모주택에서도 식침분리로 식사공간과 침실은 분리하여 계획한다.

정답 ③

236. 근린생활권의 주택지의 단위 중 근린주구의 중심시설에 해당되지 않는 것은?

① 초등학교
② 유치원

③ 병원
④ 도서관

[해설]

유치원은 근린분구에 해당됨.

정답 ②

237. 공동주택에 관한 설명 중 옳지 않은 것은?

① 동일한 규모의 단독주택보다 대지비나 건축비가 적게 든다.

② 주거환경의 질을 높일 수 있다.

③ 단독주택보다 독립성이 크다.

④ 도시생활의 커뮤니티화가 가능하다.

[해설]

도시생활에서 커뮤니티화가 쉽지 않다.

정답 ④

238. 다음 중 공동주택의 인동간격을 결정하는 요소와 가장 관계가 먼 것은?

① 일조 및 통풍 ② 소음방지

③ 지하주차공간의 크기 ④ 시각적 개방감

[해설]

인동간격은 동과 동사이의 간격, 즉 이웃하고 있는 건물과의 거리를 뜻함

정답 ③

239. 주택에서 주부의 부담을 경감시키기 위한 방법 중 옳지 않은 것은?

① 필요 이상의 넓은 주거공간을 지향할 것

② 주부의 동선을 단축시킬 것

③ 능률적인 부엌시설과 가사 실을 갖출 것

④ 설비를 좋게 하고 되도록 기계화할 것

[해설]

필요 이상의 넓은 주택을 페지하고, 청소의 노력을 덜어주는 것이 필요하다.

정답 ①

240. 아파트 형식 중에서 홀 형에 대한 설명으로 옳은 것은?

① 중복도형에 비해 대지에 대해서 건물이용도가 높다.

② 단위주호의 독립성을 높일 수 있다.

③ 채광, 통풍 조건을 양호하게 할 수 없다.

④ 기계적 환경조절이 반드시 필요한 형이다.

[해설]

홀형(계단실형)은 독립성이 좋고 출입이 편하며 통행부 면적이 적으므로 건물의 이용도가 높다.

정답 ①

241. 생활방식을 고려한 새로운 주택설계 방향이 아닌 것은?

① 생활의 쾌적함 증대 ② 주거면적의 적정화 및 가사노동의 경감

③ 가족본위의 주거 ④ 생활관습에 맞는 좌식선호

[해설]

좌식과 입식을 혼용히여 계획한다.

정답 ④

242. 단독주택의 부엌 유형에 대한 설명 중 틀린 것은?

① 일렬형은 설비기구가 많은 경우에 동선이 길어지는 경향이 있으므로 소규모 주택에 적합하다.

② ㄷ형은 평면계획상 외부로 통하는 출입구의 설치는 가능하나 작업동선이 긴 단점이 있다.

③ ㄱ자형은 작업동선이 효율적이지만 여유 공간이 많이 남기 때문에 식사실과 함께 이용할 경우에 적합하다.

④ 병렬형은 일렬형에 비하여 작업동선이 줄어들기는하지만, 작업시 몸을 앞뒤로 바꾸어야하는 불편이 있다.

[해설]

ㄷ형은 작업동선이 짧고 평면계획상 외부로 통하는 출입구의 설치는 곤란하다.

정답 ②

243. 주택의 평면계획에 관한 설명 중 옳지 않은 것은?

① 사적인 공간은 정적이고 독립성이 있어야 한다.

② 현관의 위치결정 요소로는 도로와의 관계, 방위, 대지의 형태 등이 있다.

③ 부엌은 음식물이 상하기 쉬우므로 남향으로 하여서는 안된다.

④ 부엌의 작업대는 준비, 조리, 가열, 배선의 작업순서를 고려하여 배열한다.

[해설]

부엌은 음식물이 쉽게 부패될 수 있으므로 서향을 피한다.

정답 ③

244. 경사지를 적절히 이용할 수 있으며, 각호마다 전용의 정원을 갖는 주택형식은?

① 타운 하우스(town house) ② 로우 하우스(row house)

③ 테라스 하우스(terrace house) ④ 파티오 하우스(patio house)

[해설]

비탈진 경사면을 이용하여 계단식으로 지은 주택으로 아랫집의 옥상을 윗집에서 테라스로 사용한다.

정답 ③

245. 주택의 거실 평면 계획에 대한 설명 중 옳지 않은 것은?

① 통로로서의 이용을 원활하게 하기 위해 가급적 각실의 중심에 배치한다.

② 독립성 유지를 위하여 가급적 한쪽 벽만을 타실과 접속시킴으로써 출입구를 설치한다.

③ 침실과는 가급적 대칭적인 위치에 둔다.

④ 거실의 연장을 위하여 가급적 정원 사이에 테라스를 둔다.

[해설]

거실의 기능은 통로나 홀의 역할을 하지 않도록 하며 가족전체의 단란을 위한 실로서 독립성을 갖도록 한다.

정답 ①

246. 아파트 평면형식 중 계단실(홀)형에 대한 설명으로 옳지 않은 것은?

① 주호내의 주거성과 독립성이 좋다.

② 부지의 이용률이 가장 높으며, 많은 주호를 집중시킬 수 있다.

③ 동선이 짧으므로 출입이 편하다.

④ 엘리베이터의 이용률이 낮다.

[해설]

부지의 이용률이 높고 많은 주호를 집중시킬 수 있는 형은 집중형이다.

정답 ②

247. 부엌의 각종 설비를 작업하기에 가장 적절하게 배열한 것은?

① 냉장고→레인지→개수대→작업대→배선대

② 냉장고→개수대→작업대→레인지→배선대

③ 냉장고→개수대→레인지→작업대→배선대

④ 냉장고→적업대→레인지→개수대→배선대

[해설]

준비-냉장고-개수대-작업대-레인지-배선대 순

정답 ②

248. 아파트 건축의 각 평면형식에 대한 설명 중 옳지 않은 것은?

① 홀형(Hall Type)은 통행이 양호하며 프라이버시가 좋다.

② 편복도형은 복도가 개방형이므로 각호의 채광 및 통풍이 양호하다.

③ 중복도형은 대지에 대한 건물이용도가 좋으나 프라이버시가 나쁘다.

④ 계단실형은 통행부 면적이 높으며 독신자 아파트에 주로 채용된다.

[해설]

계단실형은 통행부면적이 작고 건물의 이용도가 높다. 독신자 아파트는 중복도형에 적합하다.

정답 ④

249. 다음 중 아파트의 주동계획에서 지상에 필로티를 두는 이유와 가장 관계가 먼 것은?

① 개방감의 확보

② 원활한 보행동선의 연결

③ 오픈스페이스로써의 활용가능

④ 용적율의 감축 및 공사비 절감

[해설]

필로티는 1층에 기둥만을 세워 놓고 2층 이상에 실을 두는 1층의 빈공간을 말하며, 필로티를 두는 이유는 1. 개방감의 확보 2. 원활한 보행동선의 연결 3. 오픈스페이스로서의 활용 가능

정답 ④

250. 다음 근린주구(近隣住區) 생활권에 대한 설명 중 가장 부적절한 것은?

① 인보구 - 어린이 놀이터가 중심

② 인보구 - 15~40호 기준

③ 근린분구 - 400~500호 기준

④ 근린분구 - 초등학교, 우체국 등이 설립

[해설]

- 근린주구 : 초등학교
- 근린분구 : 아동공원
- 인보구 : 어린이놀이터
- 근린지구 : 중고등학교

정답 ④

251. 주택의 평면 계획에 관한 기술 중 틀린 것은?

① 거실은 통로와 홀(Hall)로 사용되는 것이 바람직하다.

② 거실의 생활은 의식적이고 동적인 행동이기 때문에 그 넓이는 단순히 실내거주인수에 소요되는 면적만으로 정해질 수 없다.

③ 노인침실은 일조가 충분하고 전망 좋은 조용한 곳에 면하도록 한다.

④ 현관의 크기는 주택의 규모, 가족의 수, 방문객의 예상수 등을 고려한 출입량에 중점을 두는 것이 타당하다.

[해설]

거실은 온가족이 모여 단란하게 쉬는 곳으로 가족생활의 중심이 되는 곳이므로 통로나 홀로 사용되는 것은 바람직하지 못하다.

정답 ①

252. 하나의 주거단위가 복층형식을 취하는 메조넷형(Maisonette type)에 대한 설명 중 옳지 않은 것은?

① 주택내의 공간의 변화가 있다.

② 거주성, 특히 프라이버시가 좋다.

③ 면적면에서 소규모 주택에 유리하다.

④ 양면개구에 의한 일조, 통풍 및 전망이 좋다.

[해설]

소규모 주택에서는 비경제적이다.

정답 ③

253. 부엌크기의 결정기준과 가장 관계가 먼 것은?

① 주작업인의 동작범위

② 설비기구의 규모

③ 부엌공간의 주출입구

④ 주택의 연면적, 가족수, 평균작업인의 수

[해설]

◈ 부엌의 크기 결정 기준

1. 작업대의 면적　2. 작업인의 동작에 필요한 공간　3. 수납공간
4. 연료의 종류와 공급방법　5. 주택의 연면적, 가족 수, 평균 작업인수, 경제수준

정답 ③

254. 주택의 동선계획(動線計劃)에 관한 설명 중 틀린 것은?

① 동선(動線)의 형(型)은 될 수 있는 한 단순하게 한다.

② 동선에는 공간이 필요하고 가구를 둘 수 없다.

③ 다른 종류의 동선과는 될 수 있는 한 근접 교차시켜 힘이 들지 않게 한다.

④ 동선의 길이는 될 수 있는 한 짧게 해야 한다.

[해설]

서로 다른 종류의 동선이나 차량, 사람의 동선 등은 가능한 한 필요 이상의 교차는 피한다.

정답 ③

255. 주거단지의 단위 중 작은 것부터 큰 순서로 올바르게 나열된 것은?

① 근린분구 – 근린주구 – 인보구　② 근린주구 – 인보구 – 근린분구

③ 인보구 – 근린분구 – 근린주구　④ 근린주구 – 근린분구 – 인보구

[해설]

인보구 : (20~40호)0.5~2.5ha

근린분구 : (400~500호)15~25ha

근린주구 : (1.600~2000호)100ha

정답 ③

256. 아파트의 평면형식 중 계단실형(Hall Type)에 대한 설명으로 옳지 않은 것은?

① 좁은 대지에서 집약형 주거 등이 가능하다.

② 동선이 짧아 출입이 용이하다.

③ 코어의 이용률이 높아 경제적으로 유리하다.

④ 전용면적비가 높아질 수 있다.

[해설]

고층 아파트일 경우 각 계단실마다 엘리베이터(코어)를 설치해야 하므로 시설비가 많이 든다.

정답 ③

257. 아파트의 블록플랜(Block plan) 결정조건으로 옳지 않은 것은?

① 각 단위평면이 3면 이상 외기에 접할 것

② 각 단위평면의 중요한 실이 균등한 조건을 가질 것

③ 단위주거가 균등하게 일사면에 노출되도록 할 것

④ 현관은 계단으로부터 멀지 않을 것

[해설]

◈ 블록 플랜의 결정 조건

1. 각 단위 플랜이 2면 이상 외기에 면할 것
2. 중요한 거실이 모퉁이에 배치되지 않도록 할 것
3. 각 단위 플랜에서 중요한 실의 환경은 균등하게 할 것
4. 모퉁이내에서 다른 주호가 들여다 보이지 않을 것
5. 현관은 계단에서 6m 이내일 것

정답 ①

258. 다음의 아파트 형식 중 통행부 면적이 작아서 건물의 이용도가 높으며, 프라이버시가 가장 양호한 형태는?

① 편복도형 ② 중복도형 ③ 집중형 ④ 홀형

[해설]

홀(계단실)형의 장점 : 1. 독립성이 좋다. 2. 출입이 편하다. 3. 통행부 면적이 작으므로 건물의 이용도가 높다.

정답 ④

259. 주거공간의 평면계획 중 옳지 않은 것은?

① 침식공간을 분리하는 것이 바람직하다.

② 주방 작업과정을 위한 시설로서 냉장고, 작업대, 싱크 작업대, 레인지 작업대 등의 배열 순서가 필요하다.

③ 침실공간은 정적이고 독립성이 있어야 한다.

④ 침실의 출입문은 침대가 직접 보이도록 밖여닫이로 하는 것이 좋다.

[해설]

침대에 누운채로 출입문이 보이도록 하며 안여닫이로 계획한다.

정답 ④

260. 아파트의 단위주거 단면구성형식 중 메조넷형에 대한 설명으로 옳은 것은?

① 엘리베이터가 매층 정지하여 이용이 편리하다.

② 통로면적의 감소로 전용면적이 증가된다.

③ 부지의 이용율은 좋으나 양면개구에 의한 채광, 통풍이 불량하다.

④ 소규모 주택에서의 활용이 유리하다.

[해설]

통로면적이 감소되고 유효면적이 증대된다.

정답 ②

261. 다음 노인실 계획에 관한 내용 중 적합하지 않은 것은?

① 식당, 욕실 및 화장실에 가까운 곳이 좋다.

② 일조가 충분하고 전망 좋은 곳에 면하도록 한다.

③ 정신적 안정과 보건에 유의해야 한다.

④ 노인방은 조용하여야 하므로 가장 은밀한 곳에 배치한다.

[해설]

노인방은 건강을 고려해서 밝은곳으로 채광과 환기가 양호하도록 계획한다.

정답 ④

262. 연립주택의 종류 중 타운 하우스의 특징으로 적당하지 않은 것은?

① 프라이버시 확보는 조경을 통하여서도 가능하다.

② 배치상의 다양성을 줄 수 있다.

③ 토지의 효율적인 이용 및 건설비, 유지관리비의 절약을 고려한 연립주택의 형태이다.

④ 일반적으로 각 주호마다의 주차가 용이하지 않기 때문에 공동의 주차공간이 필요하다.

[해설]

타운하우스는 각 호마다 주차가 용이하다.

정답 ④

263. 제한된 공간에서 부엌의 각종 설비가 작업하기에 가장 적절하게 배열한 것은?

① 냉장고→레인지→개수대→작업대→배선대

② 냉장고→개수대→작업대→레인지→배선대

③ 냉장고→작업대→레인지→개수대→배선대

④ 냉장고→레인지→작업대→개수대→배선대

[해설]

준비-냉장고-개수대-작업대-레인지-배선대 순이다.

정답 ②

264. 부엌의 일부에다 간단히 식탁을 꾸민 것을 무엇이라 하는가?

① Living Kitchen
② Dining Kitchen
③ Dining Terrace
④ Dining Porch

[해설]

- 다이닝 키친 : 일명 다이넷(dinette)이라 하며 부엌의 일부에 식탁을 놓는 것
- 다이닝 앨코브 : 거실의 일단 식탁을 꾸며 놓는 것
- 리빙 키친 : 거실, 식사실, 부엌을 한 공간에 꾸며 놓은 것
- 다이닝 포치 : 여름철 등 좋은 날씨에 포치나 테라스에서 식사 하는 것

정답 ②

265. 다음 설명 중 옳지 않은 것은?

① 인보구는 어린이 놀이터가 중심이 된다.
② 근린분구의 중심시설로는 도서관, 병원 등이 있다.
③ 근린주구는 초등학교가 중심이 된다.
④ 페리(C.A.Perry)의 근린주구 이론에서 중심시설은 교회와 커뮤니티 센터이다.

[해설]

- 근린분구(400~500호, 2,000~2,500명) : 생활필수품점, 공중목욕탕, 약국, 이용소, 미용소, 진료소, 공중변소, 공회당, 파출소, 공중전화, 유치원, 탁아소, 아동공원(2,000m^2)

정답 ②

266. 메조네트(maisonette)형 아파트의 특징이 아닌 것은?

① 엘리베이터 정지층수가 적다.
② 복도가 없는 층이 생긴다.
③ 통로 면적이 감소된다.
④ 소규모 주택에는 면적면에서 유리하다.

[해설]

복층형은 소규모 주택에는 비경제적이다.

정답 ④

267. 부엌의 작업 순서에서 작업의 삼각형(working triangle)에 속하지 않는 것은?

① 싱크 ② 레인지

③ 냉장고 ④ 테이블

[해설]

작업삼각형(working triangle) : 개수대－가열대－냉장고

정답 ④

268. 아파트 건축을 평면상 분류할 경우 각각의 특색에 대한 설명으로 옳지 않은 것은?

① 홀형 : 프라이버시가 좋고 통행부 면적이 작다.

② 편복도형 : 복도가 개방형이므로 각호의 통풍 및 채광상 양호하다.

③ 중복도형 : 프라이버시가 좋지 않으며 시끄럽다.

④ 집중형 : 복도 부분에 있어 채광, 통풍이 좋다.

[해설]

－ 집중형 : 프라이버시가 좋지 않으며 통풍과 채광이 불리하다.

정답 ④

269. 주택 평면계획에서 거실의 계획에 관한 설명으로 가장 부적당한 것은?

① 개방된 공간에서 벽면의 기술적인 활용과 자유로운 가구의 배치로서 독립성이 유지되도록 한다.

② 거실의 위치는 가족의 단란이 될 수 있는 곳이 좋다.

③ 거실과 정원은 유기적으로 시각적 연결을 하여 유동적인 감각을 갖게 한다.

④ 거실은 평면계획상 통로나 홀로서 사용되는 방법의 평면배치가 아주 좋다.

[해설]

거실의 기능은 통로나 홀의 역할을 하지 않는 가족전체의 단란을 위한 실로서 독립성이 필요하다.

정답 ④

270. 사회학자 숑바르 드 로브(Chombard de Lawve)가 설정한 주거면적의 한계기준과 병리기준의 값으로 옳은 것은?

① 한계기준 : 14m^2/인, 병리기준 : 8m^2/인

② 한계기준 : 8m^2/인, 병리기준 : 14m^2/인

③ 한계기준 : 16m^2/인, 병리기준 : 14m^2/인

④ 한계기준 : 8m^2/인, 병리기준 : 16m^2/인

[해설]

- 숑바르 드 로브의 주거면적 기준 : 병리기준 : $8m^2$/인, 한계기준 : $14m^2$/인, 표준기준 : $16m^2$/인

정답 ①

271. 주택의 동선(動線)계획에 관한 기술 중 옳지 않은 것은?

① 개인, 사회, 가사노동권의 3개 동선을 서로 분리하여 간섭이 없도록 한다.

② 주부의 가사노동 단축을 위해 평면에서의 주부의 동선을 짧게 한다.

③ 동선에는 공간이 필요하다.

④ 가사노동의 동선은 북쪽에 오는 것이 좋다.

[해설]

가사노동의 동선은 효율적으로 짧게 계획하고 되도록 남쪽에 오도록 한다.

정답 ④

272. 새로운 주택설계의 방향에 관하여 기술한 것 중 가장 부적당한 것은?

① 생활의 쾌적함을 증대시킨다.

② 가족본위의 생활을 추구하기 위해 각 실의 Privacy를 유지하여야 한다.

③ 가사의 노동을 덜어주기 위해 주거의 단순화를 지향(持向)한다.

④ 생활습관과 경제를 고려하여 좌식으로만 설계한다.

[해설]

◈ 새로운 주택설계의 기본 목표

- 가사 노동을 경감하고 주거의 단순화를 꾀한다. - 개인 생활의 프라이버시를 확립한다.
- 가족 본위의 주거로 계획한다.(가장 중심에서 주부 중심으로)
- 활동성의 증대를 위한 의자식 생활을 도입한다.(좌식, 의자식을 혼용)

정답 ④

273. 4. 주택의 복도 계획에서 옳지 않은 것은?

① $50m^2$ 이하 주택에 복도를 두는 것은 비경제적이다.

② 중복도는 채광, 통풍에 유리하다.

③ 일반적으로 전체면적의 10% 정도이다.

④ 통행상 서로 엇갈릴 때 옆으로 걸어가는 일을 피하기 위해서는 폭 105~120㎝가 적당하다.

[해설]

중복도는 채광, 통풍에 불리하여 복도 환경이 불량해지고, 소규모주택에서 복도 계획은 비경제적이다.

정답 ②

274. 주방에서의 작업순서가 가장 옳게 된 것은?

① 요리재료의 반입 – 세척 – 조리 – 배선

② 세척 – 요리재료의 반입 – 조리 – 배선

③ 배선 – 세척 – 요리재료의 반입 – 조리

④ 조리 – 세척 – 배선 – 요리재료의 반입

[해설]

◈ 부엌의 작업 순서

- 오른쪽방향으로 이동하도록 배치한다.
- 준비대 → (냉장고) → 싱크대 → 조리대 → 가열대 → 배선대 → (해치) → 식당

정답 ①

275. 주택의 각실 계획에 관한 설명 중 옳지 않은 것은?

① 현관은 출입과 접객의 편리를 위해 크게 하면 할수록 좋다.

② 계단은 안전상 구배, 폭, 난간 및 마감방법에 중점을 두고 실내디자인상 의장적인 고려를 한다.

③ 거실은 주행위(住行爲) 개개의 복합적인 기능을 갖고 있으며 이에 대한 적합한 가구와 어느 정도 활동성을 고려한 계획이 되어야 한다.

④ 식당 및 부엌은 능률좋게 하고 옥외작업장 및 정원과 유기적으로 결합되게 한다.

[해설]

- 연면적대비 현관 7%, 복도 10%, 부엌(주방) 8~12%, 거실 30% 이며,
  현관이 클수록 좋다고 볼 수는 없음

정답 ①

276. 중복도형 아파트에 관한 설명 중 잘못된 것은?

① 도심지의 독신자 아파트에 많이 이용된다.

② 프라이버시가 나쁘고 시끄럽다.

③ 채광, 통풍조건을 양호하게 할 수 있다.

④ 대지에 대한 건물이용도가 높다.

[해설]

◈ 중복도형

편복도형과 유사하나 복도 양측에 주호를 배치하는 형식으로 축은 남북으로 배치하며, 도심지 독신자 아파트 등에 적합하다.

1. 장점 - 고층 초고층 아파트에 가장 유리하다. - 대지의 이용률이 높다.
   - 엘리베이터의 효율이 좋다.
2. 단점 - 프라이버시가 나쁘고 시끄럽다. - 통풍, 채광상 불리하다. - 복도의 면적이 많다.
   - 개구부의 방향의 한정으로 인한 평면계획이 불리하다.

정답 ③

277. 고층 공동주택에서 이웃간의 친교형성이 가장 빈번히 일어날 수 있는 곳은?

① 계단실 ② 주호 앞 현관 ③ 주동의 현관 ④ 관리사무실

[해설]

고층 공동주택에서 이웃간 가장 동선이 많이 겹치는 곳은 주동의 현관이므로 친교형성이 가장 비번하게 일어날 수 있다.

정답 ③

278. 고층건물의 서비스 코어내 들어갈 공간으로서 부적당한 것은?

① 엘리베이터홀 ② 화장실 ③ 공조덕트 ④ 배전실

[해설]

고층건물의 코어내에 들어가는 것은 보통 엘리베이터실, 화장실, 계단, 공조덕트, 피난시설 등을 계획하므로 배전실은 부적당함.

정답 ④

279. 아파트 단지내 주동배치시 고려하여야 할 사항이 아닌 것은?

① 단지내 커뮤니티가 자연스럽게 형성되도록 한다.

② 옥외주차장을 이용하여 충분한 오픈스페이스를 확보한다.

③ 주동 배치계획에서 일조, 풍향, 방화 등에 유의해야 한다.

④ 다양한 배치기법을 통하여 개성적인 생활공간으로서의 옥외공간이 되도록 한다.

[해설]

- 최근 아파트 단지내에는 옥외주차장보다 지하주차장으로 계획하여 보차분리에 유의한다.

정답 ②

280. 가사노동의 경감을 위한 방법으로 옳지 않은 것은?

① 설비를 좋게 하고 되도록 기계화 할 것

② 평면에서의 주부의 동선이 단축되도록 할 것

③ 청소 등의 노력을 절감하기 위하여 좁은 주거로 계획할 것

④ 능률이 좋은 부엌시설이나 가사실을 갖출 것

[해설]

◈ 가사노동 경감

- 필요 이상의 주거를 지양하며, 청소 등의 노력을 절감할 것
- 평면에서 주부의 동선을 단축시킬 것
- 능률이 좋은 부엌시설이나 가사실을 갖출 것
- 주거설비를 현대화, 기계화할 것

정답 ③

281. 1. 침대의 배치관계를 표시한 것 중 가장 적절한 것은?

① 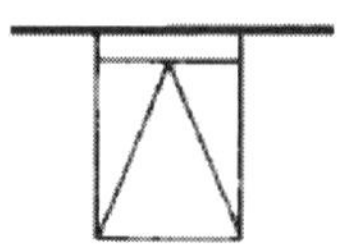

② 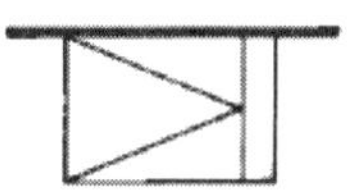

③ 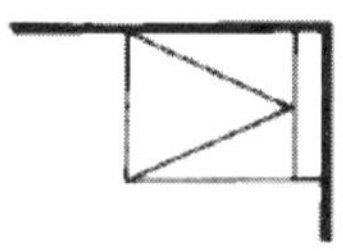

④ 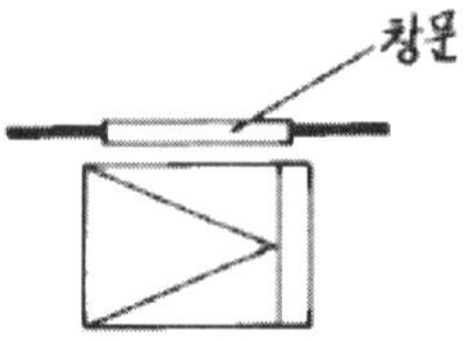

[해설]

◈ 침대의 배치 방법

- 침개 머리 쪽에는 창이 없는 외벽에 면하게 한다.
- 침대에 누운 채로 출입문이 보이도록 한다.
- 침대 양쪽에 통로를 두고(싱글 베드는 예외), 한쪽을 75cm 이상 되게 한다.
- 침실 내의 주요 통로 폭은 90cm 이상 되도록한다.
- 침대 아래 발치 쪽은 90cm 이상의 여유를 둔다.

정답 ①

282. 한식주택과 양식주택을 비교하여 볼 때 한식주택의 특징으로 가장 적합하지 않은 것은?

① 실의 기능은 융통성이 낮다.

② 실의 독립성이 낮다.

③ 평면의 구성은 상대적으로 개방적이다.

④ 실의 호칭은 대부분 실의 위치에 따라 정한다.

[해설]

한식주택은 방의 혼합용도(융통성 있게 사용)이고, 양식주택은 방의 단일용도(침실, 공부방)로 사용된다.

정답 ①

283. 일반주택의 평면계획에 관하여 옳지 않은 것은?

① 현관의 위치는 도로와의 관계, 대지의 형태에 영향을 받는다.

② 부엌은 가사노동의 경감을 위해 가급적 크게 만들어 워크 트라이앵글(work triangle)의 변의 길이를 길게 한다.

③ 부부침실보다는 낮에 많이 사용되는 노인실이나 아동실이 우선적으로 좋은 위치를 차지하는 것이 바람직하다.

④ 거실이 통로가 되지 않도록 평면계획시 고려해야 한다.

[해설]

◈ 작업 삼각형

- 작업 삼각형의 길이는 주부의 피로도를 좌우하는 것으로 세변의 합이 짧을수록 유리하다.
- 냉장고와 개수대 그리고 가열대를 잇는 작업 삼각형의 길이는 3.6~6.6m 범위로 하는 것이 능률적이다.
- 냉장고와 개수대(싱크대), 개수대(싱크대)와 가열대(조리대) 사이 동선이 짧아야 한다.

정답 ②

284. 공동주택 배치계획시 고려해야 할 사항과 가장 관계가 먼 것은?

① 각 세대의 일조를 위한 건물간의 간격

② 피난 등을 위한 옥외공간의 확보

③ 단지내 도로, 주동 또는 놀이터에서 오는 소음방지

④ 건물 외부디자인

[해설]

◈ 공동주택 배치계획

- 거실의 일조, 채광, 통풍, 소음 방지
- 건물의 연소 방지
- 정원의 옥외 통로용 공간 확보
- 인동간격 고려

정답 ④

285. 제한된 공간에서 부엌의 각종 설비가 작업하기에 가장 적절하게 배열한 것은?

① 냉장고 → 레인지 → 개수대 → 작업대 → 배선대

② 냉장고 → 개수대 → 작업대 → 레인지 → 배선대

③ 냉장고 → 작업대 → 레인지 → 개수대 → 배선대

④ 냉장고 → 레인지 → 작업대 → 개수대 → 배선대

[해설]

◈ 부엌의 작업 순서

- 오른쪽방향으로 이동하도록 배치한다.
- 준비대 → (냉장고) → 싱크대 → 조리대 → 가열대 → 배선대 → (해치) → 식당

정답 ②

286. 연립주택의 형식 중 테라스 하우스(terrace house)에 관한 설명으로 옳지 않은 것은?

① 테라스 하우스는 지형에 따라 자연형과 인공형으로 구분할 수 있다.

② 자연형 테라스 하우스는 평지에 테라스형으로 건립하는 것을 말한다.

③ 경사지일 경우 도로를 중심으로 상향식 주택과 하향식 주택으로 구분할 수 있다.

④ 테라스 하우스는 경사도에 따라 그 밀도가 크게 좌우된다.

[해설]

자연형 테라스 하우스는 평지에 테라스형으로 건립하는 것이 아니라 경사지에 건립하는 것이다.

정답 ②

287. 하나의 주거단위가 복층형식을 취하는 메조넷형(Maisonette Type)에 대한 설명 중 옳지 않은 것은?

① 주택내의 공간의 변화가 있다.

② 거주성, 특히 프라이버시가 좋다.

③ 면적면에서 소규모 주택에 유리하다.

④ 양면개구에 의한 일조, 통풍 및 전망이 좋다.

[해설]

◈ 복층형(메조넷형) : 한 주호가 2개층에 걸쳐 구성되는 형

1. 장점

- 엘리베이터의 정지층수가 적어 운영면에서 경제적이고 효율적임
- 통로면적이 감소되고 유효면적 증대.
- 복도가 없는 층은 남, 북면이 트여져 평면계획상 좋은 구성이 가능하다.
- 독립성이 가장 좋다.

2. 단점

- 복도가 없는 층은 피난상 불리하다.

-소규모 주거에서는 비경제적이어 불리하다.

정답 ③

288. 다음 노인실 계획에 관한 내용 중 적합하지 않은 것은?

① 식당, 욕실 및 화장실에 가까운 곳이 좋다.

② 일조가 충분하고 전망 좋은 곳에 면하도록 한다.

③ 정신적 안정과 보건에 유의해야 한다.

④ 노인방은 조용하여야 하므로 가장 은밀한 곳에 배치한다.

[해설]

- 노인실은 낮에 장시간 기거를 하므로 남향을 지향한다.
- 식당, 욕실, 화장실 등에 근접 또는 노인실내에 계획하여 주고 밝고 전망이 좋은 곳에 위치 해야 한다.

정답 ④

289. 일반적인 단독주택의 설계에서 각실의 면적비율로 적당하지 않은 것은?

① 부엌 : 주택 연면적의 약 8～12%　　② 거실 : 주택 연면적의 약 20%

③ 복도 : 주택 연면적의 약 10%　　④ 현관(홀) : 주택 연면적의 약 7%

[해설]

◈ 주택의 평면 요소 구성비

- 거실 : 연면적의 33% (20평 이하 : 20~25%)
- 부엌 : 연면적의 8~12% (보통 10%)
- 통로(복도) : 연면적의 10% ($50m^2$ 이하에서는 비경제적)
- 현관(홀) : 연면적의 7%

정답 ②

290. 한국 전통 서민주택중 개성지방의 서민주택 평면은 다음 그림중 어느 것인가?

① 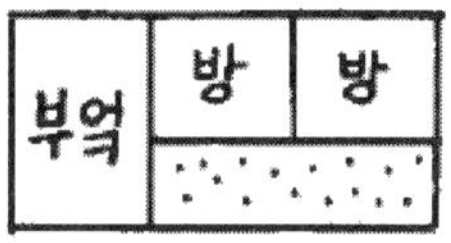

② 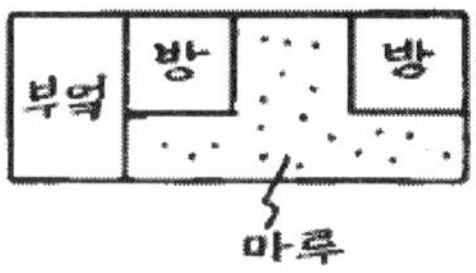

③ 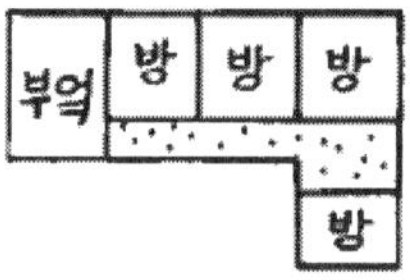

④ 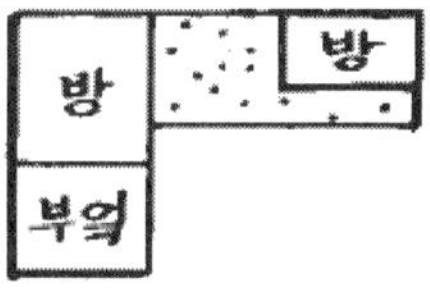

[해설]

1. 전통한옥 일반 형태　2. 남부지방형　3. 중부지방형　4. 서울지방형

정답 ③

291. 독립성을 위주로 아파트를 설계할 때 다음 형식 중 가장 유리한 것은?

① 편복도형　② 중복도형　③ 홀형　④ 집중형

[해설]

◈ 편복도형

계단 또는 엘리베이터로 각 층에 연결되고 연속된 긴 복도에 의해 각 주호로 출입하는 형식으로 일반적으로 동서 축으로 하고 있다.

1. 장점
- 복도 개방시 각 주호의 거주성이 좋다.
- 고층 초고층 아파트에 적합하다.
- 통풍, 채광이 양호하다.
- 엘리베이터 1대당 이용률을 높일 수 있다.

2. 단점
- 복도가 개방식으로 되어 통풍구, 채광구, 통로에 의해 각 주호의 프라이버시가 침해되기 쉽다.
- 복도 개방시 외부에 대해 무방비 상태이므로 위험하다.
- 복도 폐쇄시 통풍, 채광이 불리해진다.
- 고층 아파트의 경우 난간을 높게 해야 한다.
- 공용면적이 커진다.

◈ 중복도형

편복도형과 유사하나 복도 양측에 주호를 배치하는 형식으로 축은 남북으로 배치하며, 도심지 독신자 아파트 등에 적합하다.

1. 장점
- 고층 초고층 아파트에 가장 유리하다. - 대지의 이용률이 높다. - 엘리베이터의 효율이 좋다.

2. 단점
- 프라이버시가 나쁘고 시끄럽다. - 통풍, 채광상 불리하다. - 복도의 면적이 많다.

- 개구부의 방향의 한정으로 인한 평면계획이 불리하다.

◈ 계단실형(홀형)

계단실이나 엘리베이터 홀로부터 직접 단위 주호로 들어가는 형식

1. 장점

- 주호내의 주거성과 독립성이 좋다.
- 동선이 짧으므로 출입이 편하다.
- 통해부의 면적이 적으므로 건물의 이용도가 높고, 전용면적비가 높아 경제적으로 유리하다.
- 각 단위 주거가 자연 조건 등에 균등한 방향으로 배치가 되어 일조, 풍량 등이 유리하다.

2. 단점

- 고층 아파트일 경우 각 계단실마다 엘리베이터를 설치해야 하므로 시설비가 많이 들며, 엘리베이터의 이용률이 낮아 비경제적이다.

◈ 집중형

엘리베이터, 계단 등을 중앙에 배치하고 그 주위에 각 주호를 집중시키는 형식

1. 장점

- 대지의 이용률이 가장 높고, 많은 주호를 집중시킬 수 있다.
- 가장 compact한 평면형으로 하기 쉬우므로 고층으로 할 때 구조, 공사비 면에서 유리하다.
- 중앙에 core 또는 그 주위에 설비를 집중시킬 수 있다.
- 세대별 규모 변화가 가능하다.

2. 단점

- 프라이버시가 극히 나쁘며 통풍, 채광상 극히 불리하다.
- 복도 부분의 환기 등의 문제점을 해결하기 위해 고도의 설비시설을 해야한다.

정답 ③

292. 주택의 각 실 공간계획에 대한 설명중 가장 옳지 않은 것은?

① 거실이 통로로서 사용되는 평면배치는 피한다.

② 식사실은 가족수 및 식탁배치에 따라 크기가 결정된다.

③ 부엌은 밝고, 관리가 용이한 곳에 위치시킨다.

④ 부부침실은 주간생활을 위하여 아동침실에 비해 밝고, 전망 좋은곳에 위치시킨다.

[해설]

◈ 침실계획

- 부부침실 : 단순한 침실 이외에 부부 생활을 위해 기밀성이 요구되며, 주부와 가장으로서의 독립성이 확보되어야 하고, 사적인 생활공간으로서 조용한 곳이어야 한다.
- 아동침실 : 공부방과 유희실을 겸하는 것이 좋으며 야간에는 취침할 수 있는 침실 공간이 필요하다.
- 노인침실 : 일조 및 통풍이 양호하고 전망 좋은 조용한 곳으로 한다.

정답 ④

293. 공동주택 주거단위의 평면형에서 L· D + K 형식이란 다음 중 어느 것인가?

① 거실과 부엌을 겸용으로 사용하고 식당이 별도로 있다.

② 부엌과 식당을 한 공간에서 사용하고 거실이 따로 있다.

③ 거실과 식당을 같이 사용하고 부엌을 따로 사용한다.

④ 부엌과 거실, 식당을 모두 겸용하는 형태이다.

[해설]

- L(Living) : 거실 - D(Dining) : 식사실 - K(Kitchen) : 부엌

L· D + K 형식(다이닝키친) - 식사실을 중심으로 단란한 생활형에 적합하다.

L· D는 동일실로 하고 K를 분리함.

정답 ③

294. 세계가족단체협회가 권장하고 있는 주택건축면적의 유효기준은 평균 얼마 이상인가?

① $8m^2$/인　② $10m^2$/인

③ $14m^2$/인　④ $16m^2$/인

[해설]

1. 세계가족단체협회가 권장하는 기준은 코로느 기준이다.

- 코로느 기준 : $16m^2$/인

2. 숑바르 드 로브의 주거기준

- 병리기준 : $8m^2$/인, 한계기준 : $14m^2$/인, 표준기준 : $16m^2$/인

정답 ④

295. 다음 중 아파트의 성립(成立)요소가 아닌 것은?

① 도시 생활자의 이동성　② 부지비, 건축비 등의 절약

③ 세대 인원의 증가　④ 도시 인구 밀도의 증가

[해설]

아파트는 도시 인구밀도의 증가로 인해 점점 세대가 많아지면서 공간의 활용을 유용하게 하기위해 만들어진 것이지 세대 인원의 증가로 인한 것은 아니다.

정답 ③

296. 근린주구 생활권의 주택지의 단위로서, 아파트의 경우 3~4층 건물1~2동의 규모로 어린이 놀이터가 중심이 되는 단위는?

① 근린분구　② 근린주구

③ 주호　④ 인보구

[해설]

인보구는 어린이 놀이터가 중심이 되는 단위이며, 아파트의 경우 3~4층 건물로서 1~2동이 해당된다.

정답 ④

297. 주택에서 두 실간의 직상하층 관계가 가장 좋은 것은?

① 하층 : 거실, 상층 : 침실 ② 하층 : 침실, 상층 : 욕실

③ 하층 : 기계실, 상층 : 거실 ④ 하층 : 침실, 상층 : 가사실

[해설]

동적 공간인 거실은 1층에 정적 공간인 침실은 2층에 배치하는 것이 적합하다.

정답 ①

298. 주거단지의 보행자 도로계획시 잘못된 것은?

① 최소폭은 3인이 부딪치지 않고 통과할 수 있도록 2.4m 이상 확보해야 한다.

② 도로폭 15m 이상시 보도가 필요하다.

③ 대규모 건축물의 입구가 직접 면하지 않도록 한다.

④ 보도는 블록내에서 단절되지 말아야 하며, 다른 시설들로부터 방해를 받지 말아야 한다.

[해설]

주거단지에서 도로 폭 10m 이상시 보도가 필요하다.

정답 ②

299. 주방과 식당이 한 실로 되어 있는 DK 형의 특징이 아닌 것은?

① 식사와 취침은 분리하지만, 단란은 취침하는 곳과 겹칠 수 있다.

② 소규모 주택형에 적합한 형식이다.

③ 식사실을 중심으로 단란한 생활형에 적합하다.

④ 거실 겸 침실은 전용되는 온돌방으로 하는 경우가 많다.

[해설]

식당과 부엌을 같이 만들어 편리하지만 개수대 등이 가깝게 있어 식탁의 분위기가 산만해지기 쉽고, 식사 준비를 할 때마다 연기와 냄새가 실내 공기를 탁하게 하는 결점이 있다. 단란한 생활보다는 편리한 생활형에 적합하다.

정답 ③

300. 한식주택과 양식주택을 비교한 내용으로 옳지 않은 것은?

① 한식주택은 좌식생활이며, 양식주택은 입식생활이다.

② 평면구성상 실을 한식은 용도에 따라 호칭하고, 양식은 위치에 따라 호칭한다.

③ 한식은 담장, 울타리가 높아지게 되며, 양식은 울타리가 거의 없어도 된다.

④ 한식은 양식에 비해 실의 융통성이 높다.

[해설]

평면구성상 각 실을, 한식은 위치에 따라 호칭하고 양식은 용도에 따라 호칭한다.

정답 ②

301. 리빙 키친(Living kitchen)의 가장 큰 이점은?

① 공사비가 절약된다.
② 주부의 동선이 단축된다.
③ 설비비가 절약된다.
④ 증축시 유리하다.

[해설]

리빙키친은 부엌과 거실이 하나로 결합된 것으로 가사 동선이 단축되고 공간의 이용률이 좋아진다.

정답 ②

302. 아파트의 계획에서 듀플렉스(duplex)형에 관한 기술 중 옳지 않은 것은?

① 엘리베이터의 정지 층수를 적게 할 수 있으므로 경제적이며 효율성을 높일 수 있다.

② 임대면적이 커지고 통로면적인 공용부분의 면적은 감소한다.

③ 복도가 없는 층은 남북면이 트여져 있으므로 좋은 평면구성이 가능하며 독립성이 가장 좋다.

④ 건물의 구조상 가장 간단하다.

[해설]

듀플렉스형은 주호를 2층 이상으로 공간을 구성해야 하기 때문에 구조상 간단하지 않다.

정답 ④

303. 공동주택 거주자의 가족구성이 다양하다는 점을 감안할 때 단위주호계획에서 가장 우선적으로 고려해야 하는 사항은?

① 거실의 독립성
② 침실의 독립성
③ 수납공간의 증대
④ 침실 면적의 증대

[해설]

거실은 가족생활의 중심 공간으로 거실의 독립성과 개방성을 고려해야 한다.

정답 ①

304. 주택의 방위와 실배치 관계에서 잘못된 것은?

① 동측은 아침햇살이 깊게 들어오므로 부엌 등과 같은 주부의 가사노동공간을 배치한다.

② 서측은 깊은 일조를 받으므로 건조실이나 갱의실 등을 배치하는 것이 바람직하다.

③ 남측에는 식당, 거실, 아동실 등을 배치한다.

④ 북측에는 일조가 필요하지 않은 현관, 도서관, 접견실 등을 배치한다.

[해설]

북측에는 하루종일 실내에 햇빛이 깊게 비치지 않아 겨울철에는 실내가 차갑고 하루종일 실내의 조도가 일정하다. 그렇기 때문에 주로 계단, 화장실, 중정, 창고 등을 배치한다.

정답 ④

305. 주택 현관의 위치를 결정하는 요소로 거리가 먼 것은?

① 도로와의 관계
② 대지의 형태
③ 방위
④ 정원과의 관계

[해설]

현관은 도로와의 관계, 방위, 대지 형태에 따라 위치가 결정된다.

정답 ④

306. 아파트건축의 평면 및 단면형식에 관한 설명 중 적당하지 않은 것은?

① 홀형은 프라이버시 보장이 잘되고 출입이 편하다.

② 편복도식은 각 호의 프라이버시의 해결에 난점이 있다.

③ 중복도형은 엘리베이터의 효율은 높으나 일조, 통풍에 난점을 낳기 쉽다.

④ 메조넷 형식은 각 주호의 프라이버시 보장은 높으나 주거단위 규모가 작은 경우에 적합하다.

[해설]

메조넷 형식은 공동주택의 형식중 하나이며 주거 단위규모가 클 때 적합하며, 소규모일 때 비효율적이다.

정답 ④

307. 다음 그림은 부엌에서의 삼각형(work traingle)을 나타낸 것이다. 설명 중 옳지 않은 것은?

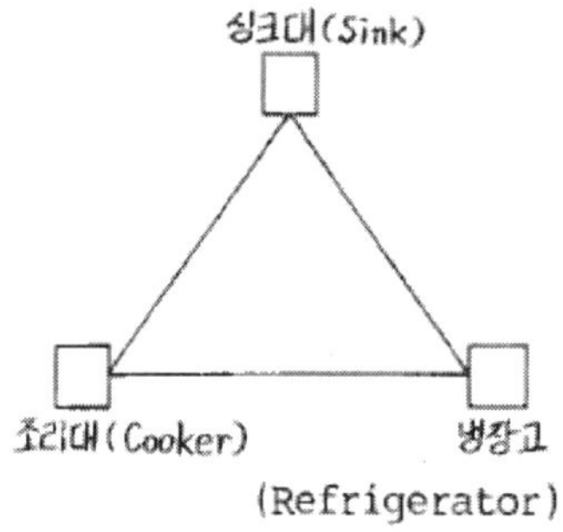

① 삼각형 세변 길이의 합이 짧을수록 효과적인 배치이다.

② 삼각형 세변 길이의 합은 3.6–6.6m 사이에서 구성하는 것이 좋다.

③ 싱크대와 조리대 사이의 길이는 1.2–1.8m가 가장적당하다.

④ 삼각형의 가장 짧은 변은 조리대와 냉장고 사이의 변이 되어야 한다.

[해설]

작업삼각형은 냉장고와 싱크대, 싱크대와 소리대 사이의 길이는 균등하게 1.2~1.8m 정도로 짧은 것이 좋다. 한변의 길이가 너무 길어지면 동선이 길어져 비효율적이다.

정답 ③

308. 주택 설계시 가장 기본이 되는 계획은?

① 입면계획　　② 평면계획

③ 배치계획　　④ 정원계획

[해설]

평면계획이란 건물전체의 형상, 각실의 크기와 위치, 상호 관계나 동선, 창이나 출입구 등의 위치를 계획하는 것이기 때문에 가장 기본이 되는 계획이다.

정답 ③

309. 식당과 부엌을 겸용하는 다이닝 키친의 가장 큰 이점은?

① 주부의 동선이 단축된다.　　② 공사비가 절약된다.

③ 증축시 편리하다.　　④ 평면계획이 자유롭다.

[해설]

다이닝 키친은 주방과 식탁을 겸한 것으로, 작업대와 식탁과의 거리가 짧아 시간과 노력이 절약되어 주부의 가사노동 동선의 단축 효과가 크다.

정답 ①

310. 독신자 아파트의 특징으로서 거리가 먼 것은?

① 단위플랜 자신의 면적이 극도로 절약되어 공용의 사교적 부분이 충분히 설치되어 있다.

② 단위플랜에 부엌을 설치한다.

③ 욕실은 공동으로 사용하는 것이 많다.

④ 단위플랜에 있어서는 거실 및 침실에 반침을 둔다.

[해설]

독신자 아파트의 경우 식사는 공용의 식당으로 하고 단위 플랜에는 부엌을 설치하지 않는다.

정답 ②

311. 아파트의 블럭플랜 결정조건으로 옳지 않은 것은?

① 각 단위평면이 2면 이상 외기에 접할 것

② 현관이 계단으로부터 15m 이내로 멀지 않을 것(홀형)

③ 설비공간의 배치는 어떠한 규칙성을 가질 것

④ 중요한 거실이 모퉁이에 배치되지 않을 것

[해설]

현관이 계단으로부터 6m 이내로 멀지 않을 것

정답 ②

312. 주택의 평면형에 따른 특징을 기술한 것 중 틀린 것은?

① 편복도형은 각 실의 자연조건은 균등하게 되나 건물의 길이가 길게 된다.

② 분리형은 다른 형에 비해 실내부에 고도의 설비와 짜임새가 있어야 된다.

③ 중복도형에서는 일반적으로 북측에 화장실이나 계단, 창고 등이 배치된다.

④ 중앙홀형은 면적을 집약적으로 계획할 수 있다.

[해설]

분리형은 거실이나 식당, 주방이 완전히 독립적으로 분리된 형식이다.

정답 ②

313. 공동주택 블록플랜의 결정조건 중 거리가 먼 것은?

① 각 단위평면이 2면 이상 외기와 접할 것

② 현관이 계단으로부터 멀지 않을 것 (6m 이내)

③ 설비공간의 배치가 어떤 규칙성에 준하며 경제성을 고려할 것

④ 동선이 단순하고 혼란치 않을 것

[해설]

4번은 단위플랜(unit plan)의 결정조건에 속하는 내용이다.

정답 ④

314. 세계 가족단체 협회가 권장하는 코로느(cologne) 기준 및 숑바르 드 로브(Chombard de Lawve)의 기준에 의한 1인당 주거면적의 표준치는 어느 정도인가?

① $8m^2$ ② $14m^2$

③ $16m^2$ ④ $20m^2$

[해설]

◈ 숑바르 드 로브의 주거기준

\- 병리기준 : $8m^2$ - 한계기준 : $14m^2$ - 표준기준 : $16m^2$

정답 ③

315. 한식에서는 좌식의 특징, 양식에서는 입식의 특징을 갖고 있다. 차이가 발생하는 근본적인 원인은?

① 구조 ② 사용연료

③ 습도 ④ 난방법

[해설]

생활습관 중 좌식과 입식은 온돌과 침대의 사용에서 오는 관계이다.

정답 ④

316. 주택의 평면계획에 관한 기술중 적합하지 않은 것은?

① 도로의 위치와 방위를 고려해서 현관의 위치를 결정한다.

② 학생용 침실의 침대는 일조 채광상 가급적 창가에 배치한다.

③ 부엌은 그 사용시간이 길므로 동남쪽 또는 남쪽에 배치하는 것도 무방하다.

④ 다용도실은 부엌에 가깝게 배치하는 것이 좋다.

[해설]

학생용 침실의 침대배치시 침대상부 머리쪽은 외벽에 면하여 배치하며, 창가는 피한다.

정답 ②

317. 집합주택의 형식에 대한 설명 중 옳지 않은 것은?

① 테라스하우스(terrace house)는 각세대마다 테라스를 갖는 연립주택의 일종이다.

② 플랫 시스템(flat system)은 각세대가 단층형으로 된 것이다.

③ 발코니 시스템(balcony system)은 중복도 형식으로 저층에 알맞다.

④ 매조네트 시스템(maisonnette system)은 각세대가 2층 이상으로 구성된 형식이다.

[해설]

발코니 시스템은 중복도 형식이 아닌 편복도 형식으로 고층 아파트의 경우에 경제적이다.

정답 ③

318. 편복도형 고층 아파트에서 이웃간의 친교형성을 위한 장소로서 가장 적당한 곳은?

① 주동 현관 ② 단위주호내 거실

③ 계단실 ④ 발코니

[해설]

편복도형은 각 단위세대가 통로에 면하고 있어 주동 현관에서 이웃 간의 친교형성을 하기가 가장 적당하다.

정답 ①

319. 주택의 침실계획에 관한 설명 중 적당하지 못한 것은?

① 침실의 출입문을 열었을 때 직접 침대가 보이지 않게 하고 출입문은 안여닫이로 한다.

② 아동침실은 정신적으로나 육체적인 발육에 지장을 주지 않도록 안전성 확보에 비중을 둔다.

③ 노인실은 다른 가족들과 생활주기가 크게 다르므로 공동생활영역에서 완전히 독립 배치시키는 것이 좋다.

④ 객용침실은 소규모 주택에서는 고려하지 않아도 되며 소파베드 등을 이용해서 처리한다.

[해설]

노인실은 노약자를 배려하여 화장실, 욕실 등과 가까운 곳에 노인 침실을 배치하여야 한다.

정답 ③

320. 고리형이라고도 하며 통과교통은 없으나 사람과 차량의 동선이 교차된다는 문제점이 있는 중택단지의 접근도로 유형은?

① T자형 ② 루프형(Loop)

③ 격자형(Grid) ④ 막다른 도로형(Cul-de-sac)

[해설]

► 쿨드삭의 결점을 개량해 만든 패턴이다. 쿨드삭과 같이 통과교통이 없기 때문에 주거환경 안전성은 확보되나 도로율이 높아지는 단점이 있다.

정답 ②

제 12 장

학교건축

1. 다음 중 초등학교 저학년에 가장 적당한 학교운영방식은?

① 일반교실, 특별교실형(U+V형)　　② 교과교실형(V형)

③ 종합교실형(U형)　　④ 플라툰형(P형)

[해설]

- 종합교실형(U형) : 저학년
- 종합교실형, 특별 교실형(U*V형) : 고학년

정답 ③

2. 학교건축에서 단층교사에 관한 설명으로 옳지 않은 것은?

① 재해시 피난이 용이하다.

② 학습활동의 실외 연장이 가능하다.

③ 구조계획이 단순하며, 내진 · 내풍 구조가 용이하다.

④ 집약적인 평면계획이 가능하나 채광 · 환기가 불리하다.

[해설]

단층교사는 채광 및 환기에 유리하다.

정답 ④

3. 1주간 평균 수업시간이 35시간인 어느 학교에서 미술실의 사용 시간이 25시간이다. 미술실 사용 시간 중 20시간은 미술수업에 사용되며, 5시간이 학급토론수업에 사용된다면, 교실의 순수율은?

① 20%　　② 29%

③ 71%　　④ 80%

[해설]

순수율 = 일정한 교과를 위해 사용되는 시간 / 그 교실이 사용되고 있는 시간 × 100(%)

= 20/25*100(%) = 80 %

정답 ④

4. 1주간의 평균 수업시간이 35시간인 어느 학교에서 음악교실이 사용되는 시간은 25시간이다. 그 중 15시간은 음악시간으로 10시간은 영어 수업을 위해 사용된다면, 음악교실의 이용률과 순수율은 얼마인가?

① 이용률 : 60%, 순수율 : 71%　　② 이용률 : 40%, 순수율 : 29%

③ 이용률 : 29%, 순수율 : 40%　　④ 이용률 : 71%, 순수율 : 60%

[해설]

- 이용률 = 교실이 사용되고 있는 시간/1주간의 평균 수업시간 × 100(%)
  = 25/35×100(%) = 71.4%
- 순수율 = 일정한 교과를 위해 사용되는 시간 / 그 교실이 사용되고 있는 시간 × 100(%)
  = 15/25×100(%) = 60%

정답 ④

5. 초등학교의 강당 및 실내체육관 계획에 관한 설명으로 옳지 않은 것은?

① 체육관은 농구코트를 둘 수 있는 크기가 필요하다.

② 강당과 체육관을 겸용할 경우에는 체육관을 주체로 계획한다.

③ 강당은 반드시 전교생 전원을 수용할 수 있도록 크기를 결정한다.

④ 강당과 체육관을 겸용하게 되면 시설비나 부지면 적을 절약할 수 있다.

[해설]

강당은 일반적으로 전교생의 집회, 행사를 하는 장소로서 이 행사는 자주 있는 것이 아니므로 반드시 전원을 수용할 수 있도록 크기를 결정하지는 않는다.

정답 ③

6. 전학급을 2분단으로 하고, 한 쪽이 일반교실을 사용할 때 다른 분단은 특별교실을 사용하는 형태의 학교운영방식은?

① 달톤형(D형) ② 플래툰형(P형)

③ 종합교실형(U형) ④ 교과교실형(V형)

[해설]

플래툰형(P형)은 각 학급을 2분단으로 나누어 한 쪽이 일반교실을 사용할 때, 다른 한쪽은 특별교실을 사용한다. 미국의 초등학교에서 과밀화 해결을 위해 실시한 것이다.

정답 ②

7. 학교건축에서 블록플랜에 관한 설명으로 옳지 않은 것은?

① 관리부분의 배치는 전체의 중심이 되는 곳이 좋다.

② 클러스터형이란 복도를 따라 교실을 배치하는 형식이다.

③ 초등학교는 학년단위로 배치하는 것이 기본적인 원칙이다.

④ 초등학교 저학년은 될 수 있으면 1층에 있게 하며, 교문에 근접시킨다.

[해설]

클러스터형은 여러 개의 교실을 소단위별로 분리하여 배치한 것

정답 ②

8. 다음과 같은 조건에 있는 어느 학교 설계실의 순수율은?

- 설계실 사용시간 : 20시간 - 설계실 사용시간 중 설계실기수업 시간 : 15시간 - 설계실 사용시간 중 물리이론수업 시간 : 5시간

① 25% ② 33%

③ 67% ④ 75%

[해설]

순수율 = 일정한 교과를 위해 사용되는 시간 / 그 교실이 사용되고 있는 시간 × 100(%)
= 15 /20 × 100 = 75%

정답 ④

9. 학교건축에서 단층교사에 관한 설명으로 옳지 않은 것은?

① 재해 시 피난상 유리하다.

② 채광 및 환기가 유리하다.

③ 학습활동을 실외로 연장할 수 있다.

④ 구조계획이 복잡하나 대지의 이용률이 높다.

[해설]

단층교사는 구조계획이 단순하고 내진, 내풍구조가 용이하다.

정답 ④

10. 학교운영방식에 관한 설명으로 옳지 않은 것은?

① 달톤형은 하나의 교과에 출석하는 학생수가 정해져 있지 않다.

② 교과교실형은 각 교과교실의 순수율은 높으나 학생의 이동이 심하다.

③ 플래툰형은 적당한 시설이 없어도 실시가 용이하지만 교실의 이용률은 낮다.

④ 종합교실형은 초등학교 저학년에 적합하며 가정적인 분위기를 만들 수 있다.

[해설]

플래툰형의 장점으로는 E형 정도로 이용률을 높이면서 동시에 학생을 이동을 정리할 수 있고, 교과담임제와 학급담임제를 병용할 수 있다. 단점으로는 교사수가 부족할 때나 적당한 시설물이 없으면 설치하지 못하며, 시간을 배당하는데 상당한 노력이 필요하다.

정답 ③

11. 초등학교 저학년에 가장 알맞은 학교 운영방식은?

① 플래툰형(P형) ② 종합교실형(U형)

③ 교과교실형(V형) ④ 일반교실, 특별교실형(U+V형)

[해설]

- U형(종합교실형) : 저학년 - U*V형(종합교실형, 특별 교실형) : 고학년

정답 ②

12. 학교건축의 교사(校舍) 배치형식 중 분산병렬형에 관한 설명으로 옳은 것은?

① 소규모 대지에 적용이 용이하다.

② 화재 및 비상시 피난에 불리하다.

③ 구조계획이 복잡하고 규격형의 이용이 불가능하다.

④ 일조, 통풍 등 교실의 환경조건을 균등하게 할 수 있다.

[해설]

◈ 분산병렬형의 장점 :

- 일조 통풍 등 교실의 환경조건이 균등하다.
- 구조 계획이 간단하고 규격형의 이용이 편리하다.
- 각 건물사이에 놀이터와 정원이 생겨 생활환경이 좋아진다.

정답 ④

13. 학교운영방식 중 오픈스쿨(open school)에 관한 설명으로 옳지 않은 것은?

① 초등학교 저학년이나 유치원에 적응이 가능하다.

② 교원수가 많지 않아도 되며, 시설의 제약조건이 거의 없다.

③ 학급단위의 수업을 부정하고 개인의 능력과 자질에 따라 편성한다.

④ 다양한 학습에 대처할 수 있는 개방적이고 융통성 있는 공간계획이 필요하다.

[해설]

오픈 스쿨(open school)은 타 운영방식에 비해 교사수가 많이 필요하다.

정답 ②

14. 학교의 배치형식 중 분산병렬형에 관한 설명으로 옳지 않은 것은?

① 구조계획이 간단하다.

② 일조, 통풍 등 교실의 환경조건이 균등하다.

③ 각 건물 사이에 놀이터와 정원이 생겨 생활환경이 좋아진다.

④ 편복도로 할 경우 복도면적을 많이 차지하지 않아 유기적인 구성을 취하기가 용이하다.

[해설]

편복도로 할 경우 복도면적이 커지고 길어지며, 단조로워 유기적인 구성을 취하기가 어렵다.

정답 ④

15. 음악실이 주당 28시간 사용되고 있는 중학교에서 1주 간의 평균 수업시간은? (단, 음악실의 이용률은 80%임)

① 22시간 ② 23시간

③ 34시간 ④ 35시간

[해설]

- 교실의 이용률 = 교실이 사용되고 있는 시간 / 1주간의 평균수업시간
- 1주간의 평균수업시간 = 교실이 사용되고 있는 시간 / 교실의 이용률 = 28 / 0.8 = 35시간

정답 ④

16. 학교 운영방식에 관한 설명으로 옳지 않은 것은?

① 종합교실형은 초등학교 고학년에 가장 적합한 형식이다.

② 플라톤형은 각 학급을 2분단으로 나누어 운영하는 방식이다.

③ 교과교실형은 모든 교실이 특정교과 때문에 만들어지며 일반교실은 없다.

④ 달톤형은 학급과 학생의 구분을 없애고, 학생들의 능력에 맞게 교과를 선택하여 운영하는 방식이다.

[해설]

◈ 종합교실형(U형) : 교실수는 학습수에 일치하고, 각 학급은 자기의 교실ㄹ 내에서만 모든 교과를 행한다.

- 장점 : 학생의 이동은 전혀 없다. 각 학급에 관계없이 각 학급마다 가정적 분위기를 만들 수 있다. 교실의 이용률이 높다.
- 단점 : 시설 정도가 낮을 경우가 낮을 경우에는 가장 빈약한 보기로 되고, 특히 초등학교 고학년 이상에는 무리가 있다.

정답 ①

17. 학교의 운영방식에 관한 설명으로 옳지 않은 것은?

① 종합교실형(A형)은 초등학교 저학년에 권장되는 운영방식이다.

② 교과교실형(V형)은 각 교과에 순수율이 높은 교실이 주어진다.

③ 플라톤형(P형)은 학급, 학년을 없애고 학생들이 각자 능력에 따라서 교과를 택한다.

④ 일반교실 · 특별교실형(U · V형)은 우리나라 중 · 고등학교에서 가장 많이 이용되고 있다.

[해설]

◈ 플라톤형(P형)

전학급을 2분단으로 나누고, 한편이 일반교실을 사용할 때 다른 한편은 특별교실을 이용한다. 일반 교실에 있는 동안은 이동하지 않는다. 분단 교체는 점심시간을 이용하도록 시간을 짜는 것이 좋다.

정답 ③

18. 학교건축의 교실 배치 유형 중 클러스터형을 가장 올바르게 설명한 것은?

① 교실을 1층에만 배치하는 방법

② 복도를 따라 교실을 배치하는 방법

③ 일반교실과 특별교실을 섞어 배치하는 방법

④ 교실을 소규모 단위로 분할하여 배치하는 방법

[해설]

◈ 특수한 배치 방식

1. 엘보 엑세스형 : 복도를 교실에 떨어지게 배치하여 교시에 접근시 연결통로를 통하여 ㄱ자형으로 꺾어서 접근하는 방식
2. 클러스터형 : 여러 개의 교실을 소단위별로 그루핑 하여 배치하는 형식

장점) – 학습의 순수율이 높다.
– 각 교실이 외부와 접하는 면적이 많다.
– 교실간의 간섭 및 소음이 적다.
– 학년 단위, 교실 단위의 독립성이 크다.
– 마스터플랜의 융통성이 커서 시각적으로 보기가 좋다.

정답 ④

19. 학교건축에 관한 설명으로 옳지 않은 것은?

① 체육관은 표준적으로 농구코트를 둘 수 있는 크기가 필요하다.

② 일반적으로 교실채광은 칠판을 향해 좌측채광을 원칙으로 한다.

③ 강당과 체육관을 겸용할 경우 강당의 목적에 치중하여 계획하는 것이 좋다.

④ 다목적 교실은 여러 가지 목적에 맞는 융통성 있는 공간으로서의 성격을 갖는다.

[해설]

– 강당 겸 체육관

학교의 실내체육관은 장축을 동서로 잡고 남북으로부터 채광을 하며, 창은 실내 측에 철망을 붙이고 천장을 둔다. 샤워 수는 체육 학급 3~4를 1개로 표준으로 한다. 강당 겸 체육관은 체육관으로서 사용 빈도가 높으므로 체육관 위주로 계획한다. 강당 겸 체육관인 경우 벽, 천장, 바닥, 마감재료 등을 양자의 목적에 가능하도록 유의해야 한다.

정답 ③

20 학교운영방식 중 종합교실형에 관한 설명으로 옳은 것은?

① 초등학교 저학년에 적당한 형이다.

② 각 교과에 순수율이 높은 교실이 주어진다.

③ 모든 교실이 특정 교과를 위해 만들어진다.

④ 학생의 이동이 많고 이동시 혼란의 발생 소지가 많다.

[해설]

◈ 종합교실형(U형)

교실수는 학습수에 일치하고, 각 학급은 자기의 교실 내에서만 모든 교과를 행한다.

- 장점

학생의 이동은 전혀 없다. 각 학급에 관계없이 각 학급마다 가정적 분위기를 만들 수 있다. 교실의 이용률이 높다.

- 단점

시설 정도가 낮을 경우가 낮을 경우에는 가장 빈약한 보기로 되고, 특히 초등학교 고학년 이상에는 무리가 있다.

정답 ①

21. 학교건축에서 변화에 유연하게 대응하기 위한 방법으로 적절한 것은?

① 특별교실의 분산배치
② 다목적성을 가진 오픈 플랜
③ 안전을 고려한 습식구조 벽체
④ 교과별 특별교실의 적극도입

[해설]

학교 건축에서 융통성이 요구되는 원인과 해결 방법은 다음과 같다.

원 인	해결 방법
확장에 대한 융통성	칸막이의 변경
광범위한 교과 내용의 변화에 대응할 수 있는 융통성	융통성 있는 교실의 배치 : 배치상 특별교실군을 일단에 배치한다.
학교운영방식이 변화하는데 대응할 수 있는 융통성	공간의 다목적성 : 평면 계획상 교과내용의 변화에 대응하게 한다.

정답 ②

22. 학교건축에서 다층교사에 관한 설명으로 옳지 않은 것은?

① 집약적인 평면계획이 가능하다.
② 학년별 배치, 동선 등에 신중한 계획이 요구된다.
③ 시설의 집중화로 효율적인 공간 이용이 가능하다.
④ 구조계획이 단순하며, 내진 및 내풍 구조가 용이하다.

[해설]

◈ 단층 교사

- 학습 활동을 실외에 연장할 수 있다. - 채광 및 환기에 유리하다.
- 계단을 오르내릴 필요가 없으므로 재해시 피난상 유리하다.
- 개개의 교실에서 밖으로 직접 출입할 수 있으므로 복도가 혼잡하지 않다.
- 소음이 큰 작업, 화학약품의 악취 등을 격리시키기 좋다. - 내진, 내풍구조가 용이하다.

◈ 다층교사

- 전기, 급배수, 난방 등의 배선, 배관을 집약할 수 있다.
- 치밀한 평면 계획을 할 수 있다. - 대지의 이용률이 높다.

정답 ④

23. 학교운영방식에 관한 설명으로 옳지 않은 것은?

① 종합교실형은 초등학교 저학년에 대해 가장 권장할 만한 형이다.

② 플래툰형은 교사의 수와 적당한 시설이 없으면 실시가 곤란하다.

③ 교과교실형에서는 일반교실이 각 학년에 하나씩 할당되고, 그 외에 특별교실을 가진다.

④ 달톤형은 학급, 학생 구분을 없애고 학생들은 각자의 능력에 맞게 교과를 선택하는 방식이다.

[해설]

◈ 교과교실형(v형) : 모든 교실이 특정한 교과를 위해 만들어지고 일반교실은 없다.

- 장점 : 각 교과에 순수율이 높은 교실이 주어져 시설의 활용도가 높게 된다.
- 단점 : 학생의 이동이 심하다. 순수율을 100%로 하는 한 이용률이 반드시 높다고 할 수 없다.

정답 ③

24. 학교건축에서 교실의 채광 및 조명에 관한 설명으로 옳지 않은 것은?

① 책상면의 조도가 칠판면의 조도보다 높게 한다.

② 교실 채광은 일조시간을 길게 확보할 수 있는 방위를 선택한다.

③ 1방향 채광일 경우 직사광보다는 반사광이 균일한 조도 확보에 유리하다.

④ 교실에 비치는 빛은 칠판을 향해 있을 때 좌측에서 들어오는 것이 일반적이다.

[해설]

◈ 교실의 채광 및 조명

- 조명은 실내에 음영이 생기지 않게 칠판의 조도가 책상면의 조도보다 높아야 한다.
- 자연채광일 때에는 일조시간이 긴 방위를 택하고, 한 방향 채광일 때에는 실내 깊은 곳까지 고른 조도가 얻어지도록 해야 한다.
- 채광창의 유리 면적은 교실면적의 1/4이 적당하며, 최저 1/5 이하가 되지 않도록 한다.

정답 ①

25. **학교건축의 배치 유형 중 분산병렬형에 관한 설명으로 옳지 않은 것은?**

① 구조계획이 간단하다.

② 좁은 대지에 적용이 용이하다.

③ 건축물간의 유기적 구성이 어렵다.

④ 일조, 통풍의 환경조건을 균등하게 할 수 있다.

[해설]

◈ 분산병렬형(핑거 플랜)

- 일조, 통풍 등 환경조건이 균등
- 구조 계획이 간단하고 구격형의 이용에 편리
- 각 건물 사이는 놀이터와 정원으로 이용이 가능
- 넓은 대지를 필요로 한다.
- 편복도일 경우 복도 면적이 너무 크고 단조롭다.
- 건물간의 유기적인 구성이 어렵다.

정답 ②

26. **학교건축의 배치계획에 관한 설명으로 옳지 않은 것은?**

① 교사의 방위는 상풍향을 고려하여 결정하는 것이 바람직하다.

② 학교 행정 및 지원 시설은 학생등 동선에 지장이 없도록 중심부에 위치시킨다.

③ 교사의 위치는 평지가 아니라도 운동장보다 약간 높은 곳에 위치하는 것이 좋다.

④ 남북 방향으로 긴 대지가 동서 방향으로 긴 대지에 비해 교사의 남향 배치에 유리하다.

[해설]

- 남북 방향으로 긴 대지는 동서방향이 짧으므로 교사를 남향배치 하는데 유리하지 않음.
- 동서 방향으로 긴 대지가 남쪽방향의 교사를 배치해야 유리함.

정답 ④

27. **학교운영방식에 관한 설명으로 옳지 않은 것은?**

① 종합교실형은 초등학교 저학년에 가장 적당한 형이다.

② 교과교실형에서 각 교과교실은 이용률은 높으나 순수율은 낮다.

③ 플래툰형은 교사수 및 시설이 부족하거나 적당하지 않으면 운영이 불가능하다.

④ 달톤형은 학급 및 학년을 없애고 학생들은 각자의 능력에 따라서 교과를 골라 수강하는 형식이다.

[해설]

◈ 교과교실형 – 전용교실 없이 특별교실만 운영하므로 각 시설의 이용률이 높으나 학생의 이동이 심해 동선이 교차될 경우가 많음

정답 ②

28. 학교건축에서 블록플랜에 관한 설명으로 옳지 않은 것은?

① 관리부분의 배치는 전체의 중심이 되는 곳이 좋다.

② 클러스터형이란 복도를 따라 교실을 배치하는 형식이다.

③ 초등학교는 학년단위로 배치하는 것이 기본적인 원칙이다.

④ 초등학교 저학년은 될 수 있으면 1층에 있게 하며, 교문에 근접시킨다.

[해설]

◈ 클러스터형 – 교실을 소단위로 분할하는 방법으로 일반교실의 양 끝에 특별교실을 배치하는 방법

정답 ②

29. 학교의 운영 방식 중 하나의 교실에서 모든 교과수업을 행하는 방식으로 초등학교 저학년에 가장 적합한 것은?

① 달톤형
② 플래툰형
③ 종합교실형
④ 교과교실형

[해설]

종합교실형은 초등학교 저학년에 적합한 형식으로 이용률은 가장 높지만 순수율이 낮아져 교육의 질이 떨어질 수 있다. 교실 수는 학급 수와 동일하며, 모든 교과수업이 하나의 교실에서만 이루어진다.

정답 ③

30. 다음과 조건에 있는 어느 학교 설계실의 순수율은?

· 설계실 사용시간 : 20시간 · 설계실 사용시간 중 설계실기수업 시간 : 15시간 · 설계실 사용시간 중 물리이론수업 시간 : 5시간

① 25%
② 33%
③ 67%
④ 75%

[해설]

순수율 = 일정한 교과를 위해 사용되는 시간 / 그 교실이 사용 되는 시간 / × 100(%)
따라서, 15 / 20 × 100 = 75% 이다.

정답 ④

31. 교사의 배치 방법 중 분산병렬형에 관한 설명으로 옳지 않은 것은?

① 구조계획이 간단하다.

② 놀이터와 정원이 생긴다.

③ 교실의 환경조건이 균등해진다.

④ 넓은 부지를 필요로 하지 않는다.

[해설]

- 일종의 핑거플랜(finger plan) 유형
- 일조, 통풍 등 환경조건이 균등하다.
- 구조계획이 간단하다.
- 격자/규격형의 적용 및 이용이 편리하다.
- 각 교사의 사이공간은 놀이터와 정원으로 이용가능
- 넓은 부지가 필요하다.
- 편복도일 경우 복도면적이 너무 크고 단조로워서 유기적 구성이 어렵다.

정답 ④

32. 학교건축에서 단층교사의 이점이 아닌 것은?

① 재해시 피난이 용이하다.

② 채광 및 환기에 유리하다.

③ 학습활동을 실외에 연장할 수가 있다.

④ 전기, 급배수, 난방 등을 위한 배선 · 배관의 집약이 용이하다.

[해설]

◈ 단층교사

- 재해시 피난이 용이하다.
- 외부에서 교실로 직접 출입이 가능해 학습 활동의 실외 연장이 가능하다.
- 외부로 출입계획이 가능해 공용면적의 감소 및 복도가 혼잡하지 않다.
- 채광과 환기가 유리하다.
- 구조계획이 단순하고 내진, 내풍구조가 용이하다.

► 전기, 급배수, 난방 등을 위한 배선, 배관의 집약이 용이 한 것은 다층 교사이다.

정답 ④

33. 다음 설명에 알맞은 학교운영방식은?

> · 초등학교 저학년에 대해 가장 권장할 만한 형식이다.
> · 교실의 수는 학급수와 일치하며, 각 학급의 스스로의 교실 안에서 모든 교과를 행한다.

① 달톤형　　② 플래툰형
③ 종합교실형　　④ 교과교실형

[해설]
종합교실형은 초등학교 저학년에 적합한 형식으로 이용률은 가장 높지만 순수율이 낮아져 교육의 질이 떨어질 수 있다. 교실 수는 학급 수와 동일하며, 모든 교과수업이 하나의 교실에서만 이루어진다.

정답 ③

34. 학교운영방식 중 플래툰형에 관한 설명으로 옳은 것은?

① 모든 교실이 특정교과를 위해 만들어지고 일반교실은 없다.
② 전학급을 양분화하여 한 쪽이 일반교실을 사용할 때 다른 편은 특별교실을 사용한다.
③ 학급과 학년을 없애고 학생들은 각자의 능력에 따라서 교과 선택을 한다.
④ 교실의 수는 학급수와 일치하며, 각 학급은 스스로의 교실 안에서 모든 교과를 행한다.

[해설]
► 플래툰형은 전학급을 2분단으로 나누고 1개 분단이 일반교실을 사용, 다른 분단이 특별교실을 사용하는 형식이다.

정답 ②

35. 1주간의 평균 수업시간이 35시간인 어느 학교에서 제도실이 사용되는 시간이 1주에 28시간이며, 이 중 10시간은 구조 강의를 위해 사용된다면, 제도실의 이용률과 순수율은 각각 얼마인가?

① 이용률 : 80%, 순수율 : 35.7%　　② 이용률 : 80%, 순수율 : 64.3%
③ 이용률 : 51.4%, 순수율 : 35.7%　　④ 이용률 : 51.4%, 순수율 : 64.3%

[해설]
- 교실의 이용률 = 교실이 사용되는 시간 / 1주일동안의 평균수업시간 × 100(%)
　= 28/35 × 100(%) = 80%
- 교실의 순수율 = 일정한 교과를 위해 사용되는 시간 / 일정한 교과를 위해 사용되는시간 × 100(%)
　= 28−10 / 28 × 100 = 64.3%

정답 ②

36. 학교의 교사배치형식 중 폐쇄형에 관한 설명으로 옳지 않은 것은?

① 일조, 통풍 등의 환경적 조건이 불리하다.

② 교사 주변에 활용되지 않는 부분이 발생한다.

③ 별도의 피난통로를 만들지 않으면 화재 및 비상시에 불리하다.

④ 일종의 핑거 플랜으로 구조계획이 간단하고 규격형의 이용도 편리하다.

[해설]

◈ 폐쇄형

- 과거의 일반적인 형식이다.
- 대지의 효율적인 이용이 가능하다.
- 화재 및 비상시에 불리하다.
- 남쪽에 운동장을 확보하고 북쪽에서 ㄱ자형을 건축하기 시작하여 L자형, □자형으로 연결 구성하여 완결시켜 가는 형식이다.
- 운동장에서 교실로 소음이 발생한다.
- 교사주변에 활용되지 않는 부분이 발생한다.
- 일조, 통풍, 채광 등 조건이 불균등하다.

► 일종의 핑거플랜으로 구조계획이 간단하고 규격형의 이용이 편리한 것은 분산병렬형이다.

정답 ④

37. 초등학교 저학년에 대해 가장 권장되는 학교운영방식은?

① 달톤형 ② 플래툰형 ③ 교과교실형 ④ 종합교실형

[해설]

종합교실형은 초등학교 저학년에 적합한 형식으로 이용률은 가장 높지만 순수율이 낮아져 교육의 질이 떨어질 수 있다.

정답 ④

38. 학교건축의 배치유형 중 분산병렬형에 관한 설명으로 옳지 않은 것은?

① 구조계획이 간단하다.

② 일조, 통풍의 환경조건이 균등하다.

③ 대지 면적이 클 경우에는 적용이 곤란하다.

④ 각 교사건축물 사이의 공간을 놀이터 및 정원으로 이용 할 수 있다.

[해설]

◈ 분산병렬형

- 일종의 핑거플랜(finger plan) 유형
- 일조, 통풍 등 환경조건이 균등하다.
- 구조계획이 간단하다.
- 격자/규격형의 적용 및 이용이 편리하다.
- 각 교사의 사이공간은 놀이터와 정원으로 이용가능
- 넓은 대지가 필요하다.
- 편복도일 경우 복도면적이 너무 크고 단조로워서 유기적 구성이 어렵다.

► 분산병렬형은 대지가 커야 한다.

정답 ③

39. 학교운영방식 중 종합교실형에 관한 설명으로 옳지 않은 것은?

① 교실의 이용률이 높다.

② 교실의 순수율이 높다.

③ 초등학교 저학년에 대하여 가장 적당한 형이다.

④ 학생의 이동을 최소한으로 할 수 있고 학급마다 가정적인 분위기를 만들 수 있다.

[해설]

- 종합교실형은 이용률은 가장 높지만 순수율이 가장 낮아져 교육의 질이 떨어질 수 있다.

정답 ②

40. 학교건축의 교실 배치 유형 중 클러스터형을 가장 올바르게 설명한 것은?

① 교실을 1층에만 배치하는 방법

② 복도에 따라 교실을 배치하는 방법

③ 일반교실과 특별교실을 섞어 배치하는 방법

④ 교실을 소규모 단위로 분할하여 배치하는 방법

[해설]

◈ 클러스터형

- 교실을 소단위군으로 분할 배치하는 방식이다.
- 교실간 소음이 적고 교실단위의 독립성 확보가 가능하다.
- 대규모의 교지가 요구되며 관리 및 운영비가 증가된다.
- 교실블록과 관리, 사무블록간의 동선이 길어지는 단점이 있다.

정답 ④

41. 학교의 음악교실계획에 관한 설명으로 옳지 않은 것은?

① 강당과 연락이 쉬운 위치가 좋다.

② 적당한 잔향시간을 가질 수 있도록 한다.

③ 실은 밝게 하는 것이 음악적으로 좋은 분위기가 될 수 있다.

④ 옥내운동장이나 공작실과 가까이 배치하여 유기적인 연결을 꾀한다.

[해설]

◈ 음악실

- 음악교실, 교사준비실, 그룹 및 개인 연습실 등으로 구성할 수 있다.
- 적당한 잔향시간을 위해 반사재와 흡음재를 적절하게 사용 한다
- 강당과 근접한 위치가 좋고 방음처리가 중요하다.
- 외부창문에 차음을 위한 루버를 설치하는 것이 좋다.

정답 ④

42. 1주일간의 평균 수업시간이 40시간인 어느 학교에서 설계제도실이 사용되는 시간은 16시간이다. 그중 4시간은 미술수업을 위해 사용된다면, 설계제도 실의 이용률은?

① 10% ② 25% ③ 40% ④ 80%

[해설]

이용률 = 교실이 사용되고 있는 시간 / 1주간의 평균 수업시간 × 100(%)
따라서 16/40 × 100 = 40% 이다.

정답 ③

43. 학교건축에서 교사의 배치 방법 중 분산병렬형에 관한 설명으로 옳지 않은 것은?

① 일종의 핑거 플랜(finger plan)이다.

② 일조, 통풍 등 교실의 환경 조건이 균등하다.

③ 구조계획이 간단하며, 규격형의 이용이 편리하다.

④ 대지의 효율적 이용이 가능하므로 소규모 대지에 적용이 용이하다.

[해설]

◈ 분산병렬형

- 일종의 핑거플랜(finger plan) 유형
- 일조, 통풍 등 환경조건이 균등
- 구조계획이 간단하다.
- 격자/규격형의 적용 및 이용이 편리하다.
- 각 교사의 사이공간은 놀이터와 정원으로 이용가능
- 넓은대지가 필요하다.
- 편복도일 경우 복도면적이 너무 크고 단조로워서 유기적 구성이 어렵다.

► 대지의 효율적 이용이 가능한 것은 폐쇄형이다.

정답 ④

44. 다음과 같은 특징을 갖는 학교 운영방식은?

- 하나의 교실에서 모든 교과수업을 행하는 방식이다. - 초등학교 저학년에 가장 적합하다.

① 달톤형 ② 플래툰형

③ 종합교실형 ④ 교과교실형

[해설]

종합교실형은 초등학교 저학년에 적합한 형식으로 이용률은 가장 높지만 순수율이 낮아져 교육의 질이 떨어질 수 있다. 교실 수는 학급수와 동일하며, 모든 교과수업이 하나의 교실에서만 이루어진다.

정답 ③

45. 학교 건축에서 다층교사에 관한 설명으로 옳지 않은 것은?

① 집약적인 평면계획이 가능하다.

② 학년별 배치, 동선 등에 신중한 계획이 요구된다.

③ 시설의 집중화로 효율적인 공간 이용이 가능하다.

④ 구조계획이 단순하며, 내진 및 내풍구조가 용이하다.

[해설]

다층교사는 대지 이용률이 높고 시설의 집중화로 공간이용이 효율적이고, 복도, 동선, 학년 배치 등에 신중한 계획이 요구된다. 저학년은 1층, 고학년은 2층 이상에 배치하는 것이 원칙이다. 전기 및 급배수, 난방 등의 배선, 배관을 집약 배치할 수 있다.

► 구조계획이 단순하고 내진 및 내풍구조가 용이한 것은 단층 교사이다.

정답 ④

46. 학교 건축에서 교실의 배치유형에 관한 설명으로 옳지 않은 것은?

① 클러스터형은 학급단위의 명확한 독립성 확보가 불가능하다.

② 엘보우형은 학습의 순수율이 높으며, 일조 및 통풍 조건이 양호하다.

③ 클러스터형은 교실블록과 관리블록 간의 동선이 길어지는 단점이 있다.

④ 엘보우형은 교실의 개성 표현이 힘들며, 복도면적이 증가하고 소음이 많이 발생한다.

[해설]

◈ 클러스터형

- 교실을 소단위군으로 분할 배치하는 방식이다.
- 교실 간 소음이 적고 교실단위의 독립성 확보가 가능하다.
- 대규모의 교지가 요구되며 관리 및 운영비가 증가된다.
- 교실블록과 관리, 사무블록간의 동선이 길어지는 단점이 있다.

정답 ①

47. 미술실이 주당 20시간 사용되고 있는 중학교에서 1주간의 평균 수업시간은?(단, 미술실의 이용률은 50%이다.)

① 20시간　　② 25시간

③ 30시간　　④ 40시간

[해설]

이용률 = 교실이 사용되고 있는 시간 / 1주간의 평균 수업시간 × 100(%)

1주간의 평균 수업시간 = 교실이 사용되고 있는 시간 / 이용률 × 100(%)

= 20 / 50% × 100(%) = 40시간

정답 ④

48. 학교 건축에서 단층교사에 관한 설명으로 옳지 않은 것은?

① 화재 및 재해 시 피난이 용이하다.

② 학습활동의 실외 연장이 가능하다.

③ 구조계획이 단순하며, 내진 및 내풍구조가 용이하다.

④ 대지의 이용률이 높으며 집약적인 평면계획이 용이하다.

[해설]

④는 다층교사의 장점을 설명한 것이다.

정답 ④

49. 학교의 교사배치형식 중 폐쇄형에 관한 설명으로 옳지 않은 것은?

① 화재 및 비상시에 피난상 불리하다.

② 일조, 통풍 등 환경 조건이 불균등하다.

③ 구조계획이 간단하나 상당히 넓은 부지가 필요하다.

④ 운동장에서 발생하는 소음이 교실에 영향을 미친다.

[해설]

③은 분산병렬형의 특징이다.

정답 ③

50. 학교 건축에서 단층교사에 관한 설명으로 옳지 않은 것은?

① 재해 시 피난이 용이하다.

② 학습활동의 실외 연장이 가능하다.

③ 구조계획이 단순하며 내진, 내풍구조가 용이하다.

④ 집약적인 평면계획이 가능하나 채광, 환기가 불리하다.

[해설]

− 단층교사는 채광 및 환기가 유리하다.

정답 ④

51. 학교 건축계획 시 고려하여야 할 사항으로 옳지 않은 것은?

① 교실의 융통성이 확보되어야 한다.

② 지역인의 접근 가능성이 차단되어야 한다.

③ 교과내용의 변화에 적응할 수 있어야 한다.

④ 학교운영방식의 변화에 대응할 수 있어야 한다.

[해설]

- 학교 건축계획시 지역주민의 이용을 고려해야 한다.

정답 ②

52. 1주간 평균 수업시간이 40시간인 어느 학교의 음악교실이 사용되는 시간이 20시간이며 그 중 5시간은 영어수업을 위해 사용된다. 이 음악교실의 이용률과 순수율은?

① 이용률 : 50%, 순수율 : 50%　　② 이용률 : 25%, 순수율 : 50%

③ 이용률 : 50%, 순수율 : 75%　　④ 이용률 : 25%, 순수율 : 75%

[해설]

- 교실의 이용률 = 교실이 사용되는 시간 / 1주일동안의 평균수업시간 × 100(%)
  = 20/40 × 100(%) = 50%
- 교실의 순수율 = 일정한 교과를 위해 사용되는 시간 / 일정한 교과를 위해 사용되는시간 × 100(%)
  = 20−5 / 20 × 100 = 75%

정답 ③

53. 학교의 배치계획에 관한 설명으로 옳지 않은 것은?

① 분산병렬형은 넓은 교지가 필요하다.

② 폐쇄형은 운동장에서 교실로의 소음이 크다.

③ 폐쇄형은 대지의 이용률은 높일 수 있으나 화재 및 비상시 불리하다.

④ 분산병렬형은 일조, 통풍 등 환경 조건이 좋으나 구조계획이 복잡하다.

[해설]

► 분산병렬형은 일조, 통풍 등 교실의 환경조건이 균등하며, 구조계획이 간단하다.

정답 ④

54. 학교 운영방식에 관한 설명으로 옳지 않은 것은?

① 일반 및 특별교실형은 우리나라 대부분의 중학교에서 적용되고 있는 방식이다.

② 교과교실형은 학년 및 학급을 편성하지 않고 능력별로 수업을 진행하는 방식이다.

③ 플래툰형은 모든 시설의 효율적인 이용을 도모한 유형으로 교과교실형보다 이동이 적다.

④ 종합교실형은 하나의 교실에서 모든 교과수업을 행하는 방식으로 초등학교 저학년에 적합하다.

[해설]

달톤형은 학년 및 학급을 편성하지 않고 능력별로 수업을 진행하는 방식이다.

정답 ②

55. 초등학교 건축의 블록플랜(Block plan)에 관한 설명으로 옳지 않은 것은?

① 학년단위를 원칙으로 한다.

② 동 학년의 학급은 균일한 환경 조건으로 한다.

③ 저학년은 2층 이상에 배치하여 고학년과의 접촉을 배제한다.

④ 동 학년의 학급은 근접만을 목적으로 할 것이 아니라 동일한 층에 모으는 고려가 필요하다.

[해설]

블록플랜 결정조건

- 학년단위로 원칙으로 하며, 동학년의 학급은 균일한 환경조건이 되도록 계획한다.
  초등학교 저학년일 경우, 1층으로 계획하고 교문에 근접하여 배치시킨다.

정답 ③

56. 학교 건축에서 단층 교사에 대한 설명으로 옳지 않은 것은?

① 구조 계획이 단순하다.

② 화재 및 재해시 피난이 용이하다.

③ 대지의 이용률이 높으며 효율적인 공간이용이 가능하다.

④ 외부에서 교실로의 직접 출입이 가능하므로 학습활동의 실외 연장이 가능하다.

[해설]

③는 다층교사의 장점에 대한 설명이다.

정답 ③

57. 초등학교 교실배치에 관한 설명 중 옳지 않은 것은?

① 동 학년의 교실은 집약배치 한다.

② 저학년은 되도록 1층에 두도록 한다.

③ 1, 2학년은 출입구를 별도로 만들어 주는 것이 좋다.

④ 저학년에서 평면형은 주위에 개방되어 일렬로 나란히 잇댄 것이 가장 이상적임

[해설]

저학년의 배치형은 1열로 서 있는 것보다 중정을 중심으로 둘러싸인 형이 이상적이다.

정답 ④

58. 학교의 실내체육관 계획에 대한 설명 중 옳지 않은 것은?

① 강당과 겸하더라도 체육관의 목적에 치중한다.

② 표준적으로 농구코트를 둘 수 있는 크기가 필요하다.

③ 채광을 위해 장축을 동/서 방향으로 계획하는 것이 좋다.

④ 벽면에 창문을 설치할 경우 실외 측에 철망을 붙이고 천창보다는 측창으로 계획하는 것이 좋다.

[해설]

벽면에 창문을 설치할 경우 창은 실내 측에 철망을 붙이고 천장을 둔다.

정답 ④

59. 다음과 같은 특징을 갖는 학교운영방식은?

- 초등학교 저학년에 대해 가장 권장할 만한 형이다. - 교실의 수는 학급수와 일치하며, 각 학급은 스스로의 교실 안에서 모든 교과를 행한다.

① 종합교실형 ② 교과교실형

③ 플래툰형 ④ 달톤형

[해설]

◈ 종합교실형

교실수는 학급수와 일치하며, 각 학급은 자기교실에서 모든 학습을 한다. 초등학교의 저학년에 가장 적합하며, 외국에서는1개 교실에 1~2개의 변소를 가지고 있다.

- 장점

학생의 이동이 전혀 없고, 각 학급마다 가정적인 분위기를 만들 수 있다.

- 단점

  시설의 정도가 낮은 경우에는 가장 빈약한 예가 되며, 특히, 초등학교의 고학년에는 무리가 있다.

정답 ①

60. 어느 학교의 1주간 평균수업시간이 36시간이고, 미술교실이 사용되는 시간이 18시간이며, 그 중 6시간이 영어 수업에 사용된다. 미술교실의 이용율과 순수율은?

① 이용률 50%, 순수율 67% ② 이용률 50%, 순수율 33%

③ 이용률 67%, 순수율 50% ④ 이용률 67%, 순수율 33%

[해설]

- 교실의 이용률 = 교실이 사용되는 시간 / 1주일동안의 평균수업시간 × 100(%)

  = 18/36 × 100(%) = 50%

- 교실의 순수율 = 일정한 교과를 위해 사용되는 시간 / 일정한 교과를 위해 사용되는시간 × 100(%)

  = 18−6 / 18 × 100 = 67%

정답 ①

61. 학교 도서관 계획에 대한 설명 중 옳지 않은 것은?

① 서고 계획은 장래의 확장을 고려해야 한다.

② 아동 열람실은 자유개가식이 바람직하다.

③ 학교가 소규모일 경우에도 열람실, 토론실, 정리실 등을 독립 설치해야 한다.

④ 학교 학습활동의 중심이 될 수 있는 위치가 좋다.

[해설]

- 학교도서관은 열람실, 토론실, 정리실 및 신문열람코너 등으로 구성되고, 학교의 규모가 작은 경우에는 이러한 실을 각각 독립하여 설치하지 않고, 1실의 열람실을 겸용한다.

정답 ③

62. 학교 건축에 관한 설명 중 옳지 않은 것은?

① 강당과 체육관을 겸용할 경우 체육관의 목적에 치중하여 계획하는 것이 좋다.

② 체육관은 표준적으로 배구코트를 둘 수 있는 크기가 필요하다.

③ 다목적교실은 여러 가지 목적에 맞는 융통성 있는 공간으로서의 성격을 갖는다.

④ 일반적으로 교실 채광은 칠판을 향해 좌측 채광을 원칙으로 한다.

[해설]

체육관은 일반적으로 농구코트를 둘 수 있는 크기가 필요하다.

정답 ②

63. 초등학교 저학년에 대해 가장 권장되는 학교운영방식은?

① 달톤형 ② 플래툰형

③ 교과교실형 ④ 종합교실형

[해설]

- 학교 운영방식 중 초등학교 저학년인 경우 종합교실형(U형)이 적합하다.
- 고학년인 경우는 일반교실+특별교실형(U+V형)이 적합하다.

정답 ④

64. 다음 설명에 알맞은 학교 교사(校舍)의 배치형식은?

- 일종의 핑거 플랜이다. - 일조, 통풍 등 교실의 환경 조건이 균등하다. - 구조계획이 간단하고 규격형의 이용도 편리하다.

① 폐쇄형 ② 분산병렬형

③ 집합형 ④ 종합 계획형

[해설]

◈ 분산병렬형(일종의 핑거 플랜)

► 장점

- 일조, 통풍 등 교실의 환경조건이 균등하다.
- 구조계획이 간단하고 규격형의 이용이 편리하다.
- 각 건물사이에 놀이터와 정원이 생겨 생활환경이 좋아진다.

► 단점

- 넓은 부지가 필요하다.
- 편복도로 할 경우 복도면적이 커지고 길어지며, 단조로워 유기적인 구성을 취하기가 어렵다.

정답 ②

65. 학교 건축의 교사배치계획에서 분산병렬형에 대한 설명으로 옳지 않은 것은?

① 각 교실의 환경 조건이 불균등하며 좋지 않다.

② 편복도형으로 할 경우 유기적인 구성을 취하기가 어렵다.

③ 각 건물 사이에 놀이터 및 정원을 만들 수 있다.

④ 넓은 부지를 필요로 한다.

[해설]

①은 폐쇄형의 설명이다.

정답 ①

66. 학교의 교사배치형식 중 폐쇄형에 관한 설명으로 옳은 것은?

① 부지의 효율적 활용이 불가능하다.

② 운동장에서 교실로의 소음이 크다.

③ 일조, 통풍 등 교실의 환경 조건이 균등하다.

④ 구조계획이 간단하고 규격형의 이용이 편리하다.

[해설]

①, ③, ④는 분산병렬형에 대한 설명이다.

정답 ②

67. 다음 중 초등학교 저학년에 대해 가장 권장할만한 학교 운영방식은?

① 종합교실형(U형)

② 일반교실, 특별교실형(U+V형)

③ 교과교실형(V형)

④ 플래툰형(P형)

[해설]

- 학교 운영방식 중 초등학교 저학년인 경우 종합교실형(U형)이 적합하다.
- 고학년인 경우는 일반교실+특별교실형(U+V형)이 적합하다.

정답 ①

68. 학교 건축계획에 관한 설명 중 옳은 것은?

① 부지 선정에 있어 되도록이면 간선도로에 접해 학생의 통학에 편리하도록 한다.

② 교사의 배치형태 중 분산병렬형은 일조, 통풍 등 교실의 환경 조건이 불균등하다.

③ 학교 주변의 놀이터나 공원 등과 격리시켜 학교시설의 이용을 최대화하는 것이 좋다.

④ 초등학교 교사는 대지 조건과 경제 조건이 허용하는 한 저층화하는 것이 좋다.

[해설]

1. 교지의 위치는 간선도로 및 번화가의 소음으로부터 격리되어야 한다.
2. 폐쇄형의 단점은 일조, 통풍 등 교실의 환경 조건이 불균등하다는 것이다.
3. 학교 주변의 놀이터나 공원 등을 인접시켜 학교교육이 연장되도록 한다.

정답 ④

69. **학교 운영방식에 대한 설명 중 옳지 않은 것은?**

① 종합교실형(U형)은 초등학교 저학년에 적합하다.

② 일반교실, 특별교실형(U+V형)은 일반교실이 각 학급에 하나씩 할당되고, 그 외에 특별교실을 갖는다.

③ 플래툰형(P형)은 모든 교실이 특별교실로만 구성되어 있으며, 학생의 이동이 많다.

④ 달톤형(D형)은 하나의 교과에 출석하는 학생 수가 정해져 있지 않다.

[해설]

– 교과교실형(V형)은 특별교실로만 구성되어 있으며 학생의 이동이 많다.

정답 ③

70. **학교 건축에서 교실의 채광 및 조명에 대한 설명으로 옳지 않은 것은?**

① 1방향 채광일 경우 반사광보다는 직사광을 이용하도록 한다.

② 일반적으로 교실에 비치는 빛은 칠판을 향해 있을 때 좌측에서 들어오는 것이 일반적이다.

③ 칠판면의 조도가 책상면의 조도보다 높게 한다.

④ 교실 채광은 일조시간이 긴 방위를 택한다.

[해설]

► 교실의 채광은 직사광을 피하고, 1방향 채광일 경우 깊은 곳까지 고른 조도가 얻어질 수 있도록 한다.

정답 ①

71. **초등학교 교실배치에 관한 설명 중 옳지 않은 것은?**

① 저학년은 되도록 1층에 두도록 한다.

② 1,2학년은 출입구를 따로 만들어 주는 것이 좋다.

③ 동 학년의 교실은 집약배치 한다.

④ 저학년에서 평면형은 주위에 개방되어 일렬로 나란히 잇댄 것이 가장 이상적이다.

[해설]

► 저학년에서 평면형은 주위에 개방되어 일렬로 나란히 서있는 것보다는 중정을 중심으로 둘러 쌓인 형이 가정적인 분위기가 되어 이상적이다.

정답 ④

72. 다음 중 초등학교 저학년에 가장 적당한 학교운영방식은?

① 일반교실, 특별교실형(U+V형) ② 교과교실형(V형)

③ 종합교실형(U형) ④ 플래툰형(P형)

[해설]

- 학교 운영방식 중 초등학교 저학년인 경우 종합교실형(U형)이 적합하다.
- 고학년인 경우는 일반교실+특별교실형(U+V형)이 적합하다.

정답 ③

73. 학교시설의 강당 및 실내체육관 계획에 대한 설명 중 옳지 않은 것은?

① 강당 겸 체육관인 겨우 커뮤니티 시설로서 이용될 수 있도록 고려하여야 한다.

② 실내체육관의 크기는 농구코트를 기준으로 한다.

③ 강당 겸 체육관인 경우 강당으로서의 목적에 치중하여 계획하는 것이 바람직하다.

④ 강당의 크기는 반드시 전원을 수용할 수 있도록 할 필요는 없다.

[해설]

► 학교시설에서 강당 겸 체육관인 경우 체육관으로서의 목적에 비중을 두어 계획하는 것이 바람직하다.

정답 ③

74. 초등학교 계획에 관한 설명 중 옳지 않는 것은?

① 저학년의 학교운영방식은 종합교실형보다는 교과교실형이 바람직하다.

② 저학년은 될 수 있으면 1층에 있게 하며, 교문에 근접시킨다.

③ 고학년의 학교운영방식은 일반교실, 특별교실형 (U,V형)이 일반적으로 사용된다.

④ 동 학년의 학급은 될 수 있으며 동일한 층에 모으는 고려가 필요하다.

[해설]

► 저학년의 학교운영방식은 종합교실형이 바람직하다.

정답 ①

75. 학교운영방식 중 교과교실형(V형)에 대한 설명으로 옳지 않은 것은?

① 학생 개인 물품의 보관 장소에 대한 고려가 요구된다.

② 학생의 동선처리에 주의하여야 한다.

③ 각 교과 전문의 교실이 주어지므로 시설의 질이 높아진다.

④ 일반 교실수가 학급수에 비해 적다.

[해설]

► 교과교실형(V형)에는 일반교실이 없다.

정답 ④

76. 학교건축에서 단층교사의 이점이 아닌 것은?

① 재해시 피난상 유리하다.

② 채광 및 환기에 유리하다.

③ 학습활동을 실외에 연장할 수가 있다.

④ 전기, 급배수, 난방 등을 위한 배선 · 배관의 집약이 용이하다.

[해설]

► 다층교사의 이점 - 전기, 급배수, 난방 등을 위한 배선 · 배관의 집약이 용이하다.

정답 ④

77. 학교운영방식 중 플래툰형에 대한 설명으로 옳은 거은?

① 모든 교실이 특정교과를 위해 만들어지고 일반교실은 없다.

② 전학급을 양분화하여 한 쪽이 일반교실을 사용할 때 다른 편은 특별교실을 사용한다.

③ 학급과 학년을 없애고 학생들은 각자의 능력에 따라서 교과선택을 한다.

④ 교실의 수는 학급수와 일치하며, 각 학급은 스스로의 교실 안에서 모든 교과를 행한다.

[해설]

1 - 교과교실형

3 - 달톤형

4 - 종합교실형

정답 ②

78. 음악실이 주당 28시간이 사용되고 있는 중학교에서 1주간의 평균 수업시간은 몇 시간인가? (단, 음악실의 이용률은 80%이다.)

① 22시간　　② 23시간
③ 34시간　　④ 35시간

[해설]

- 교실의 이용률 = 교실이 사용되는 시간 / 1주일동안의 평균수업시간 × 100(%)
- 1주일동안의 평균수업시간 = 교실이 사용되는 시간 / 이용률
  = 28 / 이용률 = 28 / 0.8 = 35시간

정답 ④

79. 초등학교의 강당 및 실내체육관계획에 대한 설명 중 옳지 않은 것은?

① 강당과 체육관을 겸용하게 되면 시설비나 부지면적을 절약할 수 있다.
② 체육관은 농구코트를 둘 수 있는 크기가 필요하다.
③ 강당과 체육관을 겸용할 경우에는 체육관을 주체로 계획한다.
④ 강당과 반드시 전원을 수용할 수 있도록 크기를 결정한다.

[해설]

► 강당은 일반적으로 전교생의 집회, 행사를 하는 장소로서 이 행사는 자주 있는 것이 아니므로, 반드시 전원을 수용할 수 있도록 크기를 결정하지는 않는다.

정답 ④

80. 학교건축의 유닛플랜 중 오픈플랜형의 환경적 특성 및 유의점으로 옳지 않은 것은?

① 톱라이트를 설치하므로써 양호한 조도분포가 얻어진다.
② 인공조명과의 조화를 도모한다.
③ 교실의 면적이 크므로, 옆창의 주광조명에만 의존하는 것은 불가능에 가깝다.
④ 가동칸막이를 사용하지 않으므로 차음성에 대한 고려가 필요하지 않다.

[해설]

► 오픈플랜형은 가변식 칸막이구조를 사용하므로 차음성에 대한 고려가 필요하다.

정답 ④

81. 학교건축에서 단층교사와 다층교사에 대한 설명 중 옳지 않은 것은?

① 단층교사는 채광 및 환기가 유리하며 학습활동을 실외에 연장할 수가 있다.

② 다층교사는 전기,급배수, 난방 등의 배선 · 배관을 집약할 수 있으며, 부지의 이용률이 높다.

③ 단층교사는 재해시 피난상 불리하지만 치밀한 평면 계획을 할 수가 있다.

④ 단층교사는 내진 · 내풍구조가 용이하다.

[해설]

► 단층교사는 계단을 오르내릴 필요가 없으므로 재해시 피난상 유리하다.

정답 ③

82. 학교의 음악교실계획에 대한 설명 중 옳지 않은 것은?

① 실은 밝게 하는 것이 음악적으로 좋은 분위기가 될 수 있다.

② 옥내운동장이나 공작실과 가까이 배치하여 유기적인 연결을 꾀한다.

③ 강당과 연락이 쉬운 위치가 좋다.

④ 적당한 잔향시간을 가질 수 있도록 한다.

[해설]

► 옥내운동장이나 공작실과 가까이 배치를 하면 수업에 방해되는 소음이 들려올 수 있다.

정답 ②

83. 초등학교에 대한 기술 중 적합하지 않은 것은?

① 동일 학년의 학급은 가급적 동일층에 배치할 수 있도록 계획한다.

② 저학년의 학급일수록 지면에 가깝게 배치할 수 있도록 계획한다.

③ 저학년에서는 플라툰형(P형)의 방식으로 운영할 수 있도록 계획하는 것이 가장 바람직하다.

④ 초급학년의 경우 학급 상호의 관계를 될 수 있는 대로 고립시켜 놓는다.

[해설]

► 저학년에는 종합교실형이 가장 알맞은 형태이다.

정답 ③

84. 학교의 교사배치형식 중 폐쇄형에 관한 설명으로 옳지 않은 것은?

① 일종의 핑거 플랜으로 구조계획이 간단하고 규격형의 이용도 편리하다

② 별도의 피난통로를 만들지 않으면 화재 및 비상시에 불리하다.

③ 교사 주변에 활용되지 않은 부분이 많은 결점이 있다.

④ 일조, 통풍 등의 환경적 조건이 불리하다.

[해설]

► 분산병렬형은 일종의 핑거 플랜으로 구조계획이 간단하고 규격형의 이용도 편리하다.

► 일종의 핑거플랜은 분산병렬형으로 폐쇄형이 아니다.

정답 ①

85. 학교운영방식 중 종합 교실 형에 관한 설명으로 옳지 않은 것은?

① 교실의 이용률을 높일 수 있다.

② 교실의 순수율을 높일 수 있다.

③ 초등학교 저학년에 대하여 가장 적당한 형이다.

④ 학생의 이동을 최소한으로 할 수 있고 학급마다 가정적인 분위기를 만들 수 있다.

[해설]

► 종합교실형은 교실의 이용률이 높고, 순수율이 낮다.

정답 ②

86. 학교시설의 강당 및 실내체육관 계획에 대한 설명 중 옳지 않은 것은?

① 강당 겸 체육관인 경우 커뮤니티 시설로서 이용될 수 있도록 고려하여야 한다.

② 실내체육관의 크기는 농구코트를 기준으로 한다.

③ 강당 겸 체육관인 경우 강당으로서의 목적에 치중하여 계획하는 것이 바람직하다.

④ 강당의 크기는 반드시 전원을 수용할 수 있도록 할 필요는 없다.

[해설]

► 강당 겸 체육관인 경우 체육관으로서의 사용 빈도가 높으므로 체육관 위주로 계획한다.

정답 ③

87. 학교의 배치형식 중 분산병렬형에 대한 설명으로 옳지 않은 것은?

① 구조계획이 복잡하고 규격형의 이용이 어렵다.

② 편복도로 할 경우 복도 면적이 너무 크고 단조로워 유기적인 구성을 취하기가 어렵다.

③ 일종의 핑거 플랜(finger plan)이다.

④ 일조 · 통풍 등 교실의 환경조건을 균등하게 할 수 있다.

[해설]

◈ 분산병렬형

일종의 핑거 플랜이다. 장점으론 일조, 통풍 등이 교실의 환경 조건이 균등하고 구조계획이 간단하고 규격형의 이용이 편리하다. 각 건물사이에 놀이터와 정원이 생겨 생활환경이 좋아진다. 단점으론 넓은 부지가 필요하며 편복도로 할 경우 복도면적이 커지고 길어지며 단조로워 유기적인 구성을 취하기가 어렵다.

정답 ①

88. 다음의 단층교사에 대한 설명 중 옳지 않은 것은?

① 학습활동을 실외에 연장할 수 있다.　② 재해 시 피난이 유리하다.

③ 부지의 이용률이 높다.　④ 채광 및 환기가 유리하다.

[해설]

► 단층교사의 이점은 학습활동을 실외에 연장할 수 있으며 계단을 오르내릴 필요가 없으며 재해시 피난상 유리하다. 채광 및 환기에 유리하며 개개의 교실에서 밖으로 직접 출입할 수 있으므로 복도가 혼잡하지 않다. 소음이 큰 작업, 화학약품의 악취 등을 격리시키기 좋으며 내진, 내풍구조가 용이하다. 부지이용률은 높지 않다

정답 ③

89. 다음의 학교운영방식에 대한 설명 중 옳지 않은 것은?

① 종합교실형 : 학생의 이동이 없어 학급에서 안정적인 분위기를 가질 수 있다.

② 교과교실형 : 일반교실은 각 학년에 하나씩 할당되고, 그 외에 특별교실을 갖는다.

③ 달톤형 : 학급, 학생의 구분이 없으며 학생들은 각자의 능력에 맞게 교과를 선택한다.

④ 플래툰형 : 교사의 수와 적당한 시설이 없으면 실시가 곤란하다.

[해설]

► 교과교실형은 모든 교실이 특정교과를 위해 만들어지고 일반교실이 없는 형으로 학생들은 교과목이 바뀔 때마다 해당 교과교실을 찾아 수업을 듣는 방식이다. 장점으론 교실의 순수율이 가장 높으며 시설의 이용률이 높다. 단점으론 교실의 이용률이 가장 낮으며 학생의 이동이 심하다.

정답 ②

90. 음악실이 주당 28시간 사용되고 있는 중학교에서 1주간의 평균 수업시간은? (단, 음악실의 이용률은 80%임)

① 22시간 ② 23시간

③ 34시간 ④ 35시간

[해설]

− 교실의 이용률 = 교실이 사용되는 시간 / 1주일동안의 평균수업시간 × 100(%)

− 1주일동안의 평균수업시간 = 교실이 사용되는 시간 / 이용률

= 28 / 이용률 = 28 / 0.8 = 35시간

정답 ④

91. 다음의 학교 운영 방식에 대한 설명 중 옳지 않은 것은?

① 종합교실형 − 학생의 이동이 없으며, 초등학교 저학년에 대해 가장 권장할 만한 형이다.

② 달톤형 − 학급, 학생 구분을 없애고 학생들은 각자의 능력에 맞게 교과를 선택하고 일정한 교과가 끝나면 졸업한다.

③ 교과교실형 − 일반교실은 각 학년에 하나씩 할당되고, 그 외에 특별교실을 가진다.

④ 플래툰형 − 교사의 수와 적당한 시설이 없으면 실시가 곤란하다.

[해설]

► 교과교실형이란 모든 교실이 특정교과를 위해 만들어지고 일반교실이 없는 형으로 학생들은 교과목이 바뀔 때마다 해당 교과교실을 찾아 수업을 듣는 방식이다.

정답 ③

92. 학교 강당 및 체육관 계획에 대한 설명 중 옳은 것은?

① 강당은 반드시 전교생 전원을 수용할 수 있도록 크기를 결정한다.

② 강당을 체육관과 겸용할 경우에는 일반적으로 체육관 목적으로 치중하는 것이 좋다.

③ 강당의 진입계획에서 학교 외부로부터의 동선을 별도로 고려할 필요는 없다.

④ 체육관은 표준으로는 배구코트를 둘 수 있는 크기가 필요하다.

[해설]

► 초중학교의 경우 체육관으로서 사용 빈도가 높으므로 체육관 위주로 계획한다.

정답 ②

93. 학교건축에서 단층교사와 다층교사에 대한 설명 중 옳지 않은 것은?

① 단층교사는 채광 및 환기가 유리하며 학습활동을 실외에 연장할 수 있다.

② 다층교사는 전기, 급배수, 난방 등의 배선 · 배관을 집약할 수 있으며, 부지의 이용률이 높다.

③ 단층교사는 재해시 피난상 불리하지만 치밀한 평면 계획을 할 수가 있다.

④ 단층교사는 내진 · 내풍구조가 용이하다.

[해설]

► 단층교사는 학습활동을 실외에 연장할 수 있으며 계단을 오르내릴 필요가 없어 재해시 피난상 유리하다. 채광 및 환기에 유리하며 개개의 교실에서 밖으로 직접 출입할 수 있으므로 복도가 혼잡하지 않고 소음이 큰 작업, 화학약품의 악취 등을 격리시키기 좋다.

정답 ③

94. 다음 중 학교 내의 도서관 위치로 가장 알맞은 곳은?

① 학습군의 중심지로서 학생들의 이용이 편리한 곳

② 학교행정부서에 근접한 곳으로서 관리운영이 편리한 곳

③ 교문 부근으로서 외부인들의 이용에 편리한 곳

④ 학습군에서 떨어져서 조용한 곳

[해설]

학습군의 중심지로서 학생들의 이용이 편리한 곳에 위치해야 한다.

정답 ①

95. 다음 중 학교건축에서 클러스터형에 대한 설명으로 가장 알맞은 것은?

① 홀형식에 따라 접근하는 방식으로 교실을 소단위로 분할하여 배치하는 형

② 복도와 교실을 분리시키는 형

③ 남측에 교실, 북측에 복도를 두는 형

④ 복도를 따라 교실을 배치하는 형

[해설]

► 클러스터형이란 여러 개의 교실을 소단위별로 분리하여 배치한 것을 말한다. 각 교실이 외부와 접하는 면이 많으며 교실간 방해가 적다. 학년단위 또는 교실단위의 독립성이 크며 마스터플랜의 융통성이 커서 시각적으로 보기가 좋다.

정답 ①

96. 다음 중 초등학교 저학년에 대해 가장 권장할 만한 학교운영방식은?

① 종합교실형(U형) ② 일반교실, 특별교실형(U+V형)

③ 교과교실형(V형) ④ 플라톤형(P형)

[해설]

► 종합교실형(U형)은 교실수는 학급수와 일치하며 각 학급은 자기교실에서 모든 학습을 한다. 초등학교의 저학년에 가장 적합하며 외국에서는 1개 교실에 1~2개의 변소를 가지고 있다. 학생의 이동이 전혀 없고 각 학급마다 가정적인 분위기를 만들 수 있지만 시설의 정도가 낮은 경우에는 가장 빈약한 예가 되며 특히 초등학교 고학년에는 무리가 있다.

정답 ①

97. 교사의 배치 방법 중 분산병렬형에 관한 설명으로 옳지 않은 것은?

① 넓은 부지를 필요로 하지 않는다. ② 구조계획이 간단하다.

③ 놀이터와 정원이 생긴다. ④ 교실의 환경조건이 균등해진다.

[해설]

► 분산병렬형은 일종의 핑거 플랜으로 넓은 대지를 필요로 한다. 편복도일 경우 복도 면적이 너무 크고 단조로우며 건물간의 유기적인 구성이 어렵다.

정답 ①

98. 유치원 교사의 평면형 중 불필요한 공간 없이 기능적이고 활동적이지만 정적인 분위기가 결여되어 있는 형식은?

① 일자형 ② L자형

③ 중정형 ④ 십자형

[해설]

► 십자형은 불필요한 공간 없이 기능적이고 활동적이지만, 정적인 분위기가 결여되기 쉽다.

정답 ④

99. 초등학교 교사의 출입구에 관한 기술 중 적당치 않은 것은 다음 중 어느 것인가?

① 비상구는 중정으로 통하게 배치하는 것이 좋다.

② 강당, 체육관의 출입구는 피난에 적합하여야 한다.

③ 교실의 출입구는 일반적으로 두 곳을 둔다.

④ 강당의 출입구는 일반인의 이용도 생각해서 배치한다

[해설]

► 중정이란 한 가운데의 정원을 뜻하는 것으로, 비상구는 각 건물 외부로 탈출해야 하는 것으로 교사 끝부분에 배치하는 것이 이상적이다.

정답 ①

100. 학교건축의 음악교실계획에 대한 설명으로 옳지 않은 것은?

① 학습 중 다른 교실에 방해가 되지 않기 위해 방음시설이 필요하다.

② 시청각 교실과 유기적인 연결을 꾀하도록 한다.

③ 강당과 연락이 좋은 위치를 택한다.

④ 실내는 잔향시간을 없게 하기 위해 흡음재로 마감한다.

[해설]

► 음악교실은 적당한 잔향을 갖도록 하기 위해서 반사재와 흡음재를 적절이 사용해야 한다. 강당과 연락이 좋은 위치에 있어야 하며 시청각 교실과 유기적인 연결을 꾀하도록 해야 한다. 학습 중 다른 교실에 방해가 되지 않기 위해 방음시설도 필요하다.

정답 ④

101. 초등학교의 부지의 선정시 고려해야 할 사항과 거리가 먼 것은?

① 일조 및 배수가 좋은 곳 ② 통학권의 중심에 가까운 곳

③ 놀이터 및 공원에 가까운 곳 ④ 상업 중심지와 가까운 곳

[해설]

► 초등학교의 부지는 일조 및 배수가 좋으며 통학권의 중심에 가깝고 놀이터 및 공원에 가까운 곳이 좋다.

정답 ④

102. 학교건축에서 교사(校舍)의 배치형식이라고 볼 수 없는 것은?

① 핑거 플랜(finger plan) ② 폐쇄형

③ 집합형 ④ 앨보 액세스(elbow access)

[해설]

► 앨보 액세스(elbow access)란 복도를 교실에서 떨어지게 하는 형식으로 배치형식이 아니다. 학습의 순수율이 높고 실내 환경이 균일하며 일조, 통풍이 양호하다. 학년마다 놀이터조성이 유리하고 지관별로 개성 있는 계획을 할 수 있다. 다만 학생의 배치가 불명확하며 실의 개성을 살리기가 어렵고 각과의 통합이 곤란하다. 복도의 면적이 늘어나고 소음이 크다.

정답 ④

103. 학교 운영 방식에 관한 설명 중 옳지 않은 것은?

① U형 : 초등학교 저학년에 적합하며 보통 한 교실에 1~2개의 화장실을 가지고 있다.

② P형 : 교사의 수와 적당한 시설이 없으면 실시가 곤란하다.

③ U+V형 : 특별교실이 많을수록 일반 교실의 이용률이 떨어진다.

④ V형 : 각 교과의 순수율이 높고 학생의 이동이 적다.

[해설]

► V형은 교과교실형으로 모든 교실이 특정교과를 위해 만들어지고 일반교실이 없는 형으로 학생들은 교목이 바뀔 때마다 해당 교과교실을 찾아 수업을 듣는 방식으로 학생의 이동이 많은 방식이다.

정답 ④

104. 학교건축에서 교실의 채광 및 조명에 대한 설명으로 부적당한 것은?

① 1방향 채광일 경우 반사광보다는 직사광을 이용하도록 한다.

② 일반적으로 교실에 비치는 빛은 칠판을 향해 있을 때 좌측에서 들어오는 것이 원칙이다.

③ 칠판면의 조도가 책상면의 조도보다 높아야 한다.

④ 교실 채광은 일조시간이 긴 방위를 택한다.

[해설]

► 교실의 채광은 직사광을 피하고, 1방향 채광일 경우 깊은 곳까지 고른 조도가 얻어질 수 있도록 한다.

정답 ①

105. 학교건축에서 블록플랜에 관한 내용으로 옳지 않은 것은?

① 초등학교는 학년단위로 배치하는 것이 기본적인 원칙이다.

② 클러스터형이란 복도를 따라 교실을 배치하는 형식이다.

③ 관리부분의 배치는 전체의 중심이 되는 곳이 좋다.

④ 초등학교 저학년은 될 수 있으면 1층에 있게 하며, 교문에 근접시킨다.

[해설]

► 클러스터형이란 여러 개의 교실을 소단위별로 분리하여 배치한 것을 말한다. 각 교실이 외부와 접하는 면이 많으며 교실간 방해가 적다. 학년단위 또는 교실단위의 독립성이 크며 마스터플랜의 융통성이 커서 시각적으로 보기가 좋다.

정답 ②

106. 초등학교에 대한 기술 중 적합하지 않은 것은?

① 동일 학년의 학급은 가급적 동일층에 배치할 수 있도록 계획한다.

② 저학년의 학급일수록 지면에 가깝게 배치할 수 있도록 계획한다.

③ 저학년에서는 플라툰형(P형)의 방식으로 운영할 수 있도록 계획하는 것이 바람직하다.

④ 초급학년의 경우 학급 상호의 관계도 될 수 있는대로 고립시켜 놓는다.

[해설]

► 초등학교 저학년은 종합교실형의 방식이 더 바람직하다.

정답 ③

107. 학교시설의 강당 및 실내체육관 계획에 있어 가장 부적절한 설명은?

① 강당 겸 체육관인 경우 커뮤니티 시설로서 이용될 수 있도록 고려하여야 한다.

② 실내체육관의 크기는 농구코트를 기준으로 한다.

③ 강당 겸 체육관인 경우 강당으로서의 목적에 치중하여 계획한다.

④ 강당의 크기는 반드시 전원을 수용할 수 있도록 할 필요는 없다.

[해설]

► 초중학교의 경우 강당을 체육관과 겸용할 경우에는 일반적으로 체육관 목적으로 치중하는 것이 좋다.

정답 ③

108. 학교건축 계획시 고려하여야 할 사항으로 적합하지 않은 것은?

① 교과내용의 변화에 적응할 수 있어야 한다.

② 교실의 융통성이 확보되어야 한다.

③ 지역인의 접근 가능성이 차단되어야 한다.

④ 학교운영방식의 변화에 대응할 수 있어야 한다.

[해설]

► 학교 건축계획시 지역주민의 이용을 고려하여 접근성을 좋게 계획한다.

정답 ③

109. 학교 건축계획에 있어서 블록플랜(Block plan)을 할 때 클러스터형(Cluster system)이란?

① 교실을 2-3개소마다 정리하여 독립시켜 배치하는 방법

② 복도를 따라 교실을 배치하는 방법

③ 복도를 교실과 분리시키는 방법

④ 일반교실과 특별교실을 섞어 배치시키는 방법

[해설]

► 클러스터형이란 여러 개의 교실을 소단위별로 분리하여 배치한 것을 말한다. 학년단위 또는 교실 단위의 독립성이 크며 마스터플랜의 융통성이 커서 시각적으로 보기가 좋다.

정답 ①

110. 어느 학교의 1주간 평균 수업시간은 40시간인데 미술교실이 사용되는 시간은 20시간이다. 그중 4시간은 영어 수업을 위해 사용될 때 미술교실의 이용률과 순수율은 얼마인가?

① 이용률 50%, 순수율 20%

② 이용률 50%, 순수율 80%

③ 이용률 20%, 순수율 50%

④ 이용률 80%, 순수율 50%

[해설]

- 교실의 이용률 = 교실이 사용되는 시간 / 1주일동안의 평균수업시간 × 100(%)
  = 20/40 × 100(%) = 50%
- 교실의 순수율 = 일정한 교과를 위해 사용되는 시간 / 일정한 교과를 위해 사용되는시간 × 100(%)
  = 20-4 / 20 × 100 = 80%

정답 ②

111. 교과교실형에서 인문사회계 교실의 이용율을 낮출 경우 고려할 사항이 아닌 것은?

① 교실의 융통성(融通性)

② 규모의 확장성(擴張性)

③ 기능의 다목적성(多目的性)

④ 교과교실의 전용성(專用性)

[해설]

► 교과교실의 전용성(專用性)은 교과교실형의 특성이므로 특별한 고려사항이 아니다.

정답 ④

112. 학교 계획에서 종합 교실형(activity type)에 관하여 틀리게 기술한 것은?

① 교실의 이용률을 높일 수 있다.

② 교실의 순수율을 높일 수 있다.

③ 초등학교 저학년에 대하여 가장 적당한 형이다.

④ 학생의 이동을 최소한으로 할 수 있고 학급마다 가정적인 분위기를 만들 수 있다.

[해설]

► 교실의 이용률은 높고, 교실의 순수율은 낮다.

정답 ②

113. 학교 도서관 계획에 대한 설명 중 옳지 않은 것은?

① 서고 계획은 장래의 확장을 고려해야 한다.

② 아동 열람실은 자유개가식이 바람직하다.

③ 학교가 소규모일 경우에도 열람실, 토론실, 정리실 등을 독립 설치해야 한다.

④ 학교 학습활동의 중심이 될 수 있는 위치가 좋다.

[해설]

► 학교가 소규모일 경우에도 열람실, 토론실, 정리실 등을 통합 운영한다.

정답 ③

114. 학교교실 배치방식중 클러스터형(cluster type)에 관한 기술 중에서 가장 부적당한 것은?

① 교실을 소단위로 분리하여 설치하는 방식을 말한다.

② 각 학급의 전용의 홀로 구성된다.

③ 전체배치에 융통성을 발휘할 수 있다.

④ 복도의 면적이 커지며 소음의 발생이 크다.

[해설]

► 클러스터형은 여러 개의 교실을 소단위별로 분리하여 배치한 것을 말한다. 각 교실이 외부와 접하는 면이 많으며 교실 간 방해가 적다. 학년단위 또는 교실단위의 독립성이 크며 마스터플랜의 융통성이 커서 시각적으로 보기가 좋다.

정답 ④

115. **학교의 배치계획에 관한 설명으로 옳지 않은 것은?**

① 폐쇄형은 대지의 이용율은 높일 수 있으나 화재 및 비상시 불리하다.

② 폐쇄형은 운동장에서 교실에의 소음이 크다.

③ 분산병렬형은 일조, 통풍 등 환경조건이 좋으나 구조 계획이 복잡하다.

④ 분산병렬형은 넓은 교지가 필요하다.

[해설]

◈ 분산병렬형

일종의 핑거 플랜이다. 장점으론 일조, 통풍 등이 교실의 환경 조건이 균등하고 구조계획이 간단하고 규격형의 이용이 편리하다. 각 건물사이에 놀이터와 정원이 생겨 생활환경이 좋아진다. 단점으론 넓은 부지가 필요하며 편복도로 할 경우 복도면적이 커지고 길어지며 단조로워 유기적인 구성을 취하기가 어렵다.

정답 ③

116. **도시 초등학교의 부지로서 부적당한 곳은?**

① 일조 배수가 좋은 곳

② 통학권의 중심에 가까운 곳

③ 상업지역의 중심에 가까운 곳

④ 유해가스나 매연 등을 내는 공장이 부근에 없는 곳

[해설]

► 상업지역의 중심에 가까운 곳은 초등학교 부지로 부적합하다.

정답 ③

117. **다음의 학교운영방식 중 아래의 설명에 가장 적합한 방식은?**

1. 전체가 교과교실군으로 구성되어 있다. 2. 전체동선의 편리한 위치에 Lookre를 둘 필요가 있다. 3. 교과교실군의 관계는 규칙적인 아닌 이동이 있을것으로 충분히 고려한 통로가 필요하다.

① U형　　② UV형

③ V형　　④ E형

[해설]

► V형은 교과교실형으로 모든 교실이 특정교과를 위해 만들어지고 일반교실이 없는 형으로 학생들은 교목이 바뀔 때마다 해당 교과교실을 찾아 수업을 듣는 방식으로 학생의 이동이 많은 방식으로 라커와 학생들의 이동동선 계획에 유의해야 한다.

정답 ③

118. 학교건축에 있어서 강당 및 실내체육관 계획시 틀린 점은?

① 실내체육관과 강당을 겸용할 경우 강당 전용으로 계획한다.

② 커뮤니티 시설로 자주 이용될 수 있도록 고려한다.

③ 외관 계획시 강당은 폐쇄적이고, 실내체육관은 개방적인 성격을 띤다.

④ 강당 및 실내체육관 계획시 음향설비에 대한 고려가 매우 중요하다.

[해설]

► 강당을 실내체육관과 겸용할 경우에는 일반적으로 체육관 전용으로 계획한다.

정답 ①

119. 학교 체육관 계획에서 틀리게 설명된 항목은?

① 표준으로 농구코트를 둘수 있는 크기가 필요하다.

② 천정의 높이는 6m 이상으로 한다.

③ 체육관을 강당으로 겸용하게 계획해도 된다.

④ 창을 크게하여야 하므로 징두리벽은 2m 이하로 한다.

[해설]

► 체육관의 징두리벽 높이는 2.5~2.7m 정도로 계획한다.

정답 ④

120. 미술실이 주당 26시간 사용되고 있는 중학교에서 1주간의 평균 수업시간은? (단, 미술실의 이용율은 80%임)

① 32시간 ② 34시간

③ 36시간 ④ 38시간

[해설]

- 교실의 이용률 = 교실이 사용되는 시간 / 1주일동안의 평균수업시간 × 100(%)
- 1주일동안의 평균수업시간 = 교실이 사용되는 시간 / 이용률

= 26 / 이용률 = 26 / 0.8 = 32.5시간, 약 32시간

정답 ①

121. 학교시설을 지역사회에 개방할 경우 가장 바람직한 공간은?

① 컴퓨터실 ② 과학실 ③ 강당 ④ 미술실

[해설]

► 강당(체육관)은 지역주민들의 이용상 동호회 등 체육활동으로 개방하기에 바람직한 시설이다.

정답 ③

122. 학교 배치 형식 중 분산 병렬형에 관한 설명으로 옳지 않은 것은?

① 넓은 부지를 필요로 한다.

② 일종의 핑거 플랜(finger plan)이다.

③ 구조계획이 간단하고 규격형의 이용이 가능하다.

④ 일조, 통풍 등 교실의 환경조건을 균등하게 할 수 없다.

[해설]

◈ 분산병렬형

일종의 핑거 플랜이다. 장점으론 일조, 통풍 등이 교실의 환경 조건이 균등하고 구조계획이 간단하고 규격형의 이용이 편리하다. 각 건물사이에 놀이터와 정원이 생겨 생활환경이 좋아진다. 단점으론 넓은 부지가 필요하며 편복도로 할 경우 복도면적이 커지고 길어지며 단조로워 유기적인 구성을 취하기가 어렵다.

정답 ④

123. 학교운영방식에 관한 설명으로 옳지 않은 것은?

① 교과교실형은 학생의 이동이 많으므로 소지품 보관장소 등을 고려할 필요가 있다.

② 종합교실형은 하나의 교실에서 모든 교과수업을 행하는 방식으로 초등학교 저학년에게 적합하다.

③ 일반 및 특별교실형은 우리나라 대부분의 초등학교에서 적용되었던 방식으로 이제는 적용되지 않고 있다.

④ 플래툰형은 각 학급을 2분단으로 나누어 한 쪽이 일반교실을 사용할 때, 다른 한 쪽은 특별교실을 사용하는 방

[해설]

► 일반교실 · 특별교실형(U · V형)은 우리나라 중 · 고등학교에서 가장 많이 이용되고 있다.

정답 ③

124. 교실의 배치형식 중에서 엘보우형(elbow access)에 관한 설명으로 옳은 것은?

① 학습의 순수율이 낮다. ② 복도의 면적이 절약된다.

③ 일조, 통풍 등 실내환경이 균일하다. ④ 분관별로 특색있는 계획을 할 수 없다.

[해설]

► 엘보우형(elbow access)은 복도의 면적이 커진다.

정답 ②

125. 어느 학교의 1주간 평균수업시간은 40시간인데 미술교실이 사용괴는 시간은 20시간이다. 그 중 4시간은 수학수업을 위해 사용될 때, 미술교실의 이용률과 순수율은 얼마인가?

① 이용률 50%, 순수율 20% ② 이용률 50%, 순수율 80%

③ 이용률 20%, 순수율 50% ④ 이용률 80%, 순수율 50%

[해설]

- 교실의 이용률 = 교실이 사용되는 시간 / 1주일동안의 평균수업시간 × 100(%)
= 20/40 × 100(%) = 50%

- 교실의 순수율 = 일정한 교과를 위해 사용되는 시간 / 일정한 교과를 위해 사용되는시간 × 100(%)
= 20−4 / 20 × 100 = 80%

정답 ②

126. 학교의 배치계획에 관한 설명으로 옳은 것은?

① 분산병렬형은 넓은 교지가 필요하다.

② 폐쇄형은 운동장에서 교실로의 소음 전달이 거의 없다.

③ 분산병렬형은 일조, 통풍 등 환경조건이 좋으나 구조계획이 복잡하다.

④ 폐쇄형은 대지의 이용률을 높일 수 있으며 화재 및 비상 시 피난에 유리하다.

[해설]

► 분산병렬형 일종의 핑거 플랜으로 일조, 통풍 등이 교실의 환경 조건이 균등하고 구조계획이 간단하고 규격형의 이용이 편리하다. 각 건물사이에 놀이터와 정원이 생겨 생활환경이 좋아진다. 넓은 부지가 필요하며 편복도로 할 경우 복도면적이 커지고 길어지며 단조로워 유기적인 구성을 취하기가 어렵다.

정답 ①

127. 우리나라 중학교에서 가장 많이 채택하고 있는 학교 운영방식은?

① 플래툰형(P형) ② 종합교실형(U형)

③ 교과교실형(V형) ④ 일반 및 특별교실형(U+V형)

[해설]

► 우리나라 중 · 고등학교에서 가장 많이 채택되고 있는 운영방식은 일반교실 · 특별교실형(U+V형)이다

정답 ④

제 13 장

도서관건축

1. 도서관 출납시스템에 대한 설명 중 옳지 않은 것은?

① 반개가식은 출납시설이 필요하다.

② 폐가식은 대출절차가 복잡하고 관원의 작업량이 많다.

③ 자유 개가식은 책의 내용 파악 및 선택이 자유롭고 용이하다.

④ 안전 개가식은 서가열람이 불가능하여 대출한 책이 희망한 내용이 아닐 수 있다.

[해설]

− 폐가식은 서가열람이 불가능하여 대출한 책이 희망한 내용이 아닐 수 있다.

정답 ④

2. 도서관 계획에 관한 설명 중 옳지 않은 것은?

① 서고의 수장능력 기준은 능률적인 작업용량으로서 서고면적 $1m^2$ 당 150~250권 정도이다.

② 일반적으로 열람실의 크기는 도서관 봉사계획에 의해서 정해진다.

③ 서고의 창호는 채광과 통풍을 원활히 할 수 있도록 크게 계획한다.

④ 열람실은 서고에 가깝게 위치하는 것이 바람직하다.

[해설]

► 서고내부는 무창으로 하고, 인공조명과 기계환기의 계획을 한다.

정답 ③

3. 도서관 건축계획에서 장래 증축을 반드시 고려해야 할 부분은?

① 서고 ② 열람실

③ 사무실 ④ 캐럴

[해설]

► 장래의 증축계획은 도서가 증가하여 서가의 시설확충을 고려해야하기 때문에 서고의 증축을 고려한다.

정답 ①

4. 도서관계획에 관한 내용 중 옳지 않은 것은?

① 폐가식 일반서고의 소요면적은 200권당 $1m^2$로 본다.

② 자유열람실의 소요면적은 이용자 1명당 $2m^2$가 적당한다.

③ 단독서가식 서고에서 모듈러시스템에 의해 정확한 위치를 고정하는 것이 좋다.

④ 열람실은 내외의 소음에서 격리하고 자연채광은 가급적 피한다.

[해설]

► 서고의 위치는 모듈러시스템에 의해 위치를 고정시키지 않는다.

정답 ③

5. 도서관에 관한 다음의 기술 중 옳지 않은 것은?

① 열람실은 다른 방향으로의 통로가 되지 않도록 한다.

② 신문열람실은 입구부근을 피하여 조용한 곳에 둔다.

③ 아동열람실은 개가식이 좋다.

④ 폐가식은 관리하기가 편리하다.

[해설]

► 신문열람실은 입구, 홀에 두어 체크하지 않고 사용자가 자유로이 출입할 수 있도록 계획한다.

정답 ②

6. 도서관의 서고에 대한 계획조건 중 옳지 않은 것은?

① 개가식 서고통로는 폐쇄식 서고의 통로보다 커야 한다.

② 서고내의 온도는 15도, 습도 63% 이하가 좋다.

③ 서고의 채광과 통풍을 원활히 할 수 있는 넓은 창호로 계획한다.

④ 서고의 층고는 열람실의 층고와 달리 별도 계획도 할 수 있다.

[해설]

► 서고내의 채광 유입시 책이 변색되기 쉬우므로 자연채광은 차단하고 인공조명으로 계획해야 한다.

정답 ③

제 14 장

사무소건축

1. 사무소 건축의 실단위 계획 중 개방식 배치에 관한 설명으로 옳지 않은 것은?

① 독립성이 결핍되고 소음이 있다.

② 전면적을 유용하게 이용할 수 있다.

③ 공사비가 개실 시스템보다 저렴하다.

④ 방의 길이나 깊이에 변화를 줄 수 없다.

[해설]

► 개방형은 공간의 길이와 깊이에 변화를 줄 수 있다.

정답 ④

2. 다음 중 사무소 건축의 기둥 간격(span) 결정요인과 가장 거리가 먼 것은?

① 코어의 위치 ② 책상의 배치 단위

③ 구조상의 스팬의 한도 ④ 지하주차장의 주차구획크기

[해설]

► 사무소의 사용목적, 실크기, 채광 상 층고에 대한 실 깊이, 가구 배치 단위, 구조, 공법, 지하 주차장의 주차배치 단위 등을 고려하여 경간을 정한다.

정답 ①

3. 사무실 건물에서 코어 내 각 공간의 위치관계에 관한 설명으로 옳지 않은 것은?

① 엘리베이터는 가급적 중앙에 집중시킬 것

② 코어내의 공간과 임대사무실 사이의 동선이 간단할 것

③ 계단과 엘리베이터 및 화장실은 가능한 한 접근시킬 것

④ 엘리베이터 홀은 출입구문에 인접하여 바싹접근해 있도록 할 것

[해설]

► 코어 계획 시 엘리베이터는 되도록 중앙에 집중해서 배치한다.

정답 ④

4. 다음 설명에 알맞은 사무소 건축의 코어 유형은?

- 유효율이 높은 계획이 가능하다.
- 코어 프레임(core frame)이 내력벽 및 내진구조가 가능함으로서 구조적으로 바람직한 유형이다.
- 대규모 평면규모를 갖춘 중/고층인 사무소에 적합하다.

① 편심코어형　② 양단코어형

③ 중심코어형　④ 독립코어형

[해설]

► 중심코어형은 바닥 면적이 큰 중·고층 사무소에 적합하고 임대 사무소의 유효율이 높아서 경제성을 높일 수 있다.

정답 ③

5. 사무소 건축의 실단위 계획 중 개실시스템에 관한 설명으로 옳은 것은?

① 전면적을 유용하게 이용할 수 있다.

② 복도가 없어 인공조명과 인공환기가 요구된다.

③ 칸막이벽이 없어서 개방식 배치보다 공사비가 저렴하다.

④ 방길이에는 병화를 줄 수 있으나, 방깊이에 변화를 줄 수 없다.

[해설]

► 개실형은 독립성이 높고 쾌적하며 실별로 백체들을 설치해야 하므로 공사비가 높아진다.

정답 ④

6. 사무소 건축의 코어형식 중 2방향 피난이 가능하여 방재상 가장 유리한 것은?

① 편심코어형　② 독립코어형

③ 양단코어형　④ 중심코어형

[해설]

► 양측채광이나 통풍이 요구되는 대규모 전용사무실에 적합하고 2방향 피난에 이상적이어서 방재상 유리함

정답 ③

7. 사무소 건축의 엘리베이터 계획에 관한 설명으로 옳지 않은 것은?

① 교통동선의 중심에 설치하여 보행거리가 짧도록 배치한다.

② 일렬 배치는 4대를 한도로 하고, 엘리베이터 중심 간 거리는 8m 이하가 되도록 한다.

③ 여러 대의 엘리베이터를 설치하는 경우, 그룹별 배치와 군 관리 운전방식으로 한다.

④ 엘리베이터 대수산정은 이용자가 제일 많은 점심시간 전후의 이용자수를 기준으로 한다.

[해설]

► 엘리베이터 대수산정은 아침 출근 피크 시간 대 5분간 기준으로 1대의 엘리베이터가 운반할 수 있는 인원수를 기준으로 한다.

정답 ④

8. 사무소 건축의 기준층 층고 결정 요소와 가장 거리가 먼 것은?

① 채광률 ② 공기조화설비

③ 사무실의 깊이 ④ 엘리베이터 대수

[해설]

► 층고는 사용목적, 채광률, 천장높이, 슬래브와 천장사이 공간의 규모에 의해 결정 된다.

정답 ④

9. 고층사무소 건축의 기준층 평면형태를 한정시키는 요소와 가장 관계가 먼 것은?

① 방화구획상 면적

② 구조상 스팬의 한도

③ 오피스 랜드스케이핑에 의한 가구배치

④ 덕트, 배관, 배선 등 설비시스템상의 한계

[해설]

► 평면형 결정요인 - 경간, 동선상의 거리, 피난거리, 방화구획, 설비 및 채광조건

정답 ③

10. 사무소 건축의 실단위 계획 중 개방형 배치에 관한 설명으로 옳은 것은?

① 공사비가 비교적 높다. ② 프라이버시 유지가 용이하다.

③ 방 깊이에 변화를 줄 수 없다. ④ 모든 면적을 유용하게 이용할 수 있다.

[해설]

► 공간이용의 효율이 높고 공간을 가변적이고 융통성 있게 구성할 수 있다.

정답 ④

11. 다음 중 사무소 건물의 코어 내에 들어갈 공간으로 적절하지 않은 것은?

① 공조실 ② 계단실 ③ 중앙 감시실 ④ 전기 배선 공간

[해설]

► 코어에는 계단실, 엘리베이터, 슈트(chute), 통로 및 홀, 파이트 덕트(pipe duct), 공기조화실, 화장실 등이 집약된다.

정답 ③

12. 사무소 건축의 엘리베이터 계획에 관한 설명으로 옳지 않은 것은?

① 일렬 배치는 8대를 한도로 한다.

② 교통동선의 중심에 설치하여 보행거리가 짧도록 배치한다.

③ 대면배치 시 대면거리는 동일 군 관리의 경우 3.5~4.5m로 한다.

④ 여러 대의 엘리베이터를 설치하는 경우, 그룹별 배치와 군 관리 운전방식으로 한다.

[해설]

► 직선형으로 배치할 경우 4대 이하로 배치한다.

정답 ①

13. 사무소 건축에서 유효율이 의미하는 것은?

① 연면적에 대한 건축면적의 비율 ② 연면적에 대한 대실면적의 비율

③ 건축면적에 대한 대실면적의 비율 ④ 기준층 면적에 대한 대실면적의 비율

[해설]

► 유효율 = 대실면적 / 연면적

정답 ②

14. 다음 설명에 알맞은 사무소 건축의 코어 유형은?

• 코어를 업무공간에서 분리, 독립시킨 관계로 업무공간의 융통성이 높다. • 설비 덕트나 배관을 코어로부터 업무 공간으로 연결하는데 제약이 많다.

① 외코어형 ② 중앙코어형 ③ 양단코어형 ④ 분산코어형

[해설]

► 사무공간의 가변적 융통성이 높고 설비 및 배관이 길어져 코어에서 사무공간으로 연결하는데 제약이 많다.

정답 ①

15. 사무소의 실단위 계획에서 오피스 랜드스케이핑(Office Landscaping)에 관한 설명으로 옳지 않은 것은?

① 커뮤니케이션의 융통성이 있다.

② 독립성과 쾌적감의 이점이 있다.

③ 소음 발생에 대한 대책이 요구된다.

④ 공간의 이용도를 높이고 공사비도 줄일 수 있다.

[해설]

► 독립성이 결여되기 쉽고 소음이 발생하기 쉽다.

정답 ②

16 사무소 건축의 평면형태 중 2중지역 배치에 관한 설명으로 옳지 않은 것은?

① 동서로 노출되도록 방향성을 정한다.

② 중규모 크기의 사무소 건축에 적당하다.

③ 주계단과 부계단에서 각 실로 들어갈 수 있다.

④ 자연채광이 잘 되고 경제성보다 건강, 분위기 등의 필요가 더 요구될 때 적당하다.

[해설]

► 채광과 환기에 유리한 배치는 단일 지역 배치형이다.

정답 ④

17. 사무소 건축의 엘리베이터 계획에 관한 설명으로 옳지 않은 것은?

① 군 관리운전의 경우 동일 군내의 서비스 층은 같게 한다.

② 승객의 층별 대기시간은 평균 운전간격 이하가 되게 한다.

③ 교통수요량이 많은 경우는 출발기준층이 2개층 이상이 되도록 계획한다.

④ 초고층, 대규모 빌딩인 경우는 서비스 그룹을 분할(조닝)하는 것을 검토한다.

[해설]

► 승강기의 출발층은 1개소로 한정하는 것이 운영면에서 좋다.

정답 ③

18. 사무소 건축의 코어형식 중 중심코어형에 관한 설명으로 옳지 않은 것은?

① 외관이 획일적일 수 있다.

② 유효율이 높은 계획이 가능하다.

③ 구조코어로서 바람직한 형식이다.

④ 바닥면적이 큰 경우에는 사용할 수 없다.

[해설]

► 중심코어형은 바닥 면적이 큰 경우에 적합하다.

정답 ④

19. 사무소 건축의 화장실 계획에 관한 설명으로 옳지 않은 것은?

① 각 층마다 공통된 위치에 설치한다.

② 각 사무실에서 동선이 짧거나 간단하도록 한다.

③ 가급적 계단실이나 엘리베이터 홀에 근접하여 계획한다.

④ 1개소에 집중시키지 말고 2개소 이상으로 분산시켜 배치하도록 한다.

[해설]

► 1개소 또는 2개소에 집중 배치한다.

정답 ④

20. 사무소 건축에서 건물의 주요부분을 자기 전용으로 하고 나머지를 대실하는 형식을 무엇이라고 하는가?

① 전용 사무소 ② 대여 사무소

③ 준전용 사무소 ④ 준대여 사무소

[해설]

- 대여 사무소 : 건물의 전부를 임대하는 사무소
- 전용 사무소 : 완전한 자가 소유의 사무소 (관청은 여기에 속한다.)
- 준전용 사무소 : 여러 회사가 모여 관리운영과 소유를 공동으로 하는 사무소
- 준대여 사무소 : 건물의 주요 부분은 자기전용으로 하고, 나머지는 임대하는 사무소

정답 ④

21. **사무소 건축의 코어 계획에 관한 설명으로 옳지 않은 것은?**

① 계단과 엘리베이터 및 화장실은 가능한 한 접근시킨다.

② 엘리베이터홀이 출입구문에 바싹 접근해 있지 않도록 한다.

③ 코어 내의 각 공간을 각 층마다 공통의 위치에 있도록 한다.

④ 편심 코어형은 기준층 바닥면적이 큰 경우에 적합하며 2방향 피난에 이상적이다.

[해설]

► 편심 코어형은 바닥면적이 작은 경우 적합하다.

정답 ④

22. **사무소 건축에서 엘리베이터 배치에 관한 설명으로 옳지 않는 것은?**

① 일렬 배치는 8대를 한도로 한다.

② 교통동선의 중심에 설치하여 보행거리가 짧도록 배치한다.

③ 대면배치 시 대면거리는 동일 군 관리의 경우 3.5~4.5m로 한다.

④ 여러 대의 엘리베이터를 설치하는 경우, 그룹별 배치와 군 관리 운전방식으로 한다.

[해설]

5대 이하는 직선으로 배치한다.

정답 ①

23. **고층사무소 건축에서 그림과 같은 저층부분(A)을 설치하였을 경우, 장점으로 옳지 않은 것은?**

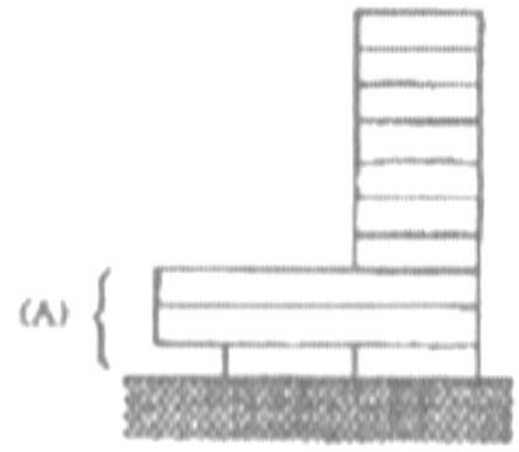

① 대지의 효율적인 이용

② 사무실 이외의 복합기능 부여

③ 대지의 개방성 및 공공성 확보

④ 고층동에 대한 스케일감의 완화

[해설]

◈ 저층 부분을 설치하는 이점

1. 대지의 효율적인 이용
2. 사무실 이외의 기능을 충당
3. 옥상정원의 이용
4. 대지의 개방성이나 공공성의 확보

정답 ④

24. 다음 설명에 알맞은 사무소 건축의 코어 유형은?

- 코어와 일체로 한 내진구조가 가능한 유형이다. - 유효율이 높으며, 임대 사무소로서 경제적인 계획이 가능하다.

① 외코어형 ② 편단코어형

③ 중앙코어형 ④ 양단코어형

[해설]

◈ 중심코어형(센터코어형, 중앙코어형)

1. 바닥면적이 큰 경우 적합하다.
2. 고층, 초고층에 적합하고, 외주 프레임을 내력벽으로 하여 중앙코어와 일체로 한 내진구조로 만들 수 있다.
3. 내부공간과 외간이 확일적으로 되기 쉽다.

정답 ③

25. 다음 중 임대 사무소 계획에서 가장 중요한 사항은?

① 심미성 ② 수익성

③ 독창성 ④ 보안성

[해설]

임대사무소는 수익창출로 수익성 보장이 가장 중요한 요소이다.

정답 ②

26. 건물의 주요 부분은 전용으로 하고 나머지를 빌려 주는 형태의 사무소 형식은?

① 대여 사무소 ② 전용 사무소

③ 준대여 사무소 ④ 준전용 사무소

[해설]

- 대여 사무소 : 건물의 전부를 임대하는 사무소
- 전용 사무소 : 완전한 자가 소유의 사무소 (관청은 여기에 속한다.)
- 준전용 사무소 : 여러 회사가 모여 관리운영과 소유를 공동으로 하는 사무소
- 준대여 사무소 : 건물의 주요 부분은 자기전용으로 하고, 나머지는 임대하는 사무소

정답 ③

27. 사무소 건축의 실단위계획 중 개방식 배치에 관한 설명으로 옳지 않은 것은?

① 소음이 크고 독립성이 떨어진다.

② 방의 길이나 깊이에 변화를 줄 수 없다.

③ 간막이벽이 없어서 개실시스템보다 공사비가 저렴하다.

④ 전면적을 유용하게 이용할 수 있어 공간절약상 유리하다.

[해설]

개방식 배치는 방의 길이나 깊이에 변화를 줄 수 있다는 장점이 있다.

정답 ②

28. 다음 설명에 알맞은 사무소 건축의 코어 유형은?

· 단일용도의 대규모 전용사무실에 적합 유형이다. · 2방향 피난에 이상적인 관계로 방재/피난상 유리하다.

① 외코어형　　② 편단코어형

③ 양단코어형　　④ 중앙코어형

[해설]

◈ 양단코어형

1. 하나의 대공간을 필요로 하는 전용사무소 에 적합하다.
2. 2방향 피난에 이상적이고 방재상 유리하다.
3. 임대사무소일 경우 같은 층을 분할하여 대여하면 복도가 필요하게 되고, 유효율이 떨어진다.

정답 ③

29. 사무소 건축에서 유효율(rentable ratio)의 의미 하는 것은?

① 연면적과 대지면적의 비　　② 임대면적과 연면적의 비

③ 업무공간과 공용공간의 면적비　　④ 기준층의 바닥면적과 연면적의 비

[해설]

► 유효율=연면적/대실면적*100(%)

정답 ②

30. 사무소 건축에 있어서 사무실의 크기를 결정하는 가장 중요한 요소는?

① 방문자의 수　　② 사무원의 수

③ 사무소의 층수　　④ 사무실의 위치

[해설]

► 사무소의 크기는 사무원 수에 따라 결정된다.

정답 ②

31. 사무소 건축의 엘리베이터 관한 설명으로 옳지 않은 것은?

① 외래자에게 직접 잘 알려질 수 있는 위치에 배치한다.

② 승객의 층별 대기시간은 평균 운전간격 이하가 되게 한다.

③ 피난을 고려하여 두 곳 이상으로 분산하여 배치하는 것이 바람직하다.

④ 초고층, 대규모 빌딩인 경우는 서비스 그룹을 분할(죠닝)하는 것을 검토한다.

[해설]

◈ 엘리베이터 배치 조건

- 주요 출입구 홀에 직면할 것,
- 각층의 위치는 되도록 동선이 짧고 간단할 것,
- 외래자에게 잘 알려질 수 있는 위치에 배치할 것,
- 한곳에 집중해서 배치할 것,
- 5대 이하는 직선으로 배치하고, 6대 이상은 앨코브 또는 대면 배치가 효과적이다.
- 엘리베이터 홀의 최소 넓이는 $0.5m^2$/인이고, 폭은 4m로 한다.

정답 ③

32. 사무소건축의 실단위계획 중 개실 시스템에 관한 설명으로 옳은 것은?

① 소음이 크고 독립성이 떨어진다.

② 방의 길이나 깊이에 변화를 줄 수 있다.

③ 전면적을 유효하게 이용할 수 있어 공간절약상 유리하다.

④ 프라이버시 확보와 응접이 요구되는 최고경영자나 전문직 개실에 사용된다.

[해설]

◈ 개실 시스템

- 복도에 의해 각 층의 여러 부분으로 들어가는 방법으로 유럽에서 널리 쓰인다.
- 독립성과 쾌적성이 좋다.　　- 자연채광 조건이 좋다.　　- 공사비가 비교적 높다.
- 방 길이에는 변화를 줄 수 있지만, 방 깊이에는 변화를 줄 수 없다.

정답 ④

33. 사무소 건축의 코어 유형 중 편심형 코어에 관한 설명으로 옳은 것은?

① 구조적으로 가장 바람직한 유형이다.

② 기준층 바닥 면적이 작은 경우에 적합한 유형이다.

③ 2방향 피난에 이상적인 관계로 방재상 유리한 유형이다.

④ 코어를 업무공간에서 별도로 분리, 독립시킨 유형으로 분리코어라고도 한다.

[해설]

◈ 편심코어형

- 기준층 바닥면적이 적은 경우에 적합하며 너무 고층인 경우는 구조상 좋지 않다. 바닥면적이 커지면 코어이외에 피난 시설, 설비 샤프트 등이 필요해진다.

정답 ②

34. 사무소 건축계획에서 층고를 낮게 잡는 이유와 관계 없는 것은?

① 건축 공사비를 절감하기 위하여

② 체적을 줄여 에너지 절약을 하기 위하여

③ 엘리베이터의 왕복시간을 단축하기 위하여

④ 높이 제한 내에서 많은 층수를 얻기 위하여

[해설]

◈ 층고를 낮게 할 경우의 이점

- 건축비를 절감할 수 있다.
- 공조의 효과가 높다(동력 소비량 절감).
- 법규 제한 범위 내 많은 층수를 확보할 수 있다.

► 3번은 많은 층수를 얻게 되면 엘리베이터의 정지층수가 많아져 왕복시간이 늘어난다.

정답 ③

35. 사무소 건축의 실단위 계획 중 개방식 배치에 관한 설명으로 옳은 것은?

① 소음이 들리고 독립성이 떨어진다. ② 고정된 칸막이벽 공사가 요구된다.

③ 개실시스템에 비해 공사비가 고가이다. ④ 일반적으로 자연채광만으로 조명을 처리한다.

[해설]

◈ 개방식 배치

- 전용면적을 유용하게 이용할 수 있어 공간이 절약된다. - 소음이 들리고 독립성이 떨어진다.
- 칸막이벽이 없어서 개실 배치방법보다 공사비가 싸다.
- 방의 길이나 깊이에 변화를 줄 수 있다. - 자연채광과 함께 인공조명이 필요하다.

정답 ①

36. 업무시설 중 사무소에서 장애인 등의 편의를 위해 건축물의 주출입구에 턱낮추기를 하는 경우, 주출입구와 통로의 높이 차이는 최대 얼마 이하가 되도록 하여야 하는가?

① 1cm ② 2cm

③ 4cm ④ 5cm

[해설]

사무소건축에서 장애인 등의 편의를 위해 건축물의 주출입구에 턱낮추기를 하는 경우, 주출입구와 통로의 높이 차이가 2cm 이하가 되도록 하여야 한다.

정답 ②

37. 사무소 건축에서 엘리베이터 조닝(zoning)에 관한 설명으로 옳지 않은 것은?

① 엘리베이터 설치비를 절약할 수 있다.

② 고층부 엘리베이터를 고속화할 수 있다.

③ 일주시간이 단축되어 수송능력이 증가한다.

④ 조닝의 수가 증가하면 승강로 면적도 증가한다.

[해설]

◈ 엘리베이터의 조닝

엘리베이터의 정지 층수를 몇 층마다 분리시킨 것으로서 이용하는 데는 불편하지만 경제성과 엘리베이터의 이용률의 증가를 기할 수 있다. 조닝의 수가 증가하면 승강로 연면적이 줄어든다.

- 경제성
- 수송시간의 단축
- 유효면적의 증가

정답 ④

38. 오피스 건축에 사용되는 아트리움에 관한 설명으로 옳지 않은 것은?

① 건축물에 조형적 · 상징적 독자성(identity)을 부여한다.

② 공간적으로는 중간영역으로서 매개와 결절점의 기능을 수용한다.

③ 주로 유리재료로 구성되므로 실내공간의 에너지 절약 효과는 기대할 수 없다.

④ 도심내의 오피스와 가로 사이에서 도시민을 위한 휴식과 커뮤니케이션 장소로 활용된다.

[해설]

◈ 아트리움 설치 목적

- 실내 속에서 자연을 느끼게 함
- 휴식공간의 역할
- 쾌적한 환경조성

정답 ③

39. 사무소 건축의 엘리베이터계획에 관한 설명으로 옳지 않은 것은?

① 가능한 한 1곳에 집중하여 배치한다.

② 출입구에 바짝 접근해 있지 않도록 한다.

③ 대수산정은 1일 평균 사용인원을 기준으로 산정한다.

④ 외래자에게 직접 잘 알려질 수 있는 위치에 배치한다.

[해설]

► 1일 중 엘리베이터 이용자가 가장 많은 시간은 오후 0~1시 사이이다. 그러나 단시간의 이용도가 가장 많은 때는 아침 출근시 5분간으로 이때는 1일 전체 이용자의 1/3~1/10에 달한다. 따라서, 대수의 산정은 아침 출근시 5분간의 피크타임 인원수를 기준으로 한다. 또한, 대실면적과 건물의 성격을 감안하여 엘리베이터 대수를 산정한다.

정답 ③

40. 다음 중 고층 사무소 건물의 코어 내에 들어가는 공간으로 가장 부적당한 것은?

① 화장실 ② 계단실

③ 공조실 ④ 변전실

[해설]

◈ 코어 계획

각 층의 설비 계통의 서비스 부분을 한 부분에 집약시켜 신경 계통의 집중화와 외벽의 내진벽 역할에 따라 구조적인 이점을 기대하는 방식이다.

► 코어 내의 공간

- 실 : 계단실, 변소(세면소), 잡용실, 급탕실
- 샤프트 : 엘리베이터, 파이프, 덕트, 연돌, 더스트 슈트
- 통로 : 엘리베이터 홀, 복도, 특별피난계단

정답 ④

41. 다음 중 고층 사무소 건축의 기둥간격 결정요인과 가장 거리가 먼 것은?

① 코어의 형식 ② 책상의 배치단위

③ 구조상의 스팬의 한도 ④ 지하주차장의 주차배치단위

[해설]

◈ 사무소건축의 기둥간격 결정요소

- 구조상 스팬의 한도, 채광상 층고에 의한 안 깊이, 책상배치단위, 지하주차주요 통로 및 주차배치 단위

정답 ①

42. 사무소 건축의 코어 플랜에서 각 공간의 위치관계에 관한 설명으로 옳지 않은 것은?

① 엘리베이터는 가급적 중앙에 집중 배치할 것

② 계단과 엘리베이터는 가능한 한 접근시킬 것

③ 코어 내의 각 공간이 각층마다 공통의 위치에 있을 것

④ 화장실을 그 위치가 외래자에게 잘 알려질 수 없는 곳에 배치할 것

[해설]

사무소 건축의 코어 계획에서 화장실은 그 위치가 외래자에게 잘 알려줄 수 있는 곳에 배치한다. 또한 엘리베이터, 계단 및 화장실은 가급적 접근시킨다. 단, 피난용 특별계단 상호간의 거리는 법정거리 내에서 가급적 멀리한다.

정답 ④

43. 사무소 건축의 코어 형식 중 중심코어형에 관한 설명으로 옳은 것은?

① 내진 구조를 위한 코어로서는 불리하다.

② 바닥면적이 큰 경우에는 적용이 곤란하다.

③ 내부공간과 외관이 획일적으로 되기 쉽다.

④ 2방향 피난에 이상적이며, 방재상 유리하다.

[해설]

◈ 중심코어형

- 코어 프레임이 내력벽 및 내진구조가 가능함으로서 구조적으로 바람직한 유형이다.
- 유효율이 높으며, 임대 사무소로서 경제적인 계획이 가능하다.
- 내부공간과 외관이 획일적으로 되기 쉽다.

정답 ③

44. 사무소 건축에서 렌터블비(rentable ratio)가 의미하는 것은?

① 연면적과 대지면적의 비 ② 임대면적과 연면적의 비

③ 임대면적과 대지면적의 비 ④ 임대면적과 건축면적의 비

[해설]

► 렌터블비는 임대면적과 연면적의 비를 말한다. 사무소 건축을 코어시스템으로 하면 렌터블비, 즉 유효면적(임대면적)이 증대된다.

정답 ②

45. 사무소 건축에서 기준층 층고의 결정 요소와 관계없는 것은?

① 공사비
② 채광조건
③ 사용목적
④ 엘리베이터 설치 대수

[해설]

► 기준층은 종업원 수, 주차대수, 방화구획, 피난거리, 동선 등을 고려하여 결정하고 적절한 경간과 코어 설계로 경제성과 기능성을 향상시킨다. 엘리베이터 대수 산정은 엘리베이터가 운반해야할 인원수로 계산된다.

정답 ③

46. 다음의 설명에 알맞은 사무소 건축의 코어 형식은?

코어가 기준층 평면의 한쪽에 치우친 형태로 일반적으로 사무실의 기준층 면적이 작은 경우에 많이 적용된다.

① 편심코어형
② 중심코어형
③ 양측코어형
④ 분리코어형

[해설]

◈ 편심형

기준층 바닥면적이 작은 경우에 적합하고, 바닥면적이 일정 규모 이상으로 증가하면 코어 이외의 공간에 피난 계단 및 설비 설비용 샤프트 등을 설치해야 하며, 고층 사무소에는 적합하지 않다.

정답 ①

47. 다음 중 사무소 건축의 기준층 평면형태의 결정 요인에 속하지 않는 것은?

① 구조상 스팬의 한도
② 엘리베이터의 처리능력
③ 대피상의 최대 피난거리
④ 자연광에 의한 조명한계

[해설]

► 기준층은 종업원 수, 주차대수, 방화구획, 피난거리, 동선 등을 고려하여 결정하고 엘리베이터 처리능력은 엘리베이터 이용자 인원수에 의해 결정된다.

정답 ②

48. 사무소 건축의 코어에 관한 설명으로 옳지 않은 것은?

① 코어는 구조내력벽으로 이용할 수 있다.

② 건물 내의 설비시설을 집중시킬 수 있다.

③ 코어 내의 각 공간이 각 층마다 공통의 위치에 있게 한다.

④ 대규모 건물의 코어는 보행거리를 평균화하기 위해 한쪽으로 편중하는 것이 좋다.

[해설]

► 코어는 각 층마다 평면상 동일 위치에 배치하여 설비물의 설치와 관리를 용이하게 하고 2차적인 구조체 역할을 하도록 한다.

정답 ④

49. 사무소 건축에서 엘리베이터의 조닝(zonung)의 효과에 관한 설명으로 옳지 않은 것은?

① 사무실의 유효면적이 증가한다.

② 엘리베이터의 일주시간이 증가한다.

③ 엘리베이터의 설비 비용이 감소한다.

④ 초기 이용자가 혼란에 빠질 우려가 있다.

[해설]

► 엘리베이터의 수용 및 수송력이 향상되고, 엘리베이터의 일주시간이 감소한다.

정답 ②

50. 업무시설 중 지방자치단체의 청사에 의무적으로 설치하여야 하는 장애인 증의 편의시설에 속하지 않는 것은?

① 장애인전용주차구역

② 장애인 등의 이용이 가능한 욕실

③ 장애인 등의 이용이 가능한 화장실

④ 높이 차이가 제거된 건축물 출입구

[해설]

► 의무적으로 설치해야하는 장애인 증의 편의시설은 장애인 전용주차구역, 장애인등의 이용 가능한 화장실, 높이 차이가 제거된 출입문 등이 있다.

정답 ②

51. 사무소 건축계획에서 개방식 배치(Open Floor Plan)에 관한 설명으로 옳지 않은 것은?

① 소음이 적고 독립성이 있다.

② 전면적을 유용하게 이용할 수 있다.

③ 개설시스템보다 공사비가 저렴하다.

④ 자연채광에 보조채광으로서의 인공채광이 필요하다.

[해설]

개방식 배치는 독립성이 결여되고 소음이 커질 우려가 있다.

정답 ①

52. 사무소 건축의 코어 유형에 관한 설명으로 옳지 않은 것은?

① 중앙코어형은 구조적으로 바람직한 유형이다.

② 편단코어형은 기준층 바닥면적이 적은 경우에 적합한 유형이다.

③ 외코어형은 방재상 2방향 피난시설 설치에 이상적인 유형이다.

④ 양단코어형은 단일용도의 대규모 전용사무실에 적합한 유형이다.

[해설]

외코어형(독립형)은 방재상 불리하고 바닥면적이 증가하면 피난시설을 수용할 수 있는 부수적 코어가 필요하다.

정답 ③

53. 사무소 건축에서 렌터블 비(Rentable Ratio)를 올바르게 표현한 것은?

① 연면적에 대한 임대면적의 비율

② 연면적에 대한 건축면적의 비율

③ 대지면적에 대한 임대면적의 비율

④ 대지면적에 대한 건축면적의 비율

[해설]

유효율(Rentable Ratio : 렌터블 비)란 연면적에 대한 대실면적의 비율로 유효율이 높다는 것은 대실면적 비율이 높아 임대 수익성이 높다는 것을 의미한다.

정답 ①

54. 사무소 건축의 엘리베이터 계획에 관한 설명으로 옳지 않은 것은?

① 군 관리운전의 경우 동일 군내의 서비스층은 같게 한다.

② 승객의 층별 대기시간은 평균 운전간격 이상이 되게 한다.

③ 수량 계산시 대상 건축물의 교통수요량에 적합해야 한다.

④ 서비스를 균일하게 할 수 있도록 건축물 중심부에 설치하는 것이 좋다.

[해설]

► 엘리베이터는 주출입구와 홀에 근접시키며 동선은 짧고 간단하게 계획하는 것이 좋다. 또한 승강거리 또한 짧게 계획하는 것이 효율적이다.

정답 ②

55. 사무소 건축의 엘리베이터 계획에 관한 설명으로 옳지 않은 것은?

① 수량 계산 시 대상 건축물의 교통수요량에 적합해야 한다.

② 승객의 층별 대기시간은 평균 운전간격 이하가 되게 한다.

③ 초고층, 대규모 빌딩인 경우는 서비스 그룹을 분할하여서는 안된다.

④ 건축물의 출입층이 2개 층이 되는 경우는 각각의 교통수요량 이상이 되도록 한다.

[해설]

► 초고층, 대규모 빌딩인 경우는 구역의 분할 수가 많아져 공간 이용 효율이 저하되기 때문에 서비스 그룹을 분할하는 것이 좋다.

정답 ③

56. 다음 중 사무소 건축에서 기둥간격을 결정하는 요소와 가장 거리가 먼 것은?

① 책상배치의 단위　　② 주차배치의 단위

③ 엘리베이터의 설치 대수　　④ 채광상 층높이에 의한 깊이

[해설]

► 엘리베이터 대수 산정은 엘리베이터가 운반할수 있는 인원수와 운반해야할 인원수로 인해 계산된다.

정답 ③

57. 사무소 건축의 평면형태 중 2중지역 배치에 관한 설명으로 옳지 않은 것은?

① 동서로 노출되도록 방향성을 정한다.

② 중규모 크기의 사무소 건축에 적당하다.

③ 주계단과 부계단에서 각 실로 들어갈 수 있다.

④ 자연채광이 잘 되고 경제성보다 건강, 분위기 등의 필요가 더 요구될 때 가장 적당하다.

[해설]

► 경제성이 떨어지고 채광과 환기에 유리한 것은 단일 지역 배치형이다.

정답 ④

58. 다음 중 사무소 건축물에서 층고를 낮게 하는 이유와 가장 관계가 먼 것은?

① 건축비를 절감하기 위하여

② 같은 높이에 많은 층수를 얻기 위하여

③ 실내 공기조화의 효율을 높이기 위하여

④ 엘리베이터의 왕복시간을 단축하기 위하여

[해설]

► 사무소의 층높이는 사용목적, 채광률, 천장높이, 슬래브와 천장사이 공간의 규모에 의해 결정되지만, 층높이는 구조적으로 낮게 계획하는 것이 좋고 엘리베이터의 시간은 저속 50m/분, 중속 50~105m/분, 고속은 120~150m/분의 속도를 갖추어야 한다.

정답 ④

59. 다음 설명에 알맞은 사무소 건축의 복도형식은?

· 편복도식이라고도 한다. · 경제성보다는 쾌적한 환경이나 분위기 등이 필요한 것에 적합한 형식이다.

① 단일지역배치　　② 2중지역배치

③ 3중지역배치　　④ 4중지역배치

[해설]

◈ 단일지역배치(편복도식)

복도의 한편에만 실들이 있는 형식으로 고가이다.

자연채광이 잘되고, 경제성보다 건강, 분위기 등의 필요가 더 중요한 것에 적당하다.

정답 ①

60. 사무실 건축의 엘리베이터 배치시 고려사항으로 옳지 않은 것은?

① 4대 이상 설치 시에는 일렬 배치로 한다.

② 교통동선의 중심에 설치하여 보행거리가 짧도록 배치한다.

③ 여러 대의 엘리베이터를 설치하는 경우, 그룹별 배치와 군 관리 운전방식으로 한다.

④ 엘리베이터 홀은 엘리베이터 정원 합계의 50% 정도를 수용할 수 있어야 하며, 1인당 점유면적은 0.5~0.8m^2로 계산한다.

[해설]

5대 이하는 직선으로 배치하고, 6대 이상은 앨코브 또는 대면배치가 효과적이다.

정답 ①

61. 사무소 건축의 실 단위계획 중 개방식 배치에 관한 설명으로 옳지 않은 것은?

① 모든 면적을 유용하게 이용할 수 있다.

② 공간의 길이나 깊이에 변화를 줄 수 있다.

③ 기본적인 자연채광에 인공조명이 요구된다.

④ 소음이 많이 발생하고 개인의 독립성이 결핍된다는 단점이 있다.

[해설]

► 개방식 배치의 장점으로 방의 길이나 깊이에 변화를 줄 수 있다.

정답 ②

62. 사무소 건축의 화장실 위치에 관한 설명으로 옳지 않은 것은?

① 각 사무실에서 동선이 간단할 것

② 각 층마다 공통의 위치에 배치할 것

③ 계단실, 엘리베이터 홀에 근접할 것

④ 가능하면 외기에 접하지 않는 위치로 할 것

[해설]

◈ 화장실의 위치

각 사무실에서 동선이 짧은 곳일 것

계단 및 엘리베이터 홀에 근접시킬 것

각 층 공동위치에 둘 것

1개소 또는 2개소에 집중 배치할 것

외기에 접할 것(외기에 접하지 않을 경우 환기설비가 필요하다.

정답 ④

63. 사무소 건축의 엘리베이터 배치에 관한 설명으로 옳지 않은 것은?

① 교통동선의 중심에 설치하여 보행거리가 짧도록 배치한다.

② 여러 대의 엘리베이터를 설치하는 경우, 그룹별 배치와 군관리운전 방식으로 한다.

③ 일렬 배치는 6대를 한도로 하고, 엘리베이터 중심 간 거리는 10m 이하가 되도록 한다.

④ 엘리베이터 수량은 이용자가 집중하는 경우를 기준하여 수송능력, 대기시간 등을 기준값 이내로 한다.

[해설]

4대 이하는 직선으로 배치하고, 6대 이상은 앨코브 또는 대면배치가 효과적이다.

정답 ③

64. 사무소 건축의 기준층 층고의 결정요인과 가장 관계가 먼 것은?

① 채광 ② 사무실의 깊이

③ 엘리베이터 설치 대수 ④ 공기조화(Air conditioning)

[해설]

► 층고와 깊이에 있어서 층고는 사용목적, 채광, 공사비에 의해서 결정되며, 사무실의 깊이는 책상배치, 채광량 등으로 결정되지만 층고에도 관계된다.

정답 ③

65. 사무소 건축의 실 단위계획 중 개방식 배치에 관한 설명으로 옳지 않은 것은?

① 독립성과 쾌적감의 이점이 있다.

② 전면적을 유용하게 이용할 수 있다.

③ 개실 시스템보다 공사비가 저렴하다.

④ 오피스 랜드스케이핑은 개방식 배치의 한 형식이다.

[해설]

► 개방식 배치의 단점으로 소음이 크고, 독립성이 떨어진다.

정답 ①

66. 사무소 건축의 코어 유형 중 편심형 코어에 관한 설명으로 옳은 것은?

① 구조적으로 가장 바람직한 유형이다.

② 기준층 바닥면적이 작은 경우에 적합한 유형이다.

③ 2방향 피난에 이상적인 관계로 방재상 유리한 유형이다.

④ 코어를 업무공간에서 별도로 분리, 독립시킨 유형으로 분리코어라고도 한다.

[해설]

① 중심코어형의 특징에 속한다.
③ 양측코어형의 특징에 속한다.
④ 독립코어형의 특징에 속한다.

정답 ②

67. 사무소 건축에서 2중지역 배치(double zone layout)에 관한 설명으로 옳지 않은 것은?

① 중규모 크기의 사무소 건물에 적당하다.
② 주계단과 부계단에서 각 실로 들어갈 수 있다.
③ 동서로 노출되도록 방향을 정하는 것이 바람직하다.
④ 경제성보다 건강, 분위기 등이 더 중요하게 요구되는 건물에 적당하다.

[해설]

④은 단일 지역배치에 관한 것이다.

정답 ④

68. 사무소 건축에서 렌터를 비(rentable ratio)의 산정 방법으로 옳은 것ㄹ은?

① $\frac{\text{임대면적}}{\text{연면적}} \times 100[\%]$　② $\frac{\text{임대면적}}{\text{건축면적}} \times 100[\%]$

③ $\frac{\text{연면적}}{\text{임대면적}} \times 100[\%]$　④ $\frac{\text{건축면적}}{\text{임대면적}} \times 100[\%]$

[해설]

$$\text{유효율(렌터블비)} = \frac{\text{대실면적}}{\text{연면적}} \times 100(\%)$$

정답 ①

69. 사무소 건축의 코어계획에 관한 설명으로 옳지 않은 것은?

① 엘리베이터홀과 출입구문은 근접하여 배치한다.
② 코어내의 각 공간은 각 층마다 공통의 위치에 배치한다.
③ 계단, 엘리베이터 및 화장실은 가능한 근접하여 배치한다.
④ 코어내의 서비스 공간과 업무 사무실과의 동선을 단순하게 처리한다.

[해설]

► 코어계획시 고려사항으로 엘리베이터 홀이 출입구면에 근접해 있지 않도록 한다.

정답 ②

70. 다음 중 사무소 건축에서 기준층 층고의 결정 요소와 가장 거리가 먼 것은?

① 채광률 ② 사용목적

③ 엘리베이터의 대수 ④ 공기조화(Air Conditioning)

[해설]

기준층 평면형 결정은 채광량, 공용시설, 기둥간격, 사용목적, 공사비, 비상설비 등을 고려해야 한다.

정답 ③

71. 다음 중 사무소 건축에서 기준층 층고의 결정 요소와 가장 거리가 먼 것은?

① 채광률 ② 사용목적

③ 공조시스템 ④ 엘리에비터의 설치 대수

[해설]

► 사무소 건축에서 기준층 층고의 결정요소는 층고와 깊이에 있어서 층고는 사용목적, 채광, 공사비에 의해서 결정되며, 사무실의 깊이는 책상배치, 채광량 등으로 결정되지만 층고에도 관계된다.

정답 ④

72. 사무소 건축의 코어 형식 중 중심코어형에 대한 설명으로 옳은 것은?

① 구조코어로서 바람직한 형식이다.

② 기준층 바닥면적이 작은 경우에 주로 사용된다.

③ 2방향 피난에 이상적인 관계로 방재 및 피난상 유리하다.

④ 편심코어형으로부터 발전된 것으로 자유로운 사무공간을 구성할 수 있다.

[해설]

► 중심코어형은 바닥면적이 큰 경우에 적합하며 고층, 초고층에 적합하고, 외주 프레임을 내력벽으로 하여 중앙코어와 일체로 한 구조코어로서의 내진구조로 만들 수 있다. 내부공간과 외관이 획일적으로 되기 쉽다.

정답 ①

73. 사무소 건축에서 Open Plan 배치의 일종으로 배치할 때 직위 서열보다 의사 전달과 작업의 흐름을 중요시하여 배치하는 실 단위계획은?

① 아트리움(atrium) ② 2중지역 배치(double zone layout)

③ 개실 시스템(individual room system) ④ 오피스 랜드스케이핑(office landscaping)

[해설]

► 오피스 랜드스케이핑이란 계급, 서열에 의한 획일적인 배치에 대한 반성으로서 사무의 흐름이나 작업의 성격을 중시하여 능률적인 배치를 말하며 사무실에서 커뮤니케이션의 융통성 있고 장애요인이 거의 없으며 변화하는 작업의 패턴에 따라 조절이 가능하고 신속하게 경제적으로 대처를 할 수 있다.

정답 ④

74. 사무소 건축의 엘리베이터 배치계획에 대한 설명 중 옳지 않은 것은?

① 주요 출입구 홀에 직접 면해서 배치하는 것이 좋다.

② 각 층의 위치는 되도록 동선이 짧고 단순하게 계획 하는 것이 좋다.

③ 승강기의 출발층은 1개소로 한정하는 것이 운영면에서 효율적이다.

④ 엘리베이터를 직선형으로 배치할 경우 6대 이하로 하는 것이 원칙이다.

[해설]

► 엘리베이터 배치 계획시 조건은 주요 출입구 홀에 직면 배치할 것 단 사무실 출입문에 가까이 접근하는 것은 금지한다. 각층의 위치는 되도록 동선이 짧고 간단해야 하며 외래자에게 잘 알려질 수 있는 위치여야 하고 한 곳에 집중해서 배치해야 한다. 5대 이하는 직선으로 배치하고 6대 이상은 앨코브 또는 대면배치가 효과적이다.

정답 ④

75. 다음 중 고층 사무소에 코어 시스템의 도입 효과와 가장 거리가 먼 것은?

① 설비의 집약　　② 구조적인 이점

③ 유효면적의 증가　　④ 독립성의 보장

[해설]

► 고층 사무소는 중심코어형을 많이 쓰는데 중심코어형은 바닥면적이 큰 경우에 적합하며 고층, 초고층에 적합하고, 외주 프레임을 내력벽으로 하여 중앙코어와 일체로 한 내진구조로 만들 수 있으며 내부공간과 외관이 획일적으로 되기 쉽다.

정답 ④

76. 오피스 랜드스케이핑(office landscaping)에 관한 설명 중 옳지 않은 것은?

① 커뮤니케이션의 융통성이 있고, 장애요인이 거의 없다.

② 배치는 의사전달과 작업흐름의 실제적 패턴에 기초를 둔다.

③ 실내에 고정된 칸막이나 반고정된 칸막이를 사용하도록 한다.

④ 바닥을 카펫으로 깔고, 천장에 방음장치를 하는 등의 소음대책이 필요하다.

[해설]

► 오피스 랜드스케이핑이란 계급, 서열에 의한 획일적인 배치에 대한 반성으로서 사무의 흐름이나 작업의 성격을 중시하여 능률적인 배치를 말하며 사무실에서 커뮤니케이션의 융통성 있고 장애요인이 거의 없으며 변화하는 작업의 패턴에 따라 조절이 가능하고 신속하게 경제적으로 대처를 할 수 있다.

정답 ③

77. 사무소 건축에 있어서 연면적에 대한 임대면적의 비율로서 가장 적당한 것은?

① 40~50%　　② 50~60%

③ 70~75%　　④ 80~85%

[해설]

► 연면적에 대한 임대면적의 면적구성비는 70~75%이므로 정답은 3번이다.

정답 ③

78. 사무소 건축의 실단위 계획 중 개방식 배치에 대한 설명으로 옳지 않은 것은?

① 전면적을 유용하게 이용할 수 있다.

② 개실시스템에 비해 공사비가 저렴하다.

③ 자연채광에 보조채광으로서의 인공채광이 필요하다.

④ 개실시스템에 비해 독립성과 쾌적감의 이점이 있다.

[해설]

◈ 개방식 배치

개방된 큰 방으로 설계하고, 중역들을 위해 분리된 작은 방을 두는 방식으로 전면적을 유효하게 이용할 수 있어 공간절약상 유리하다. 칸막이벽이 없어서 공사비가 개실시스템보다 저렴하고 방의 길이나 깊이에 변화를 줄 수 있다. 단점으론 소음이 크고 독립성이 떨어지며 자연채광에 인공조명이 필요하다.

정답 ④

79. 사무소 건축의 코어 형식 중 방재상 가장 유리한 것은?

① 편코어형　　② 중심코어형

③ 양측코어형　　④ 외코어형

[해설]

◈ 양측코어형

하나의 대공간을 필요로 하는 전용사무소에 적합하며 2방향피난에 이상적이며, 방재상 유리하다. 임대사무소일 경우 같은 층을 분할하여 대여하면 복도가 필요하게 되고 유효율이 떨어진다.

정답 ③

80. 사무소 건축의 코어(Core) 계획에 대한 설명 중 옳지 않은 것은?

① 엘리베이터 홀은 출입구 문에 가급적 바싹 근접시켜 동선을 짧게 한다.

② 피난용 특별계단 상호 간의 거리는 법정거리 내에서 가급적 멀리한다.

③ 코어 내의 각 공간이 각 층마다 공통의 위치에 있도록 한다.

④ 코어 내의 동선과 임대 사무실 사이의 동선은 간단히 한다.

[해설]

► 사무소 건축의 코어계획에는 계단과 엘리베이터 및 변소는 가능한 한 접근시킨다. 단 피난용 특별계단은 법정거리 한도내에서 가급적 멀리 둔다. 코어내의 공간과 임대사무실 사이의 동선이 간단해야 한다. 코어내 공간의 위치를 명확히 한다. 엘리베이터 홀이 출입구면에 근접해 있지 않도록 한다. 엘리베이터는 가급적 중앙에 집중시킨다. 코어내 각 공간이 각층마다 공통의 위치에 있어야 한다. 잡용실, 급탕실, 더스트 슈트는 가급적 접근시킨다.

정답 ①

81. 사무소 건축의 실 단위계획 중 개실 시스템에 대한 설명으로 옳은 것은?

① 전면적을 유용하게 이용할 수 있다.

② 칸막이벽이 없어서 개방식 배치보다 공사비가 저렴하다.

③ 복도가 없어 인공조명과 인공환기가 요구된다.

④ 방 길이에는 변화를 줄 수 있으나, 방 깊이에 변화를 줄 수 없다.

[해설]

◈ 개실 시스템

복도에 의해 각층의 여러 부분으로 들어가는 방식으로 독립성과 쾌적성 및 자연채광조건이 좋으며 불경기일 때 임대하기가 용이하다는 장점이 있다. 단점으론 공사비가 비교적 높고 방 길이에는 변화를 줄 수 있지만 연속된 복도 때문에 방 깊이에는 변화를 줄 수 없다.

정답 ④

82. 사무소 건축의 계단 배치 시 고려해야 할 사항으로 옳지 않은 것은?

① 동선은 간단명료하고 최단거리의 위치에 놓을 것

② 엘리베이터 홀에 근접할 것

③ 동선이 혼잡한 곳에 집중적으로 배치할 것

④ 주요 계단은 되도록 1층 주요 출입구 근처에 배치할 것

[해설]

► 사무소 건축의 계단 배치는 동선이 간단하고 명료하며, 최단 위치에 오게 한다. 또한 주요 계단은 1층 주출입구 근처에 배치한다. 엘리베이터 홀에 근접시키고 균등하게 배치한다. 방화구획내에서는 1개소 이상의 계단을 배치한다.

정답 ③

83. 사무소 건축의 복도 형태에 따른 각종 평면형에 대한 설명 중 옳지 않은 것은?

① 2중 지역 배치(중복도식)는 주계단, 부계단을 두어 사용할 수 있고, 유틸리티 코어의 설계에 주의를 요한다.

② 단일 지역 배치(편복도식)는 채광, 통풍에 불리하다.

③ 3중 지역 배치(2중 복도식)는 방사선 형태의 평면형식으로 고층전용 사무실에 주로 사용된다.

④ 3중 지역 배치(2중 복도식)는 경제적이며 미적, 구조적 견지에서 많은 이점이 있다.

[해설]

► 단일지역(편복도형)은 복도의 한편에만 실들이 있는 형식으로 고가이다. 자연채광이 잘되고, 경제성보다 건강, 분위기 등의 필요가 더 중요한 것에 해당하므로 2번이 오답이다.

정답 ②

84. 사무소의 코어(Core) 계획에 대한 설명 중 옳은 것은?

① 편심코어형은 바닥면적이 큰 사무소에서 많이 사용된다.

② 외코어형은 방재상 가장 유리하다.

③ 중심코어형은 구조적으로 바람직한 형이다.

④ 양측코어형은 코어를 잇는 복도가 필요하므로 유효율을 높일 수 있다.

[해설]

► 사무소의 코어 계획에는 편심코어형, 독립코어형, 중앙코어형, 양단코어형 등이 있다. 중심코어형은 바닥면적이 큰 경우에 적합하며 고층, 초고층에 적합하고 외주 프레임을 내력벽으로 하여 중앙코어와 일체로 한 내진구조로 만들 수 있다. 내부공간과 외관이 획일적으로 되기 쉽다. 따라서 정답은 3번이다.

정답 ③

76. 사무소 건축의 엘리베이터에 대한 설명 중 옳지 않은 것은?

① 되도록 한 곳에 집중해서 배치한다.

② 외래자에게 직접 잘 알려질 수 있는 위치에 배치한다.

③ 승강기의 배열은 단거리 보행으로 모든 승강기에 접근할 수 있도록 한다.

④ Hall 넓이는 승강자 1인당 $0.2m^2$ 정도로 하는 것이 가장 좋다.

[해설]

► 사무소 건축의 엘리베이터는 계단과 엘리베이터 및 변소는 가능한 한 접근시킨다. 엘리베이터 홀이 출입구면에 근접해 있지 않도록 한다. 엘리베이터는 가급적 중앙에 집중시킨다. 따라서 오답은 4번이다.

정답 ④

77. 사무소 건축의 실 단위계획에서 개방식 배치(Open plan)에 대한 설명으로 옳지 않은 것은?

① 공간의 이용성이 높다.

② 소음의 우려가 있다.

③ 시설비, 관리비가 많이 든다.

④ 독립성이 부족하다.

[해설]

► 3번은 개실시스템의 단점에 대한 설명이다.

정답 ③

78. 사무소 건축에 사용되는 아트리움에 대한 설명 중 옳지 않은 것은?

① 공간적으로는 중간 영역으로서 매개와 결절점의 기능을 수용한다.

② 도심 내의 오피스와 가로 사이에서 도시민을 위한 휴식과 커뮤니케이션 장소로 활용된다.

③ 외부환경에 오픈되어 있어 에너지 절약의 효과는 기대할 수 없다.

④ 건축물에 조형적, 상징적 독자성(Identity)을 부여한다.

[해설]

◈ 아트리움의 역할

1. 아트리움의 공간적인 특성에 따른 문화적, 경제적, 기능적 이익제공
2. 아트리움공간을 통한 환경조절기능과 에너지 절감 효과
3. 건물내부의 시각적인 감동과 신선감 제공

정답 ③

79. 사무소 건축의 코어 형식 중 중심코어(중앙코어)에 대한 설명으로 옳지 않은 것은?

① 고층 건물에 적용이 유리하다.

② 내진구조에 적합하다.

③ 바닥면적이 큰 경우에는 적용이 불가능하다.

④ 외관이 획일적으로 되기 쉽다.

[해설]

► 중앙코어(센터코어)형은 대규모의 바닥면적이 큰 경우에 적합하다.

정답 ③

80. 사무소 건축에서 건물의 주요 부분을 자기 전용으로 하고 나머지를 대실하는 형식을 무엇이라고 하는가?

① 전용 사무소 ② 준전용 사무소

③ 준대여 사무소 ④ 대여 사무소

[해설]

1. 전용 사무소 : 완전한 자기소유의 사무소(관청 등)
2. 준전용 사무소 : 여러 개의 회사가 모여 관리운영과 슈유를 공동으로 하는 사무소
3. 준대여 사무소 : 건물의 주요부분은 자기전용으로 하고 나머지는 임대하는 사무소
4. 대여 사무소 : 건물의 전부를 임대하는 것

정답 ③

81. 오피스 랜드스케이프(office landscape)에 관한 설명 중 옳지 않은 것은?

① 커뮤니케이션의 융통성이 있다. ② 개방식 배치의 한 형식이다.

③ 소음 발생에 대한 고려가 요구된다. ④ 독립성과 쾌적감의 이점이 있다.

[해설]

► 독립성과 쾌적감의 이점이 있는 시스템은 개실시스템이다.

정답 ④

82. 사무소 건축의 화장실 계획에 대한 설명 중 옳지 않은 것은?

① 계단실, 엘리베이터 홀에 근접할 것

② 각 층마다 공통의 위치에 둘 것

③ 가능한 중정 또는 외기에 접할 것

④ 사무실 출입문과 화장실 출입문이 서로 마주보도록 배치할 것

[해설]

► 사무소건축에서 화장실은 외래자에게 잘 알려질 수 있는 위치에 배치한다. 또한 사무실 출입문과 화장실 출입문이 서로 마주보지 않도록 배치할 것

정답 ④

83. 다음 중 고층 사무소 건축에서 층고를 낮게 하는 이유와 가장 관계가 먼 것은?

① 공사비를 낮춘다.

② 보다 넓은 설비공간을 얻는다.

③ 실내의 공기조화 효율을 높인다.

④ 제한된 건물 높이에서 가급적 많은 수의 층을 얻는다.

[해설]

► 1, 3, 4번은 층고를 낮게 할 경우의 장점이다.

정답 ②

84. 사무소 건축에서 렌터블비란 무엇인가?

① 업무공간의 공용공간의 비

② 임대면적의 연면적의 비

③ 건축면적과 대지면적의 비

④ 연면적과 대지면적의 비

[해설]

렌터블비(유효율)= 임대(대실)면적 / 연면적 × 100(%)

정답 ②

85. 초고층 사무소 건물에 대한 설명으로 옳지 않은 것은?

① 대규모 교통수요에 대한 대책이 요구된다.

② 일조장애, 경관의 차단 등의 유려가 있다.

③ 설비관계의 집약으로 방재(防災)에 유리하다.

④ 도시의 스카이라인에 변화를 줄 수 있다.

[해설]

► 초고층사무소는 설비관계의 집약으로 방재(防災)에 불리하다.

정답 ③

86. 사무실 건물에서 코어 내 각 공간의 위치관계에 대한 설명 중 옳지 않은 것은?

① 계단과 엘리베이터 및 화장실은 가능한 한 접근 시킬 것

② 코어내의 공간과 임대사무실 사이의 동선이 간단할 것

③ 엘리베이터 홀은 출입구문에 인접하여 바싹 접근해 있도록 할 것

④ 엘리베이터는 가급적 중앙에 집중될 것이다.

[해설]

► 사무소건축의 코어 계획시 엘리베이터 홀과 출입구는 가급적 분리시킨다.

정답 ③

87. 사무소 건축의 코어형식 중 중심코어형에 대한 설명으로 옳지 않은 것은?

① 바닥면적이 큰 경우에는 사용할 수 없다.

② 구조코어로서 바람직한 형식이다.

③ 외관이 획일적일 수 있다.

④ 대여 빌딩으로서 경제적인 계획을 할 수 있다.

[해설]

► 중심코어(중앙코어, 센터코어)형은 바닥면적이 큰 경우에 적합하다.

정답 ①

88. 다음 중 고층 사무소건물의 층고를 결정하는데 가장 영향이 큰 것은?

① 천장내 설비공간의 크기 ② 엘리베이터의 대수

③ 기둥의 크기 ④ 피난계단의 형태

[해설]

1. 고층 사무소건물의 층고는 사용목적, 채광, 공사비에 의해 결정되며,
2. 사무실의 깊이는 책상배치, 채광량 등으로 결정되지만 층고에도 관계된다.

정답 ①

81. 다음 중 사무소 건축의 연면적이 10,000m^2인 경우, 대실면적으로 가장 알맞은 것은?

① 5,000m^2 ② 7,000m^2 ③ 8,500m^2 ④ 9,500m^2

[해설]

► 대실면적은 연면적의 70~75% 이므로, 대실면적=연면적 × (0.7~0.75)
10,000m^2 × (0.7~0.75) = 7,000~7,500㎡이다.

정답 ②

90. 사무소 건축의 실단위계획 중 개방식 배치에 대한 설명으로 옳지 않은 것은?

① 전면적을 유용하게 이용할 수 있다.

② 개실시스템보다 공사비가 저렴하다.

③ 오피스 랜드스케이핑은 개방식 배치의 한 형식이다.

④ 독립성과 쾌적감의 이점이 있다.

[해설]

► 4번은 개실시스템의 장점이다.

정답 ④

91. 다음 중 고층사무소 건축에서 층고를 낮게 잡는 이유와 가장 거리가 먼 것은?

① 실내 공기조화의 효율을 높이기 위하여

② 층고가 높을수록 공사비가 높아지므로

③ 제한된 건물 높이 한도내에서 가능한 한 많은 층수를 얻기 위하여

④ 엘리베이터의 왕복시간을 단축시킴으로서 서비스의 효율을 높이기 위하여

[해설]

► 층고를 낮게 계획하면 엘리베이터의 정지층수가 많아지므로 왕복시간이 길어지며 운영상 비경제적이다.

정답 ④

92. 사무소건축의 엘리베이터계획에 대한 설명 중 옳지 않은 것은?

① 외래자에게 직접 잘 알려질 수 있는 위치에 배치한다.

② 대수산정은 1일 평균 사용인원을 기준으로 산정한다.

③ 가능한 한 1곳에 집중하여 배치한다.

④ 출입구에 바짝 접근해 있지 않도록 한다.

[해설]

► 엘리베이터의 대수산정은 아침출근 5분간의 이용자수를 기준으로 산정한다.

정답 ②

93. 다음 중 사무소 건축의 규모에 따른 유리한 기준층 평면형이 잘못 짝지어진 것은?

① 소규모 - 복도가 없는 형

② 중 · 대규모 - 중복도형

③ 20층 이상 고층 - 중복도 방사선형

④ 소규모 - 편복도형

[해설]

복도를 설치하지 않는 형은 중앙홀형 이다.

정답 ①

94. 1000명을 수용하는 사무소 건축의 연면적으로 가장 적당한 것은?

① $4000m^2$ ② $5500m^2$

③ $7000m^2$ ④ $10000m^2$

[해설]

연면적당 1인당 소요바닥면적은 $8\sim11m^2$이므로,

1000명 × $8\sim11m^2$ / 인 = $8,000\sim11,000m^2$이다.

정답 ④

95. 오피스 랜드스케이프(office landscape)계획에 대한 설명으로 옳지 않은 것은?

① 외부 조경면적을 최대로 할 수 있다.

② 배치를 의사전달과 작업흐름의 실제적 패턴에 기초를 둔다.

③ 공간을 절약할 수 있다.

④ 커뮤니케이션의 융통성이 있다.

[해설]

► 오피스 랜드스케이핑은 외부 조경면적과는 무관하다.

정답 ①

96. 대규모 사무소 건축 설계에 관한 기술 중 옳지 않은 것은?

① 승강기의 출발은1개소로 한정하여 집중배치 하는 것이 운영면에서 효율적이다.

② 계단은 엘리베이터 홀에 되도록 가깝게 배치한다.

③ 화장실은 각층마다 공통의 위치에 두지 않고 분산 배치하여 사용에 편리하도록 한다.

④ 코어내의 공간과 임대 사무실 사이의 동선을 간단하게 한다.

[해설]

► 화장실은 각층마다 공통의 위치에 두며, 분산 배치시키지 말고 1개소 혹은 2개소에 집중 배치 한다.

정답 ③

97. 사무소 건축의 코어(Core)내 각 공간의 위치 관계에 대한 설명으로 옳지 않은 것은?

① 계단, 엘리베이터, 화장실은 가능한 한 근접시킨다.

② 엘리베이터는 가급적 중앙에 집중시킨다.

③ 코어(Core)내에 각 공간이 각 층마다 공통의 위치에 있게 한다.

④ 코어내의 공간과 임대 사무실 사이의 동선은 외래자에게 잘 알려지지 않도록 복잡하게 한다.

[해설]

► 코어내의 공간과 임대 사무실 사이의 동선은 간단해야 한다.

정답 ②

98. 사무소건축에서 유효율(rentable ratio)이란 무엇인가?

① 업무공간과 공용공간의 비

② 임대면적과 연면적의 비

③ 연면적과 대지면적의 비

④ 기준층의 바닥면적과 연면적의 비

[해설]

► 유효율이란 연면적에 대한 대실면적의 비율로 유효율이 높다는 것은 대실면적 비율이 높아 임대 수익성이 높다는 것을 말한다.

정답 ②

99. 사무소건축의 평면형태 중 2중지역 배치에 대한 설명으로 옳지 않은 것은?

① 자연채광이 잘 되고 경제성보다 건강, 분위기 등의 필요가 더 요구될 때 가장 적당하다.

② 중규모 크기의 사무소 건축에 적당하다.

③ 동서로 노출되도록 방향성을 정한다.

④ 주계단과 부계단에서 각 실로 들어갈 수 있다.

[해설]

► 자연채광이 잘 되는 배치는 단일 지역 배치이다.

정답 ①

100. 다음 중 오피스랜드스케이핑(office landscaping) 으로 옳지 않은 것은?

① 공간이용의 효율성 향상

② 사무능률의 향상

③ 유지관리비의 절감

④ 프라이버시의 확보

[해설]

► 시각적, 청각적 프라이버시와 독립성이 결여되기 쉽고 소음이 발생하기 쉬워 업무 분위기가 산만해 질 수 있다.

정답 ④

101. 다음의 사무소 건축에 관한 설명 중 틀린 것은?

① 준 대여 사무소는 건물의 주요부분을 자기 전용으로 하고 나머지를 대실하는 형태이다.

② 사무소 건축의 관리상 분류에 있어서 정부종합청사는 준전용 사무소 성격을 띤다.

③ 사무소의 층고와 깊이는 사용목적, 채광, 공사비 등에 의해 결정된다.

④ 복도형식 중 2중지역 배치는 중규모 크기의 사무소 건물에 적합하다.

[해설]

► 사무소 건축의 관리상 분류에 있어서 정부종합청사는 전용 사무소 성격을 띤다.

정답 ②

102. 다음 중 사무소 건축의 기준층 평면 형태에 영향을 미치는 요소와 가장 관계가 먼 것은?

① 구조상 스팬의 한도 ② 덕트, 배선, 배관 등 설비 시스템상의 한계

③ 자연광에 의한 조명한계 ④ 지하 주차장의 주차간격

[해설]

► 평면형 결정요인 - 경간(span), 동선상의 거리, 피난거리, 방화구획, 설비 및 채광조건

정답 ④

103. 다음 중 사무소 건물의 코어(core)형식에 관한 설명으로 옳지 않은 것은?

① 편심코어형은 일반적으로 소규모 사무소건물에 사용된다.

② 중심코어형은 구조코어로서 바람직한 형식이다.

③ 중심코어형은 바닥 면적이 큰 경우에 많이 사용한다.

④ 양측코어형은 방재상 가장 불리한 형식이다.

[해설]

► 양측코어형은 방재상 가장 유리하다.

정답 ④

104. 사무소건축소에서 화장실의 위치에 대한 설명 중 부적당한 것은?

① 각 사무실에서 동선이 간단할 것

② 계단실, 홀 등에 근접시킬 것

③ 집중해 있지 말고 되도록 각 층의3개소 이상에 분산 시킬 것

④ 각 층마다 공통의 위치에 있을 것

[해설]

► 화장실은 공통된 위치에 설치하는 것이 구조 및 설비적 측면에서 유리하다.

정답 ③

105. 사무소건축의 기준층에서의 유효율(rentableratio)로 가장 알맞은 것은?

① 30%　　② 50%

③ 65%　　④ 80%

[해설]

► 일반적으로 전체 사무소의 유효율은 0.7~0.75, 기준층 유효율은 0.8 정도가 적당하다.

정답 ④

106. 사무소의 분류 중 세종로 정부종합청사와 같은 행정관청은 어느 분류에 속하는가?

① 대여사무소　　② 준대여사무소

③ 준전용사무소　　④ 전용사무소

[해설]

► 기관이나 사업체가 전체 건물을 완전히 소유하고 그 기관이나 사업체만 사용하는 사무소.

정답 ④

107. 사무소건축계획에서 코어시스템(core system)을 채용하는 이유로 가장 부적당한 것은?

① 구조적인 이점　　② 임대면적의 증가

③ 피난상의 유리　　④ 설비계통의 집중

[해설]

► 코어시스템에는 구조적코어, 평면적코어, 설비적코어가 있다.

정답 ③

108. 다음 중 사무소 건축의 개방식 배치에 관한 설명으로 옳지 않은 것은?

① 독립성과 쾌적성이 좋다. ② 소음이 발생하기 쉽다.

③ 전면적을 유용하게 이용할 수 있다. ④ 방의 길이나 깊이에 변화를 줄 수 있다.

[해설]

개방형 배치를 이용하면 독립성이 결여되고 소음이 커질 우려가 있다.

정답 ①

109. 다음 중 사무소 코어내의 각 공간의 위치관계에 대한 설명 중 틀린 것은?

① 코어내의 공간과 임대사무실 사이의 동선은 간단하고 길지 않도록 한다.

② 엘리베이터는 가급적 중앙에 집중배치하고 엘리베이터홀이 출입구문에 바싹 접근해 있지 않도록 한다.

③ 화장실은 그 위치가 외래자에게 잘 알려질 수 없도록 하고 잡용실과 급탕실은 서로 접근시키지 않도록 한다.

④ 코어내의 공간의 위치가 명확해야 하며 각층마다 공통의 위치에 있도록 한다.

[해설]

► 잡용실, 급탕실, 더스트 슈트는 가급적 접근 시킨다.

정답 ③

110. 사무소 계획에서 일반적으로 표준이 되는 렌터블비(Rentable Ratio)로 가장 알맞은 것은?

① 40 ~ 45% ② 50 ~ 55%

③ 55 ~ 60% ④ 70 ~ 75%

[해설]

► 연면적에 대한 임대면적의 비율을 70~75% 정도이다.

정답 ④

111. 사무소 건축에서 2중지역 배치(double zone layout)를 설명한 내용 중 틀린 것은?

① 중규모 크기의 사무소 건물에 적당하다.

② 경제성보다 건강, 분위기 등이 더 중요하게 요구되는 건물에 적당하다.

③ 주계단과 부계단에서 각 실로 들어갈 수 있다.

④ 동서로 노출되도록 방향을 정하는 것이 바람직하다.

[해설]

► 2번은 단일지역배치에 대한 설명이다.

정답 ②

112. 사무소 건축의 코어내 각 공간의 위치관계에 대한 설명으로 부적당한 것은?

① 계단과 엘리베이터 및 화장실은 가능한 한 근접되도록 한다.

② 코어 내의 공간과 임대사무실 사이의 동선이 간단하게 되도록 한다.

③ 엘리베이터는 가급적 중앙에 집중되도록 한다.

④ 잡용실과 급탕실은 가급적 분리되도록 한다.

[해설]

► 잡용실, 급탕실, 더스트 슈트는 가급적 접근시킨다.

정답 ④

113. 1,000명을 수용하는 사무소 건축의 연면적으로 가장 적당한 것은?

① $3{,}000m^2$ ② $5{,}000m^2$

③ $10{,}000m^2$ ④ $15{,}000m^2$

[해설]

► 연면적당 1인당 소요 바닥면적은 $8 \sim 11m^2$이므로, 1000명$*8 \sim 11m^2$/인$=8000 \sim 11.000m^2$

정답 ③

114. 사무소 건축의 코어 시스템(Core system)의 특징에 대한 설명으로 옳지 않은 것은?

① 코어(Core)의 외곽이 내력적 구조체 역할을 한다.

② 각 층에서의 설비상의 계통거리가 길게 된다.

③ 사무소의 유효면적율을 높인다.

④ 서비스 부분의 위치가 각 층마다 공통의 위치에 있도록 한다.

[해설]

► 각 층에서 설비상의 계통거리가 짧게 된다.

정답 ②

115. 사무소 건축계획에서 층고를 낮게 잡는 이유와 가장 관계가 먼 것은?

① 엘리베이터의 왕복시간을 단축하기 위하여

② 많은 층수를 얻기 위하여

③ 건축 공사비를 싸게하기 위하여

④ 에너지 절약을 하기 위하여

[해설]

► 많은 층수를 얻게 되므로 엘리베이터의 정지층수가 많아져 왕복시간이 늘어 난다.

정답 ①

116. 사무소건축의 엘리베이터 계획에 대한 설명 중 틀린 것은?

① 엘리베이터 대수산정은 이용자가 제일 많은 점심시간 전후의 이용자수를 기준으로 한다.

② 엘리베이터를 직렬로 배치할 경우 4대 정도를 한도로 하는 것이 좋다.

③ 엘리베이터의 출발층은 1개소로 한정하는 것이 운영면에서 효율적이다.

④ 엘리베이터를 알코브형으로 배치할 경우 엘리베이터의 대향거리는 3.5m~4.5m 정도로 유지하는 것이 좋다.

[해설]

► 엘리베이터 대수산정은 아침 출근 피크타임시 5분간의 엘리베이터 이용자를 고려한다.

정답 ①

117. 고층건물의 코어 내에 들어가는 공간으로 가장 부적당한 것은?

① 계단실　　② 덕트

③ 공조실　　④ 배전실

[해설]

► 배전실은 고층건물의 지하에 계획하며, 코어내에 계획하지는 않는다.

정답 ④

118. 사무소 계획에 관한 설명 중 가장 부적당한 것은?

① 일반적으로 기준층의 높이는 3.3 – 3.6m 정도가 보통이다.

② 채광면적은 바닥면적의 1/10을 표준으로 한다.

③ 3중지역배치는 경제적일 뿐만 아니라 미적 및 구조적인 견지에서도 많은 이점을 제공한다.

④ 동일한 층에서 화장실은 분산하여 두도록 한다.

[해설]

► 사무소 건축에서 화장실은 동일층에서 분산하지 않고 집중하여 계획한다.

정답 ④

119. 사무소건축에서 화장실의 위치에 대한 설명 중 부적당한 것은?

① 각 사무실에서 동선이 간단할 것

② 계단실, 홀 등에 근접시킬 것

③ 집중해 있지 말고 되도록 각 층의 3개소 이상에 분산시킬 것

④ 각 층마다 공통의 위치에 있을 것

[해설]

► 1개소 또는 2개소에 집중 배치한다.

정답 ③

120. 사무소건축의 엘리베이터 배치계획으로 옳지 않은 것은?

① 주요출입구, 홀에 직접 면해서 배치할 것

② 외래자에게 직접 잘 알려질 수 있는 위치일 것

③ 엘리베이터 홀은 출입구문에 바싹 접근해 있을 것

④ 계단과 엘리베이터는 가능한 한 접근시킬 것

[해설]

► 엘리베이터는 출입구 홀에 직면배치 할 것(단 출입문에 가까이 접근하는 것은 금지함)

정답 ③

121. 피스 랜드스케이프(office landscape)계획에 대한 설명으로 옳지 않은 것은?

① 외부 조경면적을 최대로 할 수 있다.

② 배치를 의사전달과 작업흐름의 실제적 패턴에 기초를 둔다.

③ 공간을 절약할 수 있다.

④ 커뮤니케이션의 융통성이 있다.

[해설]

► 오피스 랜드스케이프(office landscape)는 외부 조경면적과는 무관하다.

정답 ①

122. 사무소건축의 코어에 관한 설명으로 적당하지 않은 것은?

① 코어는 구조내력벽으로 이용할 수 있다.

② 코어 내의 각 공간이 각층 마다 공통의 위치에 있게 한다.

③ 건물내의 설비시설을 집중시킬 수 있다.

④ 대규모 건물의 코어는 보행거리를 평균화하기 위해 한쪽으로 편중하는 것이 좋다.

[해설]

► 대규모 건물의 코어는 중앙에 위치하는 중심코어형이 적합하다. 대규모 건축물의 코어가 한쪽으로 편중하는 것은 편심코어인데 구조적으로 위험하다.

정답 ④

123. 고층사무소 건축의 기준층 평면형태를 한정시키는 요소와 가장 관계가 먼 것은?

① 구조상 스팬의 한도

② 덕트, 배관, 배선 등 설비시스템상의 한계

③ 방화구획상 면적

④ 오피스 랜드스케이핑에 의한 가구배치

[해설]

► 기준층 평면형태 결정요소로 오피스 랜드스케이핑에 의한 가구배치는 포함되지 않는다.

정답 ④

124. 사무소 건축의 설계에 있어서 사무실의 크기를 결정하는 가장 중요한 요소는?

① 방문자의 수 ② 사무실의 위치

③ 사업의 종류 ④ 사무원의 수

[해설]

◈ 사무실의 크기

1. 사무소 건축의 규모는 사무원 수에 따라 결정된다. 2. 대실면적당 : 6~8m^2/인 (최소: 5m^2/인)
3. 연면적당 : 8~11m^2/인

정답 ④

125. 사무소 건축의 엘리베이터에 대한 설명 중 옳지 않은 것은?

① 주요 출입구나 홀에 직접 면해서 배치한다.

② 외래자에게 직접 잘 알려질 수 있는 위치에 배치한다.

③ 승강기의 배열은 단거리 보행으로 모든 승강기에 접근할 수 있도록 한다.

④ Hall 넓이는 승강자 1인당 0.2m^2 정도로 하는 것이 가장 좋다.

[해설]

◈ 엘리베이터 계획 및 배치

- 주요 출입구의 홀에 직면 배치할 것
- 각 층의 위치는 되도록 동선이 짧고 간단할 것
- 외래자에게 잘 알려질 수 있는 위치일 것
- 가능한 한 엘리베이터는 1개소에 집중해서 배치할 것
- 엘리베이터 홀은 그 그룹 엘리베이터 정원의 50%를 홀에 모시는 인원으로 보고 1인당 0.5~0.8m^2로 해서 산정하고 폭은 4m 정도로 한다.
- 4대 이하는 직선으로 배치하고, 5대 이상은 알코브 또는 대면 배치가 효과적이다.

정답 ④

126. 대규모 사무소 건축 설계에 관한 기술 중 가장 옳지 않은 것은?

① 승강기의 출발층은 1개소로 한정하는 것이 운영면에서 효율적이다.

② 계단은 엘리베이터 홀에 되도록 가깝게 배치한다.

③ 화장실은 가능한 한 분산 배치하여 사용에 편리하도록 한다.

④ 메일 슈트(mail shute)는 엘리베이터 홀에 배치한다.

[해설]

► 화장실은 엘리베이터 근처에 배치하는게 효율적이다.

정답 ③

127. 사무소건축 평면계획의 각실 분할방법에 대한 설명 중 가장 적절치 않은 것은?

① 크게 복도형식과 코어형식으로 나눌 수 있다.

② 코어형식과 복도형식은 다양하게 조합될 수 있다.

③ 2중지역 배치는 복도의 한편에만 실들이 있기 때문에 고가(高價)이다.

④ 3중지역배치는 고층사무소건축의 전형적인 해결책으로 간주되고 있으며, 사무실은 외벽을 따라 배치된다.

[해설]

◈ 단일 지역 배치(편복도식)

- 자연 채광이 좋으며 통풍이 유리하다.
- 경제성보다 건강, 분위기 등이 필요한 경우에 적당하며, 비교적 고가이다.

◈ 2중 지역 배치(중복도식)

- 중(中)정도 크기의 사무실에 적당하다.
- 방향을 동서로 사무실이 면하게 한다.
- 주계단, 부계단을 두어 사용 할 수 있고 유틸리티 코어의 설계에 주의를 요한다.

◈ 3중 지역 배치(2중 복도식, 중앙홀식)

- 방사선 형태의 평면 형식으로 고층 전용 사무실에 주로 사용된다.
- 교통시설, 위생설비는 건물 내부의 제3 또는 중심지역에 위치하며 사무실은 외벽을 따라서 배치한다.
- 사무소 내부 지역에 인공조명, 기계 환기설비가 필요하다.
- 경제적이며 미적, 구조적 견지에서 많은 이점이 있다.

정답 ③

128. 사무소건축 화장실의 각종 치수 중 가장 적당한 것은?

① 소변기 상호간 간격 : 80cm

② 안여닫이 대변실의 깊이 : 70cm

③ 세면기 높이 : 100cm

④ 세면기 상호간 간격 : 50cm

[해설]

- 안여닫이 대변실의 깊이 : 보통 120cm 이상
- 세면기 높이 : 70~75cm
- 세면기 상호간 간격 : 90cm

정답 ①

129. 사무소건축에서 유효율이란 무엇인가?

① 업무공간과 공용공간의 비 ② 임대면적과 연면적의 비

③ 연면적과 대지면적의 비 ④ 그 층의 바닥면적과 연면적의 비

[해설]

► 유효율 = 대실면적(임대면적) / 연면적 × 100%

정답 ②

130. 고층건물의 서비스 코어내 들어갈 공간으로서 부적당한 것은?

① 엘리베이터홀 ② 화장실

③ 공조덕트 ④ 배전실

[해설]

► 코어 내의 공간

- 실 : 계단실, 변소(세면소), 잡용실, 급탕실
- 샤프트 : 엘리베이터, 파이트(급, 배수, 전기, 통신), 덕트(공조, 배연), 연돌, 더스트 슈트
- 통로 : 엘리베이터 홀, 복도, 특별피난계단

정답 ④

131. 고층 사무소를 core system으로 계획할 때 장점이라고 할 수 없는 것은?

① 설비의 집약 ② 구조적인 이점

③ 유효면적의 증가 ④ 독립성의 보장

[해설]

1. **평면적 역할** : 공용 부분을 한곳에 집약시킴으로써 사무소의 유효면적이 증대된다.
2. **구조적 역할** : 내력벽의 역할을 하는 적 구조체로 내진벽 역할을 한다.
3. **설비적 역할** : 설비 시설 등을 집약시킴으로써 설비 계통의 순환이 좋아지며 각 층에서의 계통거리가 최단이 되므로 설비비를 절약시킬 수 있다

정답 ④

132. 사무소 건축계획에서 층고를 낮게 잡는 이유와 가장 관계가 먼 것은?

① 엘리베이터의 왕복시간을 단축하기 위하여

② 많은 층수를 얻기 위하여

③ 건축 공사비를 싸게하기 위하여

④ 에너지 절약을 하기 위하여

[해설]

◈ 층고를 낮게 할 경우의 이점

1. 건축비를 절감할 수 있다.
2. 공조의 효과가 높다(동력 소비량 절감).
3. 법규 제한 범위 내 많은 층수를 확보할 수 있다.

정답 ①

133. 사무소건축계획에서 코어시스템(core system)을 채용하는 이유로 가장 부적당한 것은?

① 구조적인 이점　　② 임대면적의 증가

③ 피난상의 유리　　④ 설비계통의 집중

[해설]

► 각 층의 설비 계통의 서비스 부분을 한 부분에 절약시켜 신경계통의 집중화와 외벽의 내진벽 역할에 따라 구조적인 이점을 기대하는 방식이다.

► 1. **평면적 역할** : 공용 부분을 한곳에 집약시킴으로써 사무소의 유효면적이 증대된다.
  2. **구조적 역할** : 내력벽의 역할을 하는 적 구조체로 내진벽 역할을 한다.
  3. **설비적 역할** : 설비 시설 등을 집약시킴으로써 설비 계통의 순환이 좋아지며 각 층에서의 계통 거리가 최단이 되므로 설비비를 절약시킬 수 있다.

정답 ③

134. 사무소건축의 실단위계획에서 개방식 배치의 장점이 아닌 것은?

① 공간 절약　　② 융통성

③ 프라이버시 확보　　④ 친밀한 분위기 조성

[해설]

◈ 개방식 배치

1. 전면적을 유용하게 이용할 수 있어 공간이 절약된다.
2. 칸막이벽이 없어서 개실 배치방법보다 사비가 싸다.
3. 방의 길이나 깊이에 변화를 줄 수 있다.
4. 소음이 들리고 독립성이 떨어진다.
5. 자연채광에 인공조명이 필요하다.

정답 ③

135. 렌터블 비(rentable ratio)가 75%이고, 대실면적이 6000m^2인 사무소의 연면적은 얼마인가?

① 4500m^2　　② 6000m^2

③ 8000m^2　　④ 10500m^2

[해설]

► 유효율(렌터블 비) = 대실면적/연면적 × 100%,　　따라서 75% = 6000/ × X 100% × = 8000 이다.

정답 ③

136. 사무소 건축계획에서 개방식 배치(open floor plan)의 장점에 관한 기술 중 옳지 않은 것은?

① 전면적을 유용하게 이용할 수 있다.

② 소음이 적고 독립성이 있다.

③ 자연채광에 보조채광으로서의 인공채광이 필요하다.

④ 방의 길이나 깊이의 변화를 줄 수 있다.

[해설]

◈ 개방형 배치의 장점

전면적을 유용하게 이용할 수 있어 공간이 절약된다.

칸막이벽이 없어서 개실 배치방법보다 공사비가 싸다.

방의 길이나 깊이에 변화를 줄 수 있다.

소음이 들리고 독립성이 떨어진다.

자연채광에 인공조명이 필요하다.

정답 ②

137. 사무소 건축의 코어(core) 내에 포함되지 않는 공간은?

① 복도　　② 엘리베이터 홀

③ 공조실　　④ 화장실

[해설]

◈ 코어 내의 공간

– 실 : 계단실, 변소(세면소), 잡용실, 급탕실

– 샤프트 : 엘리베이터, 파이트(급, 배수, 전기, 통신), 덕트(공조, 배연), 연돌, 더스트 슈트

– 통로 : 엘리베이터 홀, 복도, 특별피난계단

정답 ①

138. 오피스 랜드스케핑(office landscaping)에 관한 기술 중 옳지 않은 것은?

① 창이나 기둥의 방향과 관계없이 실내의 구성이 가능하다.

② 배치를 의사전달과 작업흐름의 실제적 패턴에 기초를 둔다.

③ 바닥을 카펫으로 깔고, 천장에 방음장치를 하는 등의 소음대책이 필요하다.

④ 실내에 고정된 칸막이나 반고정된 칸막이를 사용하도록 한다.

[해설]

◈ 오피스 랜드스케핑 특징

- 개방식 배치의 변형된 방식이므로 공간이 절약된다.
- 공사비(칸막이벽, 공조설비, 소화설비, 명성비 등)가 절약되므로 경제적이다.
- 작업 패턴의 변화에 따른 컨트롤이 가능하며 융통성이 있아, 새로운 요구사항에 맞는 신속한 변경이 가능
- 소음이 발생하기 쉽고 독립성이 결여될 우려가 있다.
- 사무실을 모듈에 의해 설계할 때 배치 방법에 제약을 받는다.

정답 ④

139. 사무소의 화장실 위치가 틀린 것은?

① 각 사무실에서 동선이 간단할 것

② 계단실, 엘리베이터 홀에 근접할 것

③ 각층마다 분산 배치할 것

④ 가능하면 외기에 접하는 위치로 할 것

[해설]

► 사무소 화장실은 각층마다 공통된 위치에 설치하는 것이 구조 및 설비적 측면에서 유리하며 보통 코어 내에 위치시킨다.

정답 ③

140. 사무소 기준층 층고의 결정에 대한 설명 가운데 적당하지 않은 사항은?

① 엘리베이터 크기 ② 채광

③ 공기조화(Air Conditioning) ④ 사무실의 깊이

[해설]

► 기준층은 사용목적, 채광, 천장높이, 슬래브와 천장사이 공간의 규모에 의해 결정된다.

정답 ①

141. 사무소 건축의 코어(Core)계획에 대한 설명으로 부적당한 것은?

① 엘리베이터 홀은 출입구문에 가급적 바싹 근접시켜 동선을 짧게 한다.

② 피난용 특별계단 상호간의 거리는 법정거리 내에서 가급적 멀리한다.

③ 잡용실과 급탕실은 가급적 접근시킨다.

④ 코어내의 동선과 임대사무실 사이의 동선은 간단히 한다.

[해설]

► 엘리베이터홀은 계단실, 화장실, 공기조화실 등과 집약되게 한다.

► 엘리베이터는 가급적 중앙에 집중배치하고 엘리베이터홀이 출입구문에 바싹 접근해 있지 않도록 한다.

정답 ①

142. 사무소건축에서 의사전달과 작업의 흐름에 따라 배치하는 실 단위계획으로서 옳은 것은?

① 오피스 랜드스케이핑(office landscaping)

② 개실 시스템(individual room system)

③ 개방식 배치(open floor plan)

④ 2중지역 배치(double zone layout)

[해설]

의사전달과 실질적 작업흐름에 기초하여 공간 및 가구를 배치 하는 것은 오피스 랜드스케이핑 이다.

정답 ①

143. 사무소건축의 기준층 층고결정시 검토사항 중 거리가 가장 먼 것은?

① 사무실의 깊이와 사용목적　　② 채광조건

③ 냉난방 및 공사비　　④ 엘리베이터의 승차거리

[해설]

► 사무소의 사용목적, 실 크기, 채광상 층고에 대한 실 깊이, 가구 배치단위, 구조, 공법, 지하 주차장의 주차 배치 단위 등을 고려하여 결정한다.

정답 ④

144. 사무소 건축설계에서 사무실 크기를 결정하는데 가장 중요한 요소는?

① 비품의 수와 크기　　② 사업의 종별

③ 사무원의 수　　④ 내객(來客)의 수

[해설]

사무소는 수익 창출이나 공익을 위한 목적으로 각종 업무를 수행하는 상업건축물로서 업무의 능률을 향상시킬 수 있는 공간으로 계획되어야 한다. 따라서 사무원의 수에 따라 크기가 결정된다.

정답 ③

145. 사무소건축에서 연면적에 대한 임대면적비율로 적당한 것은?

① 50 - 55%　　② 60 - 65%

③ 70 - 75%　　④ 85 - 90%

[해설]

일반적으로 전체 사무소의 유효율은 70~75%이다.

정답 ③

146. 사무소 건물계획에 있어서 주요한 검토 항목 중 그 비중이 가장 적은 것은?

① 임대사무실의 경우는 시장조사에 근거하여 건축계획을 세운다.

② 사무실 건축물로서 편리한 주변환경인가 우선 검토한다.

③ 합리적인 근거에 따라 기본 구조계획을 작성한다.

④ 남향이 여러면에서 유리하므로 남향이 되도록 계획한다.

[해설]

사무소는 법규적 측면에서 일조조건, 높이제한, 지역지구제 등 규제사항에 유리한 조건을 가진 곳이 좋다.

정답 ④

147. 사무소 건물의 코어(core)형식에 관한 설명으로 가장 옳지 않은 것은?

① 편심코어는 일반적으로 소규모 사무소 건물에 많이 쓰인다.

② 중심코어는 구조적으로 가장 바람직하다.

③ 중심코어는 바닥면적이 큰 경우에 많이 사용한다.

④ 양측코어는 방재상 불리하다.

[해설]

► 양측코어는 분리되어 있기 때문에 2방향 피난에 이상적이어서 방재상 유리하다.

정답 ④

148. 사무소 건축의 개방식 배치에 관한 사항 중 부적당한 것은?

① 전면적을 유용하게 이용할 수 있다.

② 방의 길이나 깊이에 변화를 줄 수 있다.

③ 공사비가 다소 싸질 수 있다.

④ 독립성이 뛰어나다.

[해설]

► 개방형 배치는 독립성이 결여되고 소음이 커질 우려가 있다.

정답 ④

149. 사무소 건축에서 일반사무실의 책상배치방법 중 배치의 표준이 되며, 1인당 차지하는 바닥 면적이 최소가 되는 것은?

① 4조 직렬배치 ② 3조 직렬배치

③ 2조 직렬배치 ④ 1조 직렬배치

[해설]

► 4조 직렬배치는 4.15m^2/인을 기준으로 하는 배치형식으로 일반사무실의 책상배치 표준이다. 사무 능률 및 1인에 대한 책상면적에 적합하다.

정답 ③

150. 고층사무소 건물의 특별 계단에 있어서 전실(前室 : 부속실)의 계획상 부적당한 것은?

① 전실의 일부가 가능한한 외기에 면하는 것이 좋다.

② 전실에는 스모크 타워와 급기시설이 필요하다.

③ 전실의 천정은 가급적 높게한다.

④ 전실에 있어서 배연구는 계단실 가까이에, 급기구는 복도쪽에 가깝게 둔다.

[해설]

전실에 있어서 배연구는 복도쪽에 가까이, 급기구는 계단쪽에 가깝게 둔다.

정답 ④

151. 사무소 건축의 코어(Core)안에서 가급적 접근시켜야 할 공간으로서 관계가 먼 것은?

① 잡용실과 급탕실 ② 승강기 홀과 출입구 문

③ 계단과 승강기 및 화장실 ④ 파이프와 쓰레기 및 우편물의 수직통로

[해설]

► 사무소 건축 코어계획은 계단실, 엘리베이터, 슈트, 통로 및 홀, 파이프 덕트, 공기조화실, 화장실 등이 집약된다.

정답 ④

152. 15. 사무소 건축의 집무공간에서 개방형 배치계획의 특징 중 옳은 것은?

① 방 깊이에 변화를 줄 수 없다. ② 공사비가 비교적 높다

③ 공간을 절약할 수 있다. ④ 프라이버시 유지가 쉽다.

[해설]

► 보기 1번, 2번, 3번은 개실형 배치계획에 대한설명이다.

► 개방형 배치계획은 공간이용의 효율이 높고, 벽체 시공을 하지 않으므로 공사비가 비싸지며 공간의 길이와 깊이에 변화를 줄 수 있다. 공간을 가변적이고 융통성있게 구성할 수 있지만 독립성이 결여되고 소음이 커질 우려가 있다.

정답 ③

153. 사무소 건축의 코어(Core)계획에 대한 설명으로 부적당한 것은?

① 엘리베이터홀은 출입구에 가급적 근접시켜 동선을 짧게 한다.

② 피난용 특별계단 상호간의 거리는 법정거리 내에서 가급적 멀리한다.

③ 잡용실과 급탕실은 가급적 접근시킨다.

④ 코어내의 동선과 임대사무실 사이의 동선은 간단히 한다.

[해설]

엘리베이터홀은 계단 화장실과 최대한 근접하여 배치시킨다.

정답 ①

제 15 장
상점건축

1. 상점건축에서 진열창(show window)의 눈부심을 방지하는 방법으로 옳지 않은 것은?

① 곡면 유리를 사용한다.

② 유리면을 경사지게 한다.

③ 진열창의 내부를 외부보다 어둡게 한다.

④ 차양을 설치하여 진열창 외부에 그늘을 조성한다.

[해설]

► 진열창 내부의 조도를 외부보다 밝게 한다.

정답 ③

2. 숍 프론트(shop front) 구성 형식 중 폐쇄형에 관한 설명으로 옳지 않은 것은?

① 고객이 내부 분위기에 만족하도록 계획한다.

② 고객의 출입이 많은 제과점 등에 주로 적용된다.

③ 고객이 상점 내에 비교적 오래 머무르는 상점에 적합하다.

④ 숍 프론트(shop front)를 출입구 이외에는 벽 등으로 차단한 형식이다.

[해설]

► 폐쇄형은 숍 전면의 출입구 이외에는 벽이나 장식 창 등으로 외부와의 경계를 차단한 형식으로 오래 머무르는 상점에 적합하다. (ex) 보석상, 웨딩샵, 사진관

정답 ②

3. 다음 설명에 알맞은 상점의 숍 프론트 형식은?

- 숍 프론트가 상점 대지 내로 후퇴한 관계로 혼잡한 도로의 경우 고객이 자유롭게 상품을 관망할 수 있다. - 숍 프론트의 진열면적 증대로 상점내로 들어가지 않고 외부에서 상품 파악이 가능하다.

① 평형 ② 다층형

③ 만입형 ④ 돌출형

[해설]

► 전면부의 쇼윈도우의 일부나 출입구를 만입시킨 형식으로 외부의 쇼윈도우를 강조하여 시각적 집중을 도모할 수 있고 전면부 진열면적의 증대로 상점내로 들어가지 않고 외부에서 상품 관람이 가능하다.

정답 ③

4. 상점의 진열장(Show Case) 배치 유형 중 다른 유형에 비하여 상품의 전달 및 고객의 동선상 흐름이 가장 빠른 형식으로 협소한 매장에 적합한 것은?

① 굴절형 ② 직렬형

③ 환상형 ④ 복합형

[해설]

► 직렬형은 상품 전달 및 고객 동선상 흐름이 가장 빠른 형식이고 대량 판매 형식도 가능하다.

정답 ②

5. 상점 계획에 관한 설명으로 옳지 않은 것은?

① 상점 내 고객의 동선은 짧게, 종업원의 동선은 길게 계획한다.

② 고객의 동선과 종업원의 동선이 만나는 곳에 카운터 케이스를 놓는다.

③ 상점의 총 면적이란 일반적으로 건축면적 가운데 영업을 목적으로 사용되는 면적을 말한다.

④ 국부조명은 배열을 바꾸는 경우를 고려하여 자유롭게 수량, 방향, 위치를 변경할 수 있도록 한다.

[해설]

► 상점 내 고객의 동선은 길게, 종업원의 동선은 짧게 계획해야 한다.

정답 ①

6. 상점의 판매형식에 관한 설명으로 옳지 않은 것은?

① 대면판매는 진열면적이 감소된다는 단점이 있다.

② 측면판매는 판매원의 정위치를 정하기 어렵고 불안정하다.

③ 측면판매는 상품이 손에 잡혀서 충동적 구매와 선택이 용이하다.

④ 대면판매는 상품의 설명이나 포장 등이 불편하다는 단점이 있다.

[해설]

► 대면판매는 고객과 얼굴을 맞대서 자세한 설명이 가능하고 상품의 계산이나 포장이 편리하다.

정답 ④

7. 다음의 상점 진열대 배치 형식 중 상품의 전달 및 고객의 동선상 흐름이 가장 빠른 형식은?

① 굴절형　　② 직렬형

③ 환상형　　④ 복합형

[해설]

► 직렬형은 상품전달 및 고객 동선상 흐름이 가장 빠르고 협소한 매장에 적합하다.

정답 ②

8. 다음 중 상점건축의 매장 내 진열장(show case) 배치 계획 시 가장 우선적으로 고려하여 할 사항은?

① 조명관계　　② 진열장의 수

③ 고객의 동선　　④ 실내 마감재료

[해설]

► 고객 방향에서 상품이 효과적으로 보이도록 배치하고 도난방지차원에서 감시가 용이한 상품진열 계획을 한다.

정답 ③

9. 상점의 판매 형식 중 대면판매에 관한 설명으로 옳은 것은?

① 측면판매에 비하여 진열면적이 커진다.

② 측면판매에 비하여 포장하기가 편리하다.

③ 측면판매에 비하여 충동적 구매와 선택이 용이하다.

④ 측면판매에 비하여 판매원의 정위치를 정하기 어렵다

[해설]

► 대면판매는 상품의 포장과 계산이 편리하다.

정답 ②

10. 상점의 숍 프런트(shop front) 형식을 개방형, 폐쇄형, 혼합형으로 분류할 경우, 다음 중 일반적으로 개방형의 적용이 가장 곤란한 상점은?

① 서점　　② 제과점

③ 귀금속점　　④ 일용품점

[해설]

► 귀금속점은 폐쇄형이 적합하다.

정답 ③

11. 상점의 판매방식 중 측면판매에 관한 설명으로 옳지 않은 것은?

① 충동적 구매와 선택이 용이하다.

② 판매원의 정위치를 정하기 어렵고 불안정하다.

③ 고객과 종업원이 진열상품을 같은 방향으로 보며 판매하는 방식이다.

④ 진열면적은 감소하나 별도의 포장 공간을 둘 필요가 없다는 장점이 있다.

[해설]

► 진열면적이 많아지는 장점과 상품의 포장이 불편하다는 단점이 있다.

정답 ④

12. 상점의 공간을 판매공간, 부대공간, 파사드공간으로 구분할 경우, 다음 중 판매공간에 속하지 않는 것은?

① 통로공간 ② 서비스공간 ③ 상품전시공간 ④ 상품관리공간

[해설]

► 부대(관리)부분- 관리공간

정답 ④

13. 상점 진열창 유리면의 반사를 방지하기 위한 대책으로 옳지 않은 것은?

① 곡면 유리를 사용한다.

② 유리를 사면으로 설치한다.

③ 진열창 내부의 조도를 외부 조도보다 낮게 한다.

④ 캐노피를 설치하여 진열창 외부에 그늘을 조성한다.

[해설]

진열창 내부의 조도를 외부 조도보다 높게 해야 한다.

정답 ③

14. 상점의 쇼케이스 배치 방법 중 고객의 흐름이 가장 빠르고, 상품 부문별 진열이 용이한 것은?

① 복합형 ② 직렬배열형 ③ 환상배열형 ④ 굴절배열형

[해설]

► 직렬 배열형 : 통로가 직선이므로 고객의 흐름이 빨라 부분별 상품직열이 용이하고, 대량판매형식도 가능하다(침구점, 실용의복점, 가정전기점, 식기점, 서점 등).

정답 ②

15. 상점건축에서 외관의 형태에 의한 분류 중 가장 일반적인 형식으로 채광이 용이하고 점내를 넓게 사용할 수 있는 것은?

① 평형　② 만입형　③ 돌출형　④ 홀(Hall)형

[해설]

평형 : 점두 외면에 출입구를 낸 가장 일반적인 형으로 채광이 좋고 점내를 넓게 사용할 수 있어 유리하다.

정답 ①

16. 상점 내 진열장 배치계획에서 가장 우선적으로 고려하여야 할 사항은?

① 동선의 흐름　② 조명의 밝기　③ 천장의 높이　④ 바닥면의 질감

[해설]

상점내의 진열장 배치계획에 있어서 가장 우선적으로 고려되어야 할 사항은 동선의 원활한 흐름이다.

정답 ①

17. 상점의 매장 및 정면구성에 요구되는 AIDMA 법칙의 내용에 속하지 않는 것은?

① Design　② Action　③ Interest　④ Attention

[해설]

AIDMA의 D는 디자인(Design)이 아닌 욕망(Desire) 이다.

정답 ①

18. 상점의 동선계획에 관한 설명으로 옳지 않은 것은?

① 고객동선은 직원동선과 명확하게 구분, 분리하는 것이 좋다.
② 직원동선은 되도록 짧게 하여 보행 및 서비스 거리를 최대한 줄이도록 계획한다.
③ 상품의 내용 안내를 위해 고객 출입구와 상품 반출 · 입 출입구가 일치하도록 한다.
④ 피난에 관련된 동선은 고객이 쉽게 인지하도록 위치 설정 및 접근성을 고려하여 계획한다.

[해설]

◈ 상점의 동선계획

동선계획은 평면계획의 기본요소로 기능적으로 역할이 서로 다른 동선은 교차되거나 혼용되어서는 안된다.
고객 동선은 길게 유도하여 매장의 전열효과를 높인다.
종업원 동선은 되도록 짧게 하여 보행거리를 적게 하며 작업의 효율성과 피로의 감소를 고려하여 계획한다.
상품 동선은 상품의 반 출입, 보관, 포장, 발송 등과 같은 상점 내에서 상품이 이동하는 동선이다.

정답 ③

19. 상점건축의 입면구성시 필요로 하는 5가지 광고요소에 속하지 않는 것은?

① 주의(attention) ② 기억(memory) ③ 욕망(desire) ④ 경제(economic)

[해설]

A(주의, attention) : 주목시킬 수 있는 배려
I(흥미, interest) : 공감을 주는 호소력
D(욕망, desire) : 욕구를 일으키는 연상
M(기억, memory) : 인상적인 변화
A(행동, action) : 들어가기 쉬운 구성

정답 ③

20. 16. 다음 중 상점내의 진열케이스 배치계획에 있어 가장 중요하게 고려하여야 할 사항은?

① 동선 ② 조명의 조도 ③ 천장의 높이 ④ 바닥면의 질감

[해설]

◈ 진열장 배치시 고려사항

- 고객 쪽에서 상품이 효과적으로 보이게 한다.
- 감시하기 쉽고 또한 고객에게는 감시한다는 인상을 주지 않도록 한다.
- 고객과 종업원의 동선을 원활하게 하여 다수의 고객을 수영하고 소수의 종업원으로 관리하기에 편리하도록 하여야 한다.
- 들어오는 고객과 종업원의 시선이 직접 맞주치지 않게 한다. 이를 위해 종업원의 위치는 상점 전면에서 직접 보이지 않게 하고, 슬며시 보이는 장소를 정한다. 판매와 지불의 관계에 있어서 종업원의 동선은 짧게 한다. 또한 금전자동계산기를 종업원 가까이에 둔다.

정답 ①

21. 상점의 쇼 윈도우 유리면의 반사 방지 방법으로 옳지 않은 것은?

① 곡면유리를 사용한다.

② 유리를 경사지게 설치한다.

③ 차양을 설치하여 외부에 그늘을 준다.

④ 쇼 윈도우 내부의 조도를 고객이 있는 외부보다 어둡게 한다.

[해설]

- 진열창 내의 밝기를 외부보다 더 밝게 한다.
- 차양을 달아 외부에 그늘을 준다.
- 유리면을 경사지게 하고 특수한 곡면 유리를 사용한다.
- 건너편의 건물이 비치는 것을 방지하기 위해 가로수를 심는다.

정답 ④

22. 다음 중 상점 내부의 기본조명에 필요한 조명 기구수의 산정과 가장 거리가 먼 것은?

① 실면적　　② 평균조도

③ 램프광속　　④ 쇼케이스 수

[해설]

◈ 조명기구수의 산정

− N= E · A / F · U · M

N : 광원개수　E : 평균조도　A : 실의면적　F : 광원 1개당 광속

U : 조명률　D : 감광보상률　M : 유지율(보수율)

정답 ④

23. 상점의 정면(facade)구성에 요구되는 AIDMA법칙의 내용에 속하지 않는 것은?

① 예술(Art)　　② 욕구(Desire)

③ 흥미(Interest)　　④ 기억(Memory)

[해설]

− A(주의, attention) : 주목시킬 수 있는 배려

− I(흥미, interest) : 공감을 주는 호소력

− D(욕망, desire) : 욕구를 일으키는 연상

− M(기억, memory) : 인상적인 변화

− A(행동, action) : 들어가기 쉬운 구성

정답 ①

24. 상점의 점두(店頭)형식 중 만입형에 관한 설명으로 옳지 않은 것은?

① 혼잡한 도로에서 유리하다.　　② 점내에 자연채광이 용이하다.

③ 숍 프론트의 진열부 면적이 크다.　　④ 고객이 점두에 머무르기가 용이하다.

[해설]

◈ 만입형

− 점두의 일부를 만입시킨 형으로 점내 면적과 자연 채광이 감소된다.

− 숍프론트가 상점 대지내로 후퇴한 관계로 혼잡한 도로의 경우 고객이 자유롭게 상품을 관망할 수 있다.

− 숍프론트의 진열면적 증대로 상점내로 들어가지 않고 외부에서 상품 파악이 가능하다.

정답 ②

25. 상점건축에서 쇼윈도우(show window)의 눈부심을 방지하는 방법으로 옳지 않은 것은?

① 곡면유리를 사용한다. ② 유리면을 경사지게 한다.

③ 차양을 설치하여 외부에 그늘이 지게 한다. ④ 쇼윈도우 내부를 외부에 비해 어둡게 한다.

[해설]

◈ 쇼윈도우(show window)의 눈부심 방지 방법

- 진열창 내의 밝기를 외부보다 더 밝게 한다.
- 차양을 달아 외부에 그늘을 준다.
- 유리면을 경사지게 하고 특수한 곡면 유리를 사용한다.
- 건너편의 건물이 비치는 것을 방지하기 위해 가로수를 심는다.

정답 ④

26. 상점 건축의 매장 내 쇼케이스(show case)를 배치할 때 고려할 사항과 가장 거리가 먼 것은?

① 고객의 동선 ② 종업원의 동선

③ 상품의 효과적 진열 ④ 상품의 반출입 동선

[해설]

◈ 진열장 배치시 고려사항

- 고객 쪽에서 상품이 효과적으로 보이게 한다.
- 감시하기 쉽고 또한 고객에게는 감시한다는 인상을 주지 않도록 한다.
- 고객과 종업원의 동선을 원활하게 하여 다수의 고객을 수영하고 소수의 종업원으로 관리하기에 편리하도록 하여야 한다.
- 들어오는 고객과 종업원의 시선이 직접 마주치지 않게 한다. 이를 위해 종업원의 위치는 상점 전면에서 직접 보이지 않게 하고, 슬며시 보이는 장소를 정한다.
- 판매와 지불의 관계에 있어서 종업원의 동선은 짧게 한다. 또한 금전자동계산기를 종업원 가까이에 둔다.

정답 ④

27. 상점계획에 관한 설명으로 옳지 않은 것은?

① 점내 고객의 동선은 길게 처리하는 것이 좋다.

② 조명 방법은 국부조명과 전체조명을 병행해서 사용한다.

③ 고객의 동선과 종업원의 동선이 만나는 곳에 카운터케이스를 놓는다.

④ 슈퍼마켓의 매장 바닥은 고저차를 두는 것이 변화가 있어 효과적이다.

[해설]

- 슈퍼마켓의 매자 바닥은 고처자를 두게 되면 이용 하는 고객층이 유아에서 노인까지 다양하기 때문에 다니기 불편할 뿐만 아니라 유모차나 작은 수레의 이용이 어렵게 된다.
- 고객의 공선은 가능한 길게 하여 점내에 머무는 시간이 많도록 한다.

정답 ④

28. 상점의 정면(facade)구성에 요구되는 5가지 광고요소(AIDMA 법칙)에 속하지 않는 것은?

① 흥미(Intrest)
② 주의(Attention)
③ 기억(Memory)
④ 장식(Decoration)

[해설]

◈ 상점 파사드의 5가지 광고요소(AIDMA 법칙)

- A(주의, attention) : 주목시킬 수 있는 배려
- I(흥미, interest) : 공감을 주는 호소력
- D(욕망, desire) : 욕구를 일으키는 연상
- M(기억, memory) : 인상적인 변화
- A(행동, action) : 들이가기 쉬운 구성

정답 ④

29. 상점 쇼윈도우(show window)의 형식에 관한 설명으로 옳지 않은 것은?

① 평형은 출입구를 가려서 보안성이 확보된다.
② 만입형은 점내에 들어가지 않고도 품목을 알 수 있다.
③ 다층형은 큰 도로나 광장에 면한 경우 효과적이다.
④ 홀형은 만입부를 상점 내로 더 깊게 끌어들인다.

[해설]

► 평형
- 도로에 평행하고 점두의 외면에 출입구를 낸 가장 일반적인 형이다.
- 채광이 좋고 점내를 넓게 사용할 수 있으며 채광에 유리하다.

► 돌출형
- 점내의 일부를 돌출시킨 형으로 특수 도매상에 쓰인다.

► 만입형
- 점두의 일부를 만입시킨 형으로 점내 면적과 자연 채광이 감소된다.

► 다층형
- 2층 또는 그 이상의 층을 연속되게 취급한 형으로 가구점, 양복점에 유리하다.

정답 ①

30. 상점 건축의 판매부분에 속하지 않는 것은?

① 관리공간
② 통로공간
③ 도입공간
④ 상품전시공간

[해설]

관리부분은 부대공간에 속한다.

정답 ①

31. 상점의 쇼윈도우에 관한 설명으로 옳지 않은 것은?

① 쇼윈도우의 바닥 높이는 상품의 종류와 관계없이 낮게 할수록 좋다.

② 다층형의 쇼윈도우는 입체적 · 시각적으로 일체감이 느껴지도록 계획한다.

③ 쇼윈도우의 규모는 상품의 종류, 형상, 크기 및 상점의 종류, 전면길이, 대지조건에 등에 따라 결정된다.

④ 쇼윈도우 유리면의 반사방지를 위해 쇼윈도우의 내부 조도를 외부보다 높게 하는 방법을 사용할 수 있다.

[해설]

► 쇼윈도우의 바닥 높이는 상품의 종류에 따라 달리한다.

정답 ①

32. 상점건축계획에 관한 설명으로 옳지 않은 것은?

① 상점 안의 천장높이는 디스플레이와 시선을 고려하여 계획한다.

② 상점 바닥 면은 보도 면에서 자연스럽게 유도 될 수 있도록 계획한다.

③ 조명방법은 기본조명, 상품조명, 환경조명 등으로 구분하여 적용한다.

④ 고객의 구매욕구를 높이기 위해 고객, 종업원, 상품의 동선을 서로 교차하게 계획한다.

[해설]

► 고객동선, 종업원, 동선, 상품의 동선은 서로 교차되지 않게 하여 고객동선은 종업원, 상품 동선과 명확하게 구분하는 것이 좋다.

정답 ④

33. 상점 건축의 동선 계획에 관한 설명으로 옳지 않은 것은?

① 동선에 변화를 주기 위해 바닥 면에 고저차를 두는 것이 좋다.

② 고객 동선과 종업원 동선은 교차되지 않는 것이 바람직하다.

③ 고객 동선은 가능한 길게 하여 다수의 손님을 수용하도록 하는 것이 좋다.

④ 종업원 동선은 가능한 한 짧게 하여 소수의 종업원으로도 판매가 능률적이 되도록 계획한다.

[해설]

► 매장 바닥은 안정감 있게 고저차를 두지 않는다.

정답 ①

34. 상점의 매장 및 정면(Facada) 구성에 요구되는 AIDMA법칙 내용으로 옳지 않은 것은?

① Action ② Interest

③ Design ④ Memory

[해설]

► 롤랜드 홀의 구매심리를 자극하는 심리적 단계인 AIDMA 법칙은(Attention 호기심, 주의, 주목), (Interest 관심, 흥미), (Desire 욕구, 욕망), (Memory 기억), (Action 구매, 행동) 이다.

정답 ③

35. 상점의 판매형식 중 대면판매에 관한 설명으로 옳지 않은 것은?

① 포장, 계산이 편리하다.

② 상품에 대한 설명을 하기에 편리하다.

③ 판매원이 정위치를 정하기가 용이하다.

④ 진열면적이 커져 상품의 구매와 선택이 용이하다.

[해설]

대면판매는 직원 및 판매원이 통로를 점유하여 상품의 진열면적이 측면방식에 비해 좁고 진열장이 많아지면 상점 분위기가 다소 경직될 수 있는 단점들이 있다.

정답 ④

36. 상점의 점두형식 중 폐쇄형에 관한 설명으로 옳지 않은 것은?

① 고객의 출입이 많은 상점에 적합하다.

② 보석점, 귀금속점 등의 상점에 적합하다.

③ 고객이 상점 내에 비교적 오래 머무르는 경우에 적합하다.

④ 상점내의 분위기가 중요하며, 고객이 내부 분위기에 만족하도록 계획한다.

[해설]

폐쇄형은 고객 출입이 적고 상점 내에서 비교적 오래 머무르는 상점이다.

정답 ①

37. 상정의 숍 프런트(Shop Front)구성에 따른 유형 중 폐쇄형에 관한 설명으로 옳지 않은 것은?

① 일반적으로 서점, 제과점 등의 상점에 적용된다.

② 고객의 출입이 적으며, 상점 내에 비교적 오래 머무르는 상점에 적합하다.

③ 상점 내의 분위기가 중요하며, 고객이 내부 분위기에 만족하도록 계획한다.

④ 숍 프런트를 출입구 이외에는 벽이나 장식장 등으로 외부와의 경계를 차단한 형식이다.

[해설]

폐쇄형은 주로 이미용원, 보석상, 카메라점, 귀금속점, 웨딩샵, 사진관 등의 상점에 적용된다.

정답 ①

38. 상점에서 쇼 윈도우(Show Window)의 반사 방지 방법으로 옳지 않은 것은?

① 쇼 윈도우 형태를 만입형으로 계획한다.

② 쇼 윈도우 내부의 조도를 외부보다 낮게 처리한다.

③ 캐노피를 설치하여 쇼 윈도우 외부에 그늘을 조성한다.

④ 쇼 윈도우를 경사지게 하거나 특수한 경우 곡면유리로 처리한다.

[해설]

반사 방지 방법 쇼윈도우는 내부의 조도를 외부보다 밝게 하여 상품을 돋보이게 한다.

정답 ②

39. 상점건축의 일반적인 파사드(Facade)계획에 관한 설명으로 옳지 않은 것은?

① 매점 내로 유도하는 효과를 가지게 한다.

② 외부로부터 상점안이 보이지 않도록 한다.

③ 셔터를 내렸을 때의 배려가 되어 있도록 한다.

④ 필요 이상의 간판으로 미관을 해치지 않도록 한다.

[해설]

파사드는 상점의 개성이 드러나는 전면부의 외관으로 간판, 사인, 쇼윈도우, 출입구, 광고 등을 통해 상업적 효과를 최대화할 수 있도록 계획한다.

정답 ②

40. 상점의 매장 및 정면구성에 요구되는 AIDMA법칙의 내용에 속하지 않는 것은?

① Design　　② Action

③ interest　　④ Attention

[해설]

롤랜드 홀의 구매심리를 자극하는 심리적 단계인 AIDMA 법칙은 (Attention 호기심, 주의, 주목), (Interest 관심, 흥미), (Desire 욕구, 욕망), (Memory 기억), (Action 구매, 행동) 이다.

정답 ①

41. 상점의 계단에 관한 설명으로 옳지 않은 것은?

① 정방형의 평면일 경우에는 중앙에 설치하는 것이 동선 및 매장 구성에 유리하다.

② 소규모 상점의 경우 계단의 경사를 낮게 할수록 매장 면적의 효율성이 증가한다.

③ 검사도는 지니치게 낮은 경우를 제외하고는 높은 경사보다는 낮은 것이 올라가기 쉽다.

④ 상점의 깊이가 깊은 직사각형의 평면인 경우 측벽에 따라 계단을 설치하는 것이 시각적 및 공간적 측면에서 바람직하다.

[해설]

상점의 경우 계단 경사가 너무 낮으면 계단 하부에 데드 스페이스(쓰임의 가치가 없는 공간)가 많이 생기므로 매장의 공간 효율이 떨어질 수 있기 때문에 경사는 상점의 매장규모에 적합한 경사도로 설정한다.

정답 ②

42. 상점의 가구배치에 따른 평면유형 중 다른 유형에 비하여 상품의 전달 및 고객의 동선상 흐름이 가장 빠른 형식으로서 협소한 매장에 적합한 것은?

① 굴절형　　② 환상형

③ 직렬형　　④ 복합형

[해설]

직렬형은 상품 전달 및 고객 동선상 흐름이 가장 빠르고 협소한 매장에 좋으며 부분별로 상품진열이 용이하고, 대량판매 형식도 가능하다. 보통 침구점, 의복점, 가정전자기기점, 서점, 식기점 등에서 채택된다.

정답 ③

43. 다음 중 상점 쇼윈도의 눈부심(glare)을 방지하기 위한 방법과 가장 거리가 먼 것은?

① 쇼윈도 형태를 만입형으로 계획한다.

② 실내와 실외의 온도 차이를 최소화한다.

③ 캐노피를 설치하여 쇼윈도 외부에 그늘을 만든다.

④ 쇼윈도를 경사지게 하거나 특수한 경우 곡면유리로 처리한다.

[해설]

실내와 실외의 온도차이를 최소화한다는 것은 진열창의 흐림(결로)방지를 위한 것이다.

정답 ②

44. 상점의 판매방식에 대한 설명을 옳지 않은 것은?

① 대면판매방식은 측면판매방식에 비해 상품의 진열면적이 감소된다.

② 측면판매방식에서 고객은 상품을 직접 만지고 고를 수 있으므로 선택이 용이하다.

③ 측면판매방식에서 판매원은 쇼 케이스를 중심으로 고정된 자리나 위치를 명확히 확보할 수 있다.

④ 대면판매방식에서 상품의 쇼케이스가 중앙에 많이 배치되면 상점의 분위기가 다소 혼란해질 수 있다.

[해설]

► 측면판매의 단점 : 종업원의 정위치를 정하기가 어렵고 불안정하다.

정답 ③

45. 상점의 매장 및 파사드 구성에 요구되는 AIDMA 법칙에 속하지 않는 것은?

① Design
② Action
③ Memory
④ Attention

[해설]

◈ 상점 파사드 구성의 5가지 법칙

A(주의, Attention) : 주목시킬 수 있는 배려
I(흥미, Interest) : 공감을 주는 호소력
D(욕망, Desire) : 욕구를 일으키는 연상
M(기억, Memory) : 인상적인 변화
A(행동, Action) : 들어가기 쉬운 구성

정답 ①

47. 다음 설명에 알맞은 상점의 가구 배치유형은?

- 상품의 전달 및 고객의 동선상 흐름이 가장 빠른 형식으로 협소한 매장에 적합하다.
- 부분별로 상품 진열이 용이하고 대량 판매형식도 가능하다.

① 굴절형
② 직렬형
③ 환상형
④ 복합형

[해설]

직렬배열형은 통로가 직선이므로 고객의 흐름이 빨라 부분별 상품진열이 용이하고, 대량판매형식도 가능하다.

정답 ②

48. 상점 내의 계단 계획에 관한 설명으로 옳지 않은 것은?

① 매장 중앙에 계단을 위치시키면 동선을 자연스럽게 분할할 수 있다.

② 소규모 상점은 계단의 경사를 낮게 할수록 매장면적의 효율성이 증가한다.

③ 계단의 경사는 상점의 매장면적과 관련이 있으므로 규모에 적합한 경사도를 설정하는 것이 중요하다.

④ 상점의 평면이 깊이가 깊은 직사각형인 경우 측벽에 따라 계단을 설치하는 것이 시각적, 공간적 측면에서 바람직하다.

[해설]

◈ 계단계획

- 일반상점에 있어서 2층 이상을 판매장으로 사용하는 경우는 계단의 설치위치와 주계단과 부계단의 관계.
  계단의 경사도 등은 고객의 흡인력과 밀접한 관계가 있으며, 상점내의 중요한 장식적 요소가 된다.
- 소규모 상점에 있어서 계단의 경사가 너무 낮을 경우에는 매장면적을 감소시키게 되므로 규모에 알맞은 경사도를 선택해야 한다.
- 계단위치의 평면형식 : 벽면위치의 계단, 중앙위치의 계단, 나선계단, 중 2층 구조의 계단이 있다.

정답 ②

49. 상점 매장의 가구 배치 상 고려해야 할 사항으로 옳지 않은 것은?

① 손님 쪽에서 상품이 효과적으로 보이도록 한다.

② 감시하기 쉽고 손님에게 감시한다는 인상을 주지 않게 한다.

③ 들어오는 손님과 종업원의 시선이 직접 마주치게 하여 친근감을 갖게 한다.

④ 동선이 원활하여 다수의 손님을 수용하고 소수의 종업원으로 관리하게 한다.

[해설]

◈ 상점매장가구배치 시 고려사항

- 손님 쪽에서 상품이 효과적으로 보일 것
- 감시하기 쉽고 또한 손님에게는 감시한다는 인상을 주지 않게 할 것
- 손님과 종업원의 동선을 원활하게 하여 다수의 손님을 수용하고 소수의 종업원으로 관리하기에 편리하도록 할 것
- 들어오는 손님과 종업원의 시선이 직접 마주치지 않게 할 것

정답 ③

50. 각종 상점의 방위에 관한 설명으로 옳지 않은 것은?

① 음식점은 도로의 낭측이 좋다.

② 식료품점은 강한 석양을 피할 수 있는 방위로 한다.

③ 양복점, 가구점, 서점은 가급적 도로의 북측이나 동측을 선택한다.

④ 여름용품점은 도로의 북측을 택하여 남측광선의 유입을 유도하는 것이 효과적이다.

[해설]

► 양복점, 가구점, 서점 : 가급적 도로의 남측이나 서측을 선택하여 일사에 의한 퇴색, 변형, 파손 등을 방지한다.

정답 ③

51. 상점건축의 동선계획에서 동선을 갖고 원활하게 처리하여 효율이 좋은 것은?

① 관리 동선

② 고객 동선

③ 판매원 동선

④ 상품 반 · 출입 동선

[해설]

► 상점 내의 동선은 길고 원활하게 하며, 고객동선은 가능한 길게, 종업원 동선은 되도록 짧게 하여 보행거리를 적게 하며, 고객동선과 교차되지 않게 한다.

정답 ②

52. 상점건축에서 진열창(show window)의 눈부심을 방지하는 방법으로 옳지 않은 것은?

① 곡면 유리를 사용한다.

② 유리면을 경사지게 한다.

③ 진열창의 내부를 외부보다 어둡게 한다.

④ 차양을 설치하여 진열창 외부에 그늘을 조성한다.

[해설]

► 진열창내 눈부심을 방지하기 위해서는 진열창 내의 밝기를 외부보다 더 밝게 한다.

정답 ③

53. 다음 중 상점의 숍 프런트(Shop Front) 구성형식을 개방형으로 할 경우 가장 적합한 상점은?

① 서점

② 이발소

③ 귀금속점

④ 카메라점

[해설]

서점은 손님이 잠시 머무르는 곳이나 손님이 많은 곳에 적합한 개방형으로 서점 외에 제과점, 철물점, 지물포 등이 있다.

정답 ①

54. 상점의 동선계획에 대한 설명 중 옳지 않은 것은?

① 고객동선은 직원동선과 명확하게 구분, 분리하는 것이 좋다.

② 직원동선은 되도록 짧게 하여 보행 및 서비스 거리를 최대한 줄이도록 계획한다.

③ 상품의 내용 안내를 위해 고객 출입구와 상품 반출 · 출입구가 일치하도록 한다.

④ 피난에 관련된 동선은 고객이 쉽게 인지하도록 위치 설정 및 접근성을 고려하여 계획한다.

[해설]

► 상점의 동선계획은 상점내의 매장계획에 있어서 동선을 원활하게 하는 것이 가장 중요하며 가구배치 계획시에 상점내의 동선은 길고 원활하게 해야 하며 고객동선은 가능한 한 길게 종업원동선은 되도록 짧게 하여 보행거리를 적게 하며 고객동선과 교차되지 않도록 한다. 상품동선과 고객동선은 교차되지 않도록 계획한다.

정답 ③

55. 상점 진열창(Show Window)의 반사방지를 위한 대책과 가장 거리가 먼 것은?

① 창에 외기를 통하지 않도록 한다.

② 진열창 내부 밝기를 외부보다 밝게 한다.

③ 차양을 설치하여 진열창 외부에 그늘을 만들어 준다.

④ 유리면을 경사지게 하거나 특수한 경우 곡면유리를 사용한다.

[해설]

► 진열창은 내부 밝기를 외부보다 밝게 하며 차양을 설치하여 진열창 외부에 그늘을 만들어 주고 유리면을 경사지게 하거나 특수한 경우 곡면유리를 사용한다.

정답 ①

56. 다음 중 상점내의 진열케이스 배치계획에 있어서 가장 고려하여야 할 사항은?

① 동선　② 조명의 조도

③ 천장의 높이　④ 바닥면의 질감

[해설]

► 배치계획에선 동선을 원활하게 하는 것이 가장 중요하며 가구 배치계획시 상점내의 동선은 길고 원활하게 하며 고객동선은 가능한 한 길게 종업원동선은 되도록 짧게 하여 보행거리를 적게 하며 고객동선과 교차되지 않도록 한다.

정답 ①

57. 상점의 판매형식에 대한 설명 중 옳지 않은 것은?

① 대면판매는 진열면적이 감소된다는 단점이 있다.

② 측면판매는 판매원의 정위치를 정하기 어렵고 불안정하다.

③ 측면판매는 상품의 설명이나 포장 등이 불편하다는 단점이 있다.

④ 대면판매는 상품이 손에 잡혀서 충동적 구매와 선택이 용이하다.

[해설]

◈ 상점의 판매형식

대면판매와 측면판매로 나뉜다. 대면판매는 설명하기가 편리하며 종업원의 정위치를 정하기가 용이하고 포장하기가 편리하다. 단점으론 종업원에 의해 통로가 소요되므로 진열면적이 감소하고 진열장이 많아지면 상점의 분위기가 딱딱해진다. 측면판매는 충동적 구매와 선택이 용이하고 진열면적이 커 상품에 대해 친근감이 있다. 단점으로는 종업원의 정위치를 정하기가 어렵고 불안정하며 상품의 설명, 포장 등이 불편하다.

정답 ④

58. 상점의 정면(facade) 구성에 요구되는 5가지 광고요소 (AIDMA 법칙)에 속하지 않는 것은?

① 주의(Attention) ② 행동(Action)

③ 결정(Decision) ④ 기억(Memory)

[해설]

◈ 상점 파사드 구성의 5가지 법칙

1. A(주의, Attention) : 주목시킬 수 있는 배려
2. I(흥미, Interest) : 공감을 주는 호소력
3. D(욕망, Desire) : 욕구를 일으키는 연상
4. M(기억, Memory) : 인상적인 변화
5. A(행동, Action) : 들어가기 쉬운 구성

따라서 오답은 3번이다.

정답 ③

59. 상점의 판매형식 중 대면판매에 관한 설명으로 옳지 않은 것은?

① 포장, 계산이 편리하다.

② 상품에 대한 설명을 하기에 편리하다.

③ 판매원이 정위치를 정하기 용이하다.

④ 진열면적이 커져 상품의 구매와 선택이 용이하다.

[해설]

► 대면판매는 설명하기가 편리하고 종업원의 정위치를 정하기가 용이하다. 포장하기가 편리하다는 장점이 있다. 4번은 측면판매의 특징이다.

정답 ④

60. 다음의 각종 상점의 방위에 대한 설명 중 옳지 않은 것은?

① 음식점 : 도로의 남측에 위치하는 것이 좋다.

② 식료품점 : 강한 석양은 상품을 변색시키므로 서향을 피한다.

③ 서점 : 가급적 도로의 북측이나 동측을 선택한다.

④ 부인용품점 : 오후에 그늘이 지지 않는 방향으로 하는 것이 좋다.

[해설]

► 서점은 손님이 잠시 머무르는 곳이나 손님이 많은 곳에 적합한 곳이다. 가급적 도로의 남측이나 서측을 선택하여 일사에 의한 퇴색, 변형, 파손 등을 방지한다.

정답 ③

61. 상점의 매장계획에 관한 설명 중 옳지 않은 것은?

① 고객 쪽에서 상품이 효과적으로 보이게 한다.

② 들어오는 고객과 직원의 시선이 바로 마주치도록 한다.

③ 고객을 감시하기 쉬우며, 고객에게 감시받고 있다는 인상을 주지 않도록 한다.

④ 고객과 직원동선이 원활하고, 소수의 종업원으로 다수의 고객을 수용할 수 있도록 한다.

[해설]

► 상점의 매장계획에는 동선을 원활하게 하는 것이 가장 중요하며 가구 배치계획시에 상점내의 동선을 길고 원활하게 한다. 고객동선은 가능한 한 길게 하고 종업원동선은 되도록 짧게 하여 보행거리를 적게 하며, 고객동선과 교차되지 않도록 한다. 따라서 오답은 2번이다.

정답 ②

62. 상점의 판매형식 중 측면판매에 대한 설명으로 옳은 것은?

① 상품이 손에 잡혀서 충동적 구매와 선택이 용이하다.

② 포장대를 가릴 수 있고 포장 등이 편리하다.

③ 판매원이 정위치를 정하기가 용이하다.

④ 대면판매에 비해 진열면적이 작다.

[해설]

► 상점의 판매형식 중 측면판매는 충동적 구매와 선택이 용이하고 진열면적이 커지며 사움에 대한 친근감이 있다. 따라서 옳은 답은 1번이다.

정답 ①

63. 상점 매장의 가구 배치상 고려해야 할 사항으로 옳지 않은 것은?

① 손님 쪽에서 상품이 효과적으로 보이도록 한다.

② 감시하기 쉽고 손님에게 감시한다는 인상을 주지 않게 한다.

③ 들어오는 손님과 종업원의 시선이 직접 마주치게 하여 친근감을 갖게 한다.

④ 동선이 원활하여 다수의 손님을 수용하고 소수의 종업원으로 관리하게 한다.

[해설]

► 상점 매장의 가구 배치상 고려해야 할 사항은 손님쪽에서 상품이 효과적으로 보여야 하고 감시하기 쉽고 또한 손님에게는 감시한다는 인상을 주지 않게 해야 한다. 손님과 종업원의 동선을 원활하게 하여 다수의 손님을 수용하고 소수의 종업원으로 관리하기에 편리하도록 해야 하며 들어오는 손님과 종업원의 시선이 마주치지 않게 해야 하므로 오답은 3번이다.

정답 ③

64. 상점 건축에서 파사드 구성에 요구되는 상점과 관련된 5가지 광고요소로 옳지 않은 것은?

① 주의(Attention)　② 배치(Layout)

③ 기억(Memory)　④ 욕망(Desire)

[해설]

◈ 상점 파사드 구성의 5가지 법칙

1. A(주의, Attention) : 주목시킬 수 있는 배려
2. I(흥미, Interest) : 공감을 주는 호소력
3. D(욕망, Desire) : 욕구를 일으키는 연상
4. M(기억, Memory) : 인상적인 변화
5. A(행동, Action) : 들어가기 쉬운 구성

정답 ②

65. 다음 중 쇼윈도우의 눈부심을 방지하기 위한 대책과 가장 관계가 먼 것은?

① 외부 측에 차양을 설치하여 그늘을 만들어 준다.

② 쇼윈도우의 유리면을 경사지게 한다.

③ 특수 곡면유리를 사용한다.

④ 쇼윈도우 외부를 내부보다 밝게 한다.

[해설]

► 쇼윈도우는 외부측에 차양을 설치하여 그늘을 만들어 주고 쇼윈도우의 유리면을 경사지게 하며 특수 곡면 유리를 사용한다. 쇼윈도우의 내부를 외부보다 밝게 해야 하므로 오답은 4번이다.

정답 ④

66. 슈퍼마켓의 매장 계획에 관한 설명 중 옳지 않은 것은?

① 매장의 바닥에 고저차를 두는 것은 변화가 있어 효과적이다.

② 상품 배열 및 구성은 손님이 전 상품을 충분히 보고 다닐 수 있도록 한다.

③ 통로의 폭은 1.5m 이상이 바람직하다.

④ 매장의 벽면은 요철을 될 수 있는 한 피한다.

[해설]

► 판매시설(상점, 슈퍼마켓, 백화점)에서는 매장의 바닥면에 고저차를 두지 않는다.

정답 ①

67. 상점 계획에 관한 설명 중 옳지 않은 것은?

① 종업원의 동선은 고객의 동선과 교차되지 않게 하는 것이 바람직하며 가급적 보행거리를 길게 한다.

② 소규모 상점에 있어서 계단의 경사가 너무 낮을 경우에는 매장면적이 감소되므로 규모에 알맞은 경사도를 선택할 필요가 있다.

③ 조명 방법은 국부조명과 전체조명 두 가지를 같이 사용한다.

④ 쇼윈도의 바닥높이는 운동용구, 구두 등의 경우는 낮아도 되지만, 시계, 귀금속 등의 경우는 높게 한다.

[해설]

► 업무 효율성을 위해 종업원의 동선은 가급적 짧게 계획 한다.

정답 ①

68. 상점 건축에서 쇼윈도우 유리면의 현휘를 방지하는 방법과 가장 관계가 먼 것은?

① 곡면유리를 사용한다.

② 쇼윈도우의 유리를 경사지게 한다.

③ 쇼윈도우 안의 조도를 어둡게 한다.

④ 차양을 붙인다.

[해설]

► 쇼윈도우 안의 조도를 외부보다 밝게 한다.

정답 ③

69. 다음 설명에 알맞은 상점 진열대의 배치방법은?

- 통로가 직선이므로 고객의 흐름이 빠르다.
- 대량 판매형식이 가능하다.
- 서점, 가정 전기코너 등에 사용된다.

① 굴절배열형 ② 직렬배열형

③ 환상배열형 ④ 복합형

[해설]

► 직렬배열형은 통로가 직선이므로 고객의 흐름이 빠르고 대량판매형식이 가능하다.

정답 ②

70. 상점의 진열장(show case)배치시 고려 사항으로 옳지 않은 것은?

① 상점에 들어오는 손님과 종업원의 시선이 직접 마주치도록 한다.

② 손님쪽에서 상품이 효과적으로 보이도록 한다.

③ 감시하기 쉬우나 손님에게는 감시한다는 인상을 주지 않도록 한다.

④ 소소의 종업원으로 다수의 손님을 관리하기에 편리하도록 한다.

[해설]

► 상점에 들어오는 손님과 종업원의 직접 시선이 마주치지 않도록 한다.

정답 ①

71. 상정의 대지선정조건과 가장 거리가 먼 것은?

① 교통이 편리한 곳 ② 사람의 눈에 잘 뜨이는 곳

③ 2면 이상 도로에 면한 곳 ④ 부지가 불규칙적이고 구석진 곳

[해설]

► 부지가 불규칙적이고 구석진 곳은 가급적 피해야 한다.

정답 ④

72. 다음 중 상점 내 진열장 배치계획에서 가장 우선적으로 고려되어야 할 사항은?

① 동선의 흐름 ② 진열장의 치수

③ 조명의 밝기 ④ 천장의 높이

[해설]

► 상점 내 진열장 배치계획에서 가장 우선적으로 고려되어야 할 사항은 동선의 흐름이다.

정답 ①

73. 상점 내부의 기본조명에 필요한 조명기구수를 구하는데 관계없는 사항은?

① 평균조도 ② 실면적

③ 쇼케이스 수 ④ 램프광속

[해설]

► 상점내부의 조명기구수를 구하는데 쇼케이스 수는 관계 없다.

정답 ③

74. 상점의 판매형식 중 대면 판매에 대한 설명으로 옳은 것은?

① 상품의 선택과 충동적 구매가 쉽다.

② 진열면적이 커서 상품에 친근감이 있다.

③ 판매원의 위치가 정확하고 포장이 편리하다.

④ 양복, 침구, 서적, 운동용구점에 일반적으로 사용한다.

[해설]

► 1, 2, 4는 측면판매의 특징이다.

정답 ③

75. 다음 중 상점건축의 정면(facade)구성에 요구되는 5가지 광소요소에 속하지 않는 것은?

① 행동(Action) ② 기억(Momory)

③ 동의(Agreement) ④ 주의(Attention)

[해설]

1. A(Attention : 주의) – 주목시키는 배려
2. I(Interest : 흥미) – 공감을 주는 호소력
3. D(Desire : 욕망) – 욕구를 일으키는 연상
4. M(Memory : 기억) – 인상적인 변화
5. A(Action : 행동) – 들어가기 쉬운 구성

정답 ③

76. 상점건축의 진열창 계획에 대한 설명 중 옳은 것은?

① 밝은 조도를 얻기 위하여 광원을 노출한다.

② 내부 조명은 전반 조명만 사용하는 것을 원칙으로 한다.

③ 진열창의 내부 조도를 외부보다 낮게 하여 눈부심을 방지한다.

④ 외부에 면하는 진열창의 유리로 페어 글라스를 사용하는 경우 결로 방지에 효과가 있다.

[해설]

① 광원이 직접 눈에 보이지 않도록 주의한다.
② 조명은 국부조명과 전반 조명을 적절히 혼합하여 사용한다.
③ 진열창의 내부 조도를 외부보다 높게 하여 눈부심을 방지한다.

정답 ④

77. 상점 계획에서 파사드(facade)와 숍 프론트(shopfront)의 계획요소와 가장 거리가 먼 것은?

① 전면도로의 크기
② 인상적이고 개성적인 디자인
③ 대중성
④ 상점 내로의 유인성

[해설]

◈ 파사드와 숍프론트의 계획 조건
1. 개성적이고 인상적인 디자인
2. 업종 및 취급상품이 인지되는지의 시각적 표현
3. 대중적인 호감 고려(생동감 과 친밀감)
4. 통행객의 발을 멈추게 하는 효과
5. 상점내로 고객을 유도하는 효과
6. 셔터를 내렸을 때의 배려가 있는가?
7. 경제적인 제약을 무시하지는 않는가?
8. 필요 이상의 간판으로 미관을 해치는가?

정답 ①

78. 다음 중 상점건축에서 쇼윈도 유리면의 반사를 방지하는 방법과 가장 관계가 먼 것은?

① 쇼윈도 내부 밝기를 외부보다 높인다.

② 차양을 제거하여 외부에 그늘을 없앤다.

③ 곡면유리를 사용한다.

④ 유리를 사면으로 설치한다.

[해설]

► 차양을 설치하여 외부에 그늘을 준다.

정답 ②

79. 상점 건축의 판매형식에 대한 설명 중 옳지 않은 것은?

① 측면판매는 충동적인 구매와 선택이 용이하다.

② 측면판매는 판매원이 정위치를 정하기가 용이하며 즉석에서 포장이 편리하다.

③ 대면판매는 상품을 고객에게 설명하기가 용이하다.

④ 대면판매는 쇼 케이스(show case)가 많아지면 상점의 분위기가 부드럽지 않다.

[해설]

► 2번은 대면판매의 설명이다.

정답 ②

80. 다음의 상점 바닥면 계획에 관한 설명 중 옳지 않은 것은?

① 미끄러지거나 요철이 없도록 한다.

② 외부에서 자연스럽게 유도될 수 있도록 한다.

③ 소음발생이 적은 바닥재를 사용한다.

④ 상품이나 진열설비와 무관하게 자극적인 색채로 한다.

[해설]

► 바닥면의 배색은 자극적이 색채보다는 차분한 색채로 처리한다.

정답 ④

81. 다음의 상점 계획에 관한 설명 중 옳지 않은 것은?

① 상점내 고객의 동선은 짧게, 종업원의 동선은 길게 계획한다.

② 국부조명은 배열을 바꾸는 경우를 고려하여 자유롭게 수량, 방향, 위치를 변경할 수 있도록 한다.

③ 고객의 동선과 종업원의 동선이 만나는 곳에 카운터케이스를 놓는다.

④ 상점의 총 면적이란 일반적으로 건축면적 가운데 영업을 목적으로 사용되는 면적을 말한다.

[해설]

► 상점내 고객의 동선은 가능한 한 길게, 종업원의 동선은 가능한 한 짧게 계획한다.

정답 ①

82. 다음 중 상점 쇼윈도의 눈부심(glare)을 방지하기 위한방법과 가장 거리가 먼 것은?

① 눈에 입사하는 광속을 크게 한다.

② 차양을 달아서 외부에 그늘을 주어 내부보다 어둡게 한다.

③ 특수한 곡면 유리를 사용한다.

④ 유리면을 경사지게 하여 반사각을 조정한다.

[해설]

► 눈에 입사하는 광속을 작게 한다.

정답 ①

83. 상점의 판매 형식 중 대면판매에 대한 설명으로 옳은 것은?

① 측면판매에 비하여 충동적 구매와 선택이 용이하다.

② 측면판매에 비하여 진열면적이 커진다.

③ 측면판매에 비하여 포장하기가 편리하다.

④ 측면판매에 비하여 판매원의 정위치를 정하기 어렵다.

[해설]

► 대면판매는 진열장 중심으로 판매원의 고정 위치를 정하기가 용이하다.

정답 ②

84. 소규모 상점의 계단을 설계할 때 고려사항으로 부적절한 것은?

① 계단의 경사도가 낮을수록 고객이 올라가기 쉬우므로 경사도를 낮게 계획한다.

② 상점에서 계단은 훌륭한 장식요소가 되기 때문에 세심한 주의를 요한다.

③ 계단위치의 평면형식으로는 벽면위치의 계단, 중앙 위치의 계단 등이 있다.

④ 계단의 뚫리는 부분은 매장의 면적과 관련시켜 고려한다.

[해설]

► 계단의 경사도가 낮을 경우 고객이 올라가기 쉬우나 상점내부의 면적을 많이 차지하므로 경사도를 낮게 계획할 수 없다.

정답 ①

85. 상점에 있어서 진열창(show-window)의 반사를 방지하기 위한 조치로 가장 적합하지 않은 것은?

① 진열창내의 밝기를 외부보다 낮게 한다.

② 차양을 달아 진열창 외부에 그늘을 준다.

③ 진열창의 유리면을 경사지게 한다.

④ 곡면 유리를 사용한다.

[해설]

► 진열창내의 밝기를 외부보다 밝게 계획해야 한다.

정답 ①

86. 상점 건축의 동선 계획에 대한 설명 중 틀린 것은?

① 종업원 동선은 가능한 한 짧게 하여 소수의 종업원으로도 판매가 능률적이 되도록 한다.

② 고객의 동선과 종업원 동선은 교차되지 않는 것이 바람직하다.

③ 동선에 변화를 주기 위해 바닥 면에 고저차를 두는 것이 좋다.

④ 고객 동선은 가능한 길게 하여 다수의 손님을 수용하도록 한다.

[해설]

► 통로폭은 0.9m 이상을 유지하며 가급적 바닥의 단차가 생기지 않도록 한다.

정답 ③

87. 다음 상점의 방위에 관한 설명 중 옳지 않은 것은?

① 음식점은 도로의 남측이 좋다.

② 식료품점은 석양에 의한 상품변질을 피하도록 한다.

③ 서점은 가급적 도로의 남측이나 서측을 선택하되, 일사에 의한 퇴색, 변형, 방지에 유의한다.

④ 여름용품점은 도로의 남측을 택하여 북측광선을 받도록 한다.

[해설]

► 여름용품점은 도로의 북측에 위치하여 더운 특성을 살릴 수 있는 남향이 좋다.

정답 ④

88. 다음의 상점계획에 대한 설명 중 옳지 않은 것은?

① 종업원 동선은 고객의 동선과 교차되는 것이 바람직하고, 가급적 보행거리를 길게 한다.

② 상점의 총면적이란 일반적으로 건축면적 가운데 영업을 목적으로 사용되는 면적을 말한다.

③ 고객의 동선은 원활하게 하면서 가급적 길게 하는 것이 좋다.

④ 쇼윈도의 바닥높이는 상품의 종류에 따라 높낮이를 결정하게 된다.

[해설]

► 종업원 동선은 고객의 동선과 교차되지 않도록 하며 가급적 보행거리는 짧게 계획한다.

정답 ①

89. 다음의 각종 상점의 방위에 대한 설명 중 틀린 것은?

① 음식점 : 도로의 남측에 위치하는 것이 좋다.

② 식료품점 : 강한 석양은 상품을 변색시키므로 서향을 피한다.

③ 서점 : 가급적 도로의 북측이나 동측을 선택한다.

④ 부인용품점 : 오후에 그늘이 지지 않는 방향으로 하는 것이 좋다.

[해설]

► 서점은 가급적 도로의 남측이나 서측을 선택하여 일사에 의한 변질을 방지한다.

정답 ③

90. 상점의 판매형식 중 대면판매에 대한 설명으로 옳지 않은 것은?

① 상품의 설명을 하기에 편리하다.

② 판매원의 정위치를 정하기가 용이하다.

③ 판매원에 의해 통로가 소요되므로 진열 면적이 감소된다.

④ 충동적 구매와 선택이 용이하다.

[해설]

► 충동구매 유도, 상품의 구매와 선택 용이성은 측면판매에 유리하다.

정답 ④

91. 다음 중 쇼윈도(show-window)의 현휘방지 방법으로 적당하지 않은 것은?

① 해가리개(차양)로 일사를 막는다.

② 유리를 사면으로 설치한다.

③ 해가리개의 접는 장치에 의해 실내를 어둡게 한다.

④ 곡면유리를 사용한다.

[해설]

► 쇼윈도우 내부의 조도를 외부보다 밝게 한다.

정답 ③

92. 상점계획에 관한 기술 중 부적당한 것은?

① 점내의 상품이 통행인으로부터 잘 보이게 한다.

② 점내의 손님동선은 되도록 짧게 한다.

③ 점원의 동선은 짧고 능률적이 될 수 있도록 한다.

④ 점원과 손님의 동선은 가급적 분리시킨다.

[해설]

► 고객동선은 가능한 길게 하며 배회율을 높여 상점에 오래 머무르게 한다.

정답 ②

93. 상점의 진열대 배치유형 중 통로가 직선이어서 고객의 흐름이 빠르며 부분별 상품진열이 용이하고 대량판매에도 가능한 형식은?

① 환상배열형 ② 굴절배열형

③ 직렬배열형 ④ 복합형

[해설]

► 직렬 배열형

– 통로가 직선이므로 고객의 흐름이 빨라 부분별 상품진열이 용이하고, 대량판매형식도 가능하다.

정답 ③

94. 상점 계획에 관한 설명 중 부적당한 것은?

① 대면 판매형식은 진열면적이 증가한다.

② 파사드(Facade)는 대중성, 유인성이 있어야 한다.

③ 종업원과 손님의 동선은 교차되지 않는 것이 바람직하다.

④ 매장의 바닥은 요철이 없게 한다.

[해설]

◈ 대면 판매

장점 : 설명하기가 편리하다. 종업원의 정위치를 정하기가 용이하다. 포장하기 편리하다.

단점 : 종업원에 의해 통로가 소요되므로 진열면적이 감소된다.
진열장이 많아지면 상점분위기가 딱딱해진다.

정답 ①

95. 상점건축에서 대면판매의 특징으로 옳은 것은?

① 진열면적이 커지고 상품에 친근감이 간다.

② 판매원의 정위치를 정하기 어렵고 불안정하다.

③ 일반적으로 시계, 귀금속 상점 등에 사용된다.

④ 상품의 설명이나 포장이 불편하다.

[해설]

► 직원이 고객과 마주보고 대면하여 상품설명에 용이하고 상품의 포장과 계산이 편리하다. 일반적으로 시계, 귀금속 상점 등에 사용된다.

정답 ③

96. 상점계획에 대한 설명 중 옳지 않은 것은?

① 진열창(Show Window)은 간판, 입구, 파사드(Facade), 광고 등을 포함하여 점포전체의 얼굴이다.

② 진열창(Show Window)의 크기는 상점의 종류, 전면 길이 및 부지 조건에 따라 다르다.

③ 상점 바닥면은 보도면에서 자유스럽게 유도될 수 있도록 계획한다.

④ 고객 동선은 가능한 한 길게 종업원의 동선은 가능한한 짧게 한다.

[해설]

► 점두는 간판, 쇼윈도우, 출입구, 광고 등을 포함하여 점포 전체의 얼굴이다.

정답 ①

97. 상점의 정면(Facade)구성에 요구되는 상점과 관련되는 5가지 광고 요소(AIDMA 법칙)에 속하지 않는 것은?

① 흥미(Interest) ② 주의(Attention)

③ 기억(Memory) ④ 장식(Decoration)

[해설]

◈ 상점 파사드 5가지 광고 구성 방법

1. 주의(Attention) 2. 흥미(Interest)
3. 기억(Memory) 4. 욕망(Desire)
5. 행동(Action)

정답 ④

98. 상점 계획에 관한 설명 중 옳지 않은 것은?

① 상점내 고객의 동선은 짧게, 종업원의 동선은 길게 계획한다.

② 국부조명은 배열을 바꾸는 경우를 고려하여 자유롭게 수량, 방향, 위치를 변경할 수 있도록 한다.

③ 고객의 동선과 종업원의 동선이 만나는 곳에 카운터 케이스를 놓는다.

④ 상점의 총 면적이란 일반적으로 건축면적 가운데 영업을 목적으로 사용되는 면적을 말한다.

[해설]

► 상점내 고객의 동선은 길게 종업원의 동선은 짧게 한다.

► 이유는 고객은 많은 상품을 천천히 둘러 보기위해 동선이 길어야 하며, 종업원은 고객과 상품관리를 위해 동선이 짧아야 좋다.

정답 ①

99. 상점 건축계획에서 업종에 대한 방위설정으로 가장 부적당한 것은?

① 부인용품점 – 오후에 그늘이 지지 않는 방향으로 하는 것이 좋다.

② 음식점 – 음식물이 부패하기 쉬우므로 도로의 남측에 위치하는 것은 좋지 않다.

③ 양복점, 가구점, 서점 – 일사에 의한 퇴색, 변색, 파손에 유의하여 도로의 남측에 설치하는 것이 바람직하다.

④ 여름용품점 – 도로의 북측을 택하고 남측 광선을 취한다.

[해설]

► 음식물이 부패하기 쉬우므로 도로의 남측에 배치하는 것이 좋다.

정답 ②

100. 슈퍼마켓(Super-market) 건축계획에 관한 기술 중 가장 올바른 것은?

① 매장바닥은 단차를 두면 단조로운 대공간에 변화감을 주어 효과적이다.

② 입구와 출구의 폭은 같게 하고 가급적 분리시키는 것이 좋다.

③ 체크 카운터의 대수는 1시간당 1대의 처리능력을 슈퍼마켓의 경우 100 ~ 200명으로 보고 결정한다.

④ 고객동선은 일방통행이 좋고 통로폭은 1.5m 이상이 바람직하다.

[해설]

1. 매장의 바닥은 고저차를 두어서는 안된다.
2. 고객이 많은 쪽을 입구로 하고 항상 넓게, 출구는 좁게 한다.
3. 체크카운터의 대수는 1시간당 1대의 처리능력을 슈퍼마켓의 경우 500~600명으로 보고 결정한다.

정답 ④

101. 상점의 외관을 개방형으로 하였을 경우 가장 적합하지 않은 것은?

① 이발소 ② 서적상(서점)

③ 제과점 ④ 지물포

[해설]

► 이발소는 퍼사드 중 폐쇄형에 속한다.

정답 ①

102. 다음 중 상점내 진열장 배치계획에서 가장 우선적으로 고려되어야 할 사항은?

① 동선의 흐름 ② 진열장의 치수

③ 조명의 밝기 ④ 천장의 높이

[해설]

손님과 종업원의 동선을 원활하게 하여 다수의 손님을 수용하고 소수의 종업원으로 관리하기에 편리하도록 하기위해 동선의 흐름을 우선적으로 고려한다.

정답 ①

103. 상점건축의 입면구성시 필요로 하는 5가지 광고요소에 해당하지 않는 것은?

① 주의(attention)
② 기억(memory)
③ 욕망(desire)
④ 경제(economic)

[해설]

► 상점파사드 구성의 방법 : 주의(attention)기억(memory)욕망(desire)흥미(Interest) 행동(Action)

정답 ④

104. 다음 중 상점의 파사드 형식을 패쇄형으로 할 경우 가장 적합한 상점은?

① 빵집
② 귀금속상점
③ 서점
④ 지물포

[해설]

► 폐쇄형 : 손님이 비교적 오래 머무르는 곳이나 손님이 적은 곳에 사용된다(이발소, 미용원, 보석상, 카메라점, 귀금속상 등).

정답 ②

105. 쇼윈도우 유리면의 반사방지 방법으로 적당하지 않은 것은?

① 차양을 설치하여 외부에 그늘을 준다.
② 특수한 경우에는 곡면유리를 사용한다.
③ 쇼윈도 안의 조도를 외부, 즉 손님이 서 있는 쪽보다 어둡게 한다.
④ 유리를 사면으로 설치한다.

[해설]

► 쇼윈도우 안의 조도를 손님이 서있는 외부쪽보다 밝게 한다. 쇼운도우 내부가 어둡게 되면 손님이 쇼윈도우의 전시상품을 보았을 때 거울처럼 자신의 모습이 비취질 수 있다.

정답 ③

106. 상점의 판매형식 중 대면 판매에 대한 설명으로 옳은 것은?

① 상품의 선택과 충동적 구매가 쉽다.

② 진열면적이 커서 상품에 친근감이 있다.

③ 판매원의 위치가 정확하고 포장이 편리하다.

④ 양복, 침구, 서적, 운동용구점에 일반적으로 사용한다.

[해설]

► 대면 판매의 장점 : 설명하기가 편하다, 종업원의 정위치를 정하기 용이하다, 포장하기 편리하다.

정답 ③

107. 다음 그림에서 방위를 고려한 음식점의 위치로 가장 알맞은 곳은?

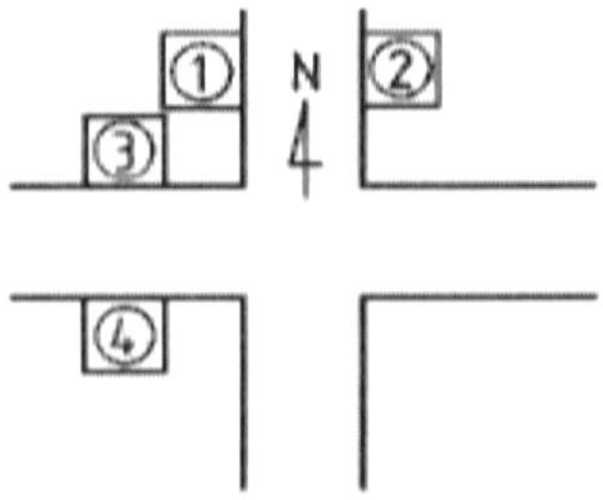

① ①　　　② ②

③ ③　　　④ ④

[해설]

► 음식점은 음식이 부패할수 있기 때문에 도로의 남측(북향) 또는 좁은 길옆이 좋다.

정답 ④

108. 파사드의 외관형식을 개방형으로 할 경우 가장 적합한 상점은?

① 서점　　　② 이발소

③ 귀금속점　　　④ 카메라점

[해설]

◈ 개방형

1. 손님이 잠시 머무르는 곳이나 손님이 많은 곳에 적합

2. 서점, 제과점, 철물점, 지물포 등

정답 ①

109. 상점입면 구성의 5가지 광고요소가 아닌 것은?

① 주의(attention)　　② 전시(display)

③ 흥미(interest)　　④ 기억(memory)

[해설]

◈ 상점입면 구성의 5가지 광고요소

1. A(주의, attention) : 주목시킬 수 있는 배려
2. I(흥미, interest) : 공감을 주는 호소력
3. D(욕망, desire) : 욕구를 일으키는 연상
4. M(기억, memory) : 인상적인 변화
5. A(행동, action) : 들어가기 쉬운 구성

정답 ②

110. 상점건축의 쇼윈도 계획시 유리면의 반사방지를 위한 대책 중 잘못된 것은?

① 곡면유리를 사용해서 밖의 영상이 객의 시야에 들어오지 않게 한다.

② 유리를 사면으로 설치하여 밖의 영상이 객의 시야에 들어 오지 않게 한다.

③ 쇼윈도 안의 조도를 외부 조도보다 낮게 한다.

④ 해가리개로 일사를 막는다.

[해설]

◈ 쇼윈도 계획시 유리면의 반사방지 대책

1. 진열창 내의 밝기를 외부보다 더 밝게 한다.
2. 차양을 달아 외부에 그늘을 준다.
3. 유리면을 경사지게 하고 특수한 곡면 유리를 사용한다.
4. 건너편의 건물이 비치는 것을 방지하기 위해 가로수를 심는다.

정답 ③

111. 각 상점의 방위에 대한 설명 중 가장 부적당한 것은?

① 부인용품점은 오후에 그늘이 지지 않는 방향이 좋다.

② 식료품점은 강한 석양을 피할 수 있는 방향이 좋다.

③ 여름용품점은 도로의 남측을 택하고 북측광선을 취한다.

④ 음식점은 도로의 남측이 좋다.

[해설]

◈ 상점의 방위

- 부인용품점 : 오후에 그늘 이지지 않는 방향이 좋다.
- 식료품점 : 강한 석양은 상품을 변색시키므로 서측을 피한다.
- 양복점, 가구점, 서점 : 가급적 도로의 남측이나 서측을 선택하여 일사에 의한 퇴색변형, 파손 등을 방지한다.
- 음식점 : 도로의 남측 또는 좁은 길옆이 좋다.
- 여름용품점 : 도로의 북측을 택하여 남향, 남측 광선을 취하는 것이 효과적이다.
- 귀금속품점 : 1일 중 태양 광선이 직사하지 않는 방향이 좋다. 북측 채광을 취한다.

정답 ③

112. 상점 내부의 기본조명에 필요한 조명기구수를 구하는 데 관계없는 사항은?

① 평균조도 ② 실면적 ③ 쇼케이스 수 ④ 램프광속

[해설]

◈ 내부조명

- 상점 내부의 전반조명과 주력 상품을 돋보이게 하는 국부조명을 병여하는 것이 바람직하다.
- 전반조명으로는 형광등, 국부조명으로는 불투명한 sport light가 적당하다.
- 바닥면 상의 조도 : 최저 150lx가 표준이며 300lx 정도가 적당하다.

정답 ③

113. 상점건축에서 쇼윈도(Show window)의 반사를 방지하는 방법으로 옳지 않은 것은?

① 해가리개를 설치한다. ② 내부를 외부보다 어둡게 한다.

③ 곡면유리를 사용한다. ④ 유리를 경사지게 설치한다.

[해설]

- 진열창 내의 밝기를 외부보다 더 밝게 한다.
- 차양을 달아 외부에 그늘을 준다.
- 유리면을 경사지게 하고 특수한 곡면 유리를 사용한다.
- 건너편의 건물이 비치는 것을 방지하기 위해 가로수를 심는다.

정답 ②

114. 파사드 계획에 있어 보석상, 귀금속 상점 등 고객이 비교적 오래 머물러 있는 경우나 고객의 이용이 비교적 많지 않은 상점에 가장 적합한 형식은?

① 개방형 ② 폐쇄형

③ 중간형 ④ 혼합형

[해설]

► 개방형

- 손님이 잠시 머무르는 곳이나 손님이 많은 곳에 적합
- 서점, 제과점, 철물점, 지물포 등

► 폐쇄형

- 손님이 비교적 오래 머무르는 곳이나 손님이 적은 곳에 사용된다.
- 이발소, 미용원, 보석상, 카메라점, 귀금속상 등

► 혼합형

- 개방형과 폐쇄형을 겸한 형식으로 가장 많이 사용된다.
- 개구부의 일부는 개방하고 다른 일부는 폐쇄한 혼합형과, 길쪽을 개방하고 안쪽을 폐쇄한 분리형이 있다.

정답 ②

115. 상점의 숍 프론트(shop front) 분류 중 외부와의 관계에 의한 분류라고 보기 어려운 것은?

① 개방형 ② 중2층형

③ 폐쇄형 ④ 혼합형

[해설]

◈ 숍 프런트에 의한 분류

►개방형

- 손님이 잠시 머무르는 곳이나 손님이 많은 곳에 적합
- 서점, 제과점, 철물점, 지물포 등

► 폐쇄형

- 손님이 비교적 오래 머무르는 곳이나 손님이 적은 곳에 사용된다.
- 이발소, 미용원, 보석상, 카메라점, 귀금속상 등

► 혼합형

- 개방형과 폐쇄형을 겸한 형식으로 가장 많이 사용된다.
- 개구부의 일부는 개방하고 다른 일부는 폐쇄한 혼합형과, 길쪽을 개방하고 안쪽을 폐쇄한 분리형이 있다.

정답 ②

116. 상점 계획에 관한 설명중 부적당한 것은?

① 대면 판매형식은 진열면적이 증가한다.

② 파사드(fasade)는 대중성, 유인성이 있어야 한다.

③ 종업원과 손님의 동선은 교차되지 않는 것이 바람직하다.

④ 매장의 바닥은 요철이 없게 한다.

[해설]

◈ 대면판매

► 고객과 종업원이 진열장을 사이에 두고 상담하면 판매하는 형식

- 대상 : 시계, 귀금속, 카메라, 의약품, 화장품, 제과, 수예품 등
- 장점 : 설명하기 편하고, 판매원이 정위치를 잡기 용이하며 포장이 편리하다.
- 단점 : 진열 면적이 감소되고 show-case가 많아지면 상점 분위기가 부드럽지 않다.

정답 ①

117. 상점에 있어서 진열창(show-window)의 반사를 방지하기 위한 조치로 가장 적합하지 않은 것은?

① 진열창내의 밝기를 외부보다 낮게 한다.

② 차양을 달아 진열창 외부에 그늘을 준다.

③ 진열창의 유리면을 경사지게 한다.

④ 곡면 유리를 사용한다.

[해설]

◈ 진열창(show-window)의 반사 방지 방법

- 진열창 내의 밝기를 외부보다 더 밝게 한다.
- 차양을 달아 외부에 그늘을 준다.
- 유리면을 경사지게 하고 측수한 곡면 유리를 사용한다.
- 건너편의 건물이 비치는 것을 방지하기 위해 가로수를 심는다.

정답 ①

118. 상점의 외관 형태에 관한 기술 중 부적당한 것은?

① 홀형은 만입형의 만입부를 더욱 넓게 계획하고, 그 주위에 진열장을 설치함으로써 홀을 형성하는 형식으로 상점안의 면적이 작아진다.

② 돌출형은 종래에 많이 사용된 형식으로 특수 도매상 등에 쓰인다.

③ 평형은 가장 일반적인 형식으로 채광이 용이하고 상점 내부를 넓게 사용할 수 있다.

④ 만입형은 점두의 일부를 상점안으로 후퇴시킨 것으로 자연채광에 효과적인 방법이다.

[해설]

► 평형

- 점두의 외면에 출입구를 낸 가장 일반적인 형이다.
- 채광이 좋고 점내를 넓게 사용할 수 있으며 채광에 유리하다.

► 돌출형

- 점내의 일부를 돌출시킨 형으로 특수 도매상에 쓰인다.

► 만입형

- 점두의 일부를 만입시킨 형으로 점내 면적과 자연 채광이 감소된다.

► 다층형

- 2층 또는 그 이상의 층을 연속되게 취급한 형으로 가구점, 양복점에 유리하다.

정답 ④

119. 상점 건축물의 매장 가구배치상 고려해야 할 점이 아닌 것은?

① 손님쪽에서 상품이 효과적으로 보이도록 한다.

② 감시하기 쉽고 손님에게 감시한다는 인상을 주지 않게 한다.

③ 동선이 원활하여 다수의 손님을 수용하고 소수의 종업원으로 관리하게 한다.

④ 들어오는 손님과 종업원의 시선이 직접 마주치게 하여 친근감을 갖게 한다.

[해설]

◈ 진열장 및 가구 배치시 고려사항(위의 지문에서 추가)

1. 들어오는 고객과 종업원의 시선이 직접 마주치지 않게 한다. 이를 위해 종업원의 위치는 상점 전면에 직접 보이지 않게 하고, 슬며시 보이는 장소를 정한다.
2. 판매와 지불의 관계에 있어서 종업원의 동선은 짧게 한다. 또한 금전자동계산기를 종업원 가까이에 둔다.

정답 ④

120. 상점건축에서 파사드(facade)와 숍 프론트(shop front)의 조건이 아닌 것은?

① 해당 상점의 업종이 인지될 수 있도록 한다.

② 상점내로 유도하는 효과가 있어야 한다.

③ 셔터는 폐점후 방범만을 목적으로 하기 때문에 시각적인 고려는 할 필요가 없다.

④ 대중적 호감을 고려한다.

[해설]

◈ 숍 프런트에 의한 분류

1. 개방형

- 손님이 잠시 머무르는 곳이나 손님이 많은 곳에 적합하다.

2. 폐쇄형

- 손님이 비교적 오래 머무르는 곳이나 손님이 적은 곳에 사용된다.

3. 혼용형

- 개방형과 폐쇄형을 겸한 형식으로 가장 많이 사용된다.
- 개구부의 일부는 개방하고 다른 일부는 폐쇄한 혼합형과 길 쪽을 개방하고 안쪽을 폐쇄한 분리형이다.

정답 ③

121. 상점의 판매방식중 측면판매에 관한 설명으로 옳지 않은 것은?

① 고객과 종업원이 진열상품을 같은 방향으로 보며 판매하는 방식이다.

② 충동적 구매와 선택이 용이하다.

③ 판매원의 정위치를 정하기 어렵고 불안정하다.

④ 진열면적이 감소하고 상품에 친근감이 간다.

[해설]

◈ 측면판매

- 진열 상품을 같은 방향으로 보며 판매하는 형식
- 장점 : 충동적 구매와 선택이 용이하며, 진열 면적이 커지고 친근감이 있다.
- 단점 : 판매원은 위치를 잡기 어렵고 불안정하며, 상품 설명이나 포장 등이 불편하다.

정답 ④

122. 진열장 유리의 흐림 방지를 하기 위한 방법은?

① 진열대 밑에 난방장치를 하여 내외의 온도차를 적게 한다.

② 진열장내의 밝기를 인공적으로 높게 한다.

③ 차양을 달아 외부에 그늘을 준다.

④ 곡면 유리를 사용한다.

[해설]

► 흐림방지 방법은 진열장에 외기가 통하도록 하거나 매장 내,외부의 온도차를 적게 하는 방법이 있다.

정답 ①

123. 각 상점의 방위에 대한 설명 중 틀린 것은?

① 식료품점은 강한 석양을 피하는 장소가 적당하다.

② 양복점, 서점, 가구점의 방위는 변색방지를 위해서 북향이나 동향이 적당하다.

③ 음식점은 양지 바른쪽이 좋다.

④ 부인용품은 오후에 그늘이 지는 곳이 적당하다.

[해설]

► 부인용품은 오후에 그늘이 지지 않는 방향이 좋다.

정답 ④

124. 일반 상점가나 시장 또는 일용상품의 상점에 가장 많이 사용되는 숍 프론트(shop front) 형식은?

① 혼합형 ② 분리형

③ 폐쇄형 ④ 개방형

[해설]

► 개방형은 숍의 전면이 모두 오픈된 형식이고 전면유리는 일반적인 상점이나 서점에서 쓰이고 전면 개방은 시장, 철물점, 일용품점 등에서 많이 쓰인다.

정답 ④

125. 상점계획에 관한 기술 중 부적당한 것은?

① 점내의 상품이 통행인으로부터 잘 보이게 한다.

② 점내의 손님동선을 되도록 짧게한다.

③ 쇼케이스에서의 점원의 동선은 짧고 능률적이어야 한다.

④ 점원과 손님의 동선은 가급적이면 분리시킨다.

[해설]

► 고객동선은 가능한 길게 하며 배회율을 높여 상점에 오래 머무르게 한다.

정답 ②

126. 상점 계획에서 퍼사드(facade)와 숍 프론트(shop front)의 계획요소와 거리가 먼 것은?

① 전면 도로의 크기 ② 인상적이고 개성적인 디자인

③ 대중성 ④ 상점내로의 유인성

[해설]

► 파사드는 상점의 개성이 드러나는 전면부의 외관으로 간판, 사인, 쇼윈도우, 출입구, 광고 등을 통해 상업적 효과를 최대화할 수 있도록 계획한다.

정답 ①

127. 상점계획에 관한 설명 중 부적당한 것은?

① 가구배치시 손님과 종업원의 시선이 마주치지 않게 고려한다.

② 계단을 올라갈 때와 내려올 때 매장전체를 볼 수 있게 고려한다.

③ 실내 배색은 진열된 상품에 대하여 충분히 고려한다.

④ 종업원 동선은 길게, 고객 동선은 짧게 계획한다.

[해설]

► 고객동선은 가능한 길게 하며 배회율을 높여 상점에 오래 머무르게 하고, 종업원은 가능한 한 동선길이를 짧게 한다.

정답 ④

128. 상점건축의 진열창 계획시 반사방지를 위한 대책 중 잘못된 것은?

① 곡면유리를 사용해서 밖의 영상이 객의 시야에 들어 오지 않게 한다.

② 유리를 사면으로 설치하여 밖의 영상이 객의 시야에 들어 오지 않게 한다.

③ 진열창의 조도를 외부 조도보다 낮추어 준다.

④ 평유리를 경사지게 설치한다.

[해설]

► 진열상품을 강조하기 위해 진열창의 조도를 외부 조도보다 밝게 한다.

정답 ③

129. 상점 건축의 판매부분에 포함되지 않는 것은?

① 상품전시부분 ② 서비스부분

③ 통로부분 ④ 관리부분

[해설]

► 관리부분은 부대공간에 속한다.

정답 ④

130. 상점입면 구성의 광고요소에 관한 설명중 틀린 것은?

① 주의(attention) ② 전시(display)

③ 흥미(interest) ④ 기억(memory)

[해설]

► 롤랜드 홀의 구매심리를 자극하는 심리적 단계인 AIDMA 법칙은 (Attention 호기심, 주의, 주목) (Interest 관심, 흥미) (Desire 욕구, 욕망) (Memory 기억) (Action 구매, 행동) 이다.

정답 ②

131. 상점 건축에서 판매부분에 속하지 않는 것은?

① 상품관리 부분 ② 서비스 부분

③ 상품전시 부분 ④ 통로 부분

[해설]

► 상품관리 부분은 판매공간이 아닌 부대공간에 속한다.

정답 ①

132. 상점계획에서 부지의 선정 조건에 관한 기술 중 가장 부적당한 것은?

① 사람의 통행이 많고 번화한 곳이 좋다.

② 교통이 편리하고 눈에 잘 뜨이는 곳이 좋다.

③ 도로면에 많이 접할수록 좋다.

④ 유사한 업종이 주위에 없는 것이 좋다.

[해설]

► 상점은 지역내 상점가나 번화가, 아파트단지 등과 같이 고객 밀집지역과 가까운 곳이 좋고, 인근 상업지역 시설과의 연계 여부와 고객 유치를 위한 서비스 시설 여건이 갖추어지는 것이 좋다.

정답 ④

133. 다음 상점중 점두가 폐쇄형에 속하지 않는 것은?

① 미장원 ② 서점 ③ 카메라점 ④ 보석상

[해설]

► 서점은 개방형에 속한다.

정답 ②

134. 상점건축의 매장내 진열장(show case)을 배치계획 할 때 가장 먼저 고려할 사항은?

① 상품의 진열 ② 고객동선의 원활 ③ 진열장의 수 ④ 조명관계

[해설]

► 고객방향에서 상품이 효과적으로 보이도록 배치하는 것이 중요하며 도난방지차원에서 감시가 용이한 상품진열 계획이 요구된다. 고객과 직원의 동선이 원활하도록 하고 다수의 고객에 대한소수 직원 판매 및 상담에 효율적으로 매장을 구성한다.

정답 ②

135. 상점건축에 대한 설명 중 틀린 것은?

① 매장 바닥은 고저차를 두어 안정감 있게 계획한다.

② 슈퍼마켓은 입구와 출구를 분리하는 것이 좋다.

③ 상점은 고객동선을 가능한한 길게 하여 많은 손님을 수용할 수 있도록 한다.

④ 슈퍼마켓에서의 상품배치는 입구근처에서는 주로 생활필수품을 배치한다.

[해설]

매장바닥은 안정감 있게 고저차를 두지 않는다.

정답 ①

제 16 장

백화점건축

1. 백화점의 엘리베이터 배치 시 고려사항으로 옳지 않은 것은?

① 일렬 배치는 4대를 한도로 한다.

② 교통 동선의 중심에 설치하여 보행거리가 짧도록 배치한다.

③ 일렬 배치 시 엘리베이터 중심 간 거리는 15m 이하가 되도록 한다.

④ 여러 대의 엘리베이터를 설치하는 경우, 그룹별 배치와 군 관리 운전방식으로 한다.

[해설]

- 엘리베이터는 가급적 집중 배치가 좋으나, 설치 대수가 6대 이상일 경우는 분산 배치한다.
- 일렬 배치시 엘리베이터 중심 간 거리는 8m 이하가 되도록 한다.

정답 ③

2. 백화점에 에스컬레이터 설치 시 고려사항으로 옳지 않은 것은?

① 건축적 점유면적이 가능한 한 크게 배치한다.

② 승강 · 하강 시 매장에서 잘 보이는 곳에 설치한다.

③ 각 층 승강장은 자연스러운 연속적 흐름이 되도록 한다.

④ 출발 기준층에서 쉽게 눈에 띄도록 하고 보행동선 흐름의 중심에 설치한다.

[해설]

수송량이 엘리베이터의 약 10배로서 백화점 수송수단 중 가장 크고 수송량에 비해 점유 면적이 작다.

정답 ①

3. 다음 설명에 알맞은 백화점 건축의 에스컬레이터 배치 유형은?

- 승객의 시야가 다른 유형에 비해 넓다.
- 승객의 시선이 1방향으로만 한정된다.
- 점유면적이 많이 요구된다.

① 직렬식　　② 교차식

③ 병렬 연속식　　④ 병렬 단속식

[해설]

직렬식 배치는 고객의 시야가 가장 넓고 크며 점유면적이 가장 크다. 고객 시선이 한 방향으로만 한정된다.

정답 ①

4. 백화점 건축에서 기둥 간격의 결정 시 고려할 사항과 가장 거리가 먼 것은?

① 공조실의 위치　　② 매장 진열장의 치수

③ 지하주차장의 주차방식　　④ 에스컬레이터의 배치방법

[해설]

► 기둥간격 결정요소

1. 진열장의 치수와 배치방법
2. 지하주차장의 주차방식과 주차 폭
3. 엘리베이터, 에스컬레이터의 배치

정답 ①

5. 다음 중 구조코어로서 가장 바람직한 형식으로 바닥면적이 큰 경우에 많이 사용되지만 내부 공간과 외관이 모두 획일적으로 되기 쉬운 코어 형식은?

① 편코어형　② 중심코어형　③ 외코어형　④ 양측코어형

[해설]

중심코어형은 바닥면적이 큰 고층, 초고층사무소에 적합하고, 외부프레임을 내력벽으로 하여 중앙코어와 일체로 한 내진구조를 만들 수 있다.

정답 ②

6. 다음 중 쇼핑센터를 구성하는 주요 요소로 볼 수 없는 것은?

① 핵점포　② 역광장　③ 몰(mall)　④ 코트(court)

[해설]

구성요소로 핵상점(점포), 전문점, 몰, 코트, 주차장이 있다.

정답 ②

7. 백화점 계획에 관한 설명으로 옳지 않은 것은?

① 출입구는 모퉁이를 피하도록 한다.

② 매장은 동일층에서 가능한 레벨차를 두지 않는 것이 바람직하다.

③ 에스컬레이터는 일반적으로 승객수송의 70-80%를 분담하도록 계획한다.

④ 매장의 배치 유형은 매장 면적의 이용률이 가장 높은 사행 배치가 주로 사용된다.

[해설]

매장의 면적이용률이 가장 높은 것은 직각배치이다.

정답 ④

8. 다음의 백화점 에스컬레이터의 배치 형식 중 점내의 점유 면적이 가장 작은 것은?

① 직렬식 배치　② 교차식 배치
③ 병렬 단속식 배치　④ 병렬 연속식 배치

[해설]

◈ 교차형 에스컬레이터 배치
- 승강 하강이 연속적이다.
- 대형 백화점에서 채용이 가능하다.
- 매장의 전망이 나쁘다.
- 점유면적이 가장 작다.
- 승강 하강 시 승강장이 혼잡하지 않다.

정답 ②

9. 다음 설명에 알맞은 백화점 매장의 배치 유형은?

- 매장 면적의 이용률을 최대로 확보할 수 있다. - 쇼 케이스의 규격화가 가능하다.

① 직각배치법　② 사행배치법
③ 방사배치법　④ 자유유선배치법

[해설]

◈ 직각배치
- 가장 일반적인 배치 방법으로 판매대의 설치가 간단하다.
- 경제적이고 판매대의 매장면적을 최대한도로 확보할 수 있다.
- 고객의 통행량에 따라 부분적으로 통로 폭을 조절하기 어렵다.
- 단조로운 배치이고, 국부적인 혼한을 일으키기 쉽다.

정답 ①

10. 다음의 백화점 에스컬레이터 배치 유형 중 점유면적이 크고, 고객의 시야가 가장 넓은 것은?

① 교차식 배치　② 직렬식 배치
③ 병렬단속식 배치　④ 병렬연속식 배치

[해설]

► 직렬식 배치는 고객의 시야가 가장 넓고 크고 점유면적이 가장 크며, 고객 시선이 1방향으로만 한정된다.

정답 ②

11. 백화점에 설치하는 에스컬레이터에 관한 설명으로 옳지 않은 것은?

① 수송량에 비해 점유면적이 작다.

② 설치시 충고 및 보의 간격에 영향을 받는다.

③ 비상계단으로 사용할 수 있어 방재계획에 유리하다.

④ 교차식 배치는 연속적으로 승강이 가능 한 형식이다.

[해설]

에스컬레이터는 백화점의 대표적인 수송수단으로 방재계획상 불리하며 비상계단으로 사용할 수 없으므로 신중한 계획이 요구된다.

정답 ③

12. 쇼핑센터를 구성하는 주요 요소가 아닌 것은?

① 핵점포

② 몰(Mall)

③ 터미널(Terminal)

④ 페데스트리언 지대(pedestrian area)

[해설]

쇼핑센터를 구성하는 주요 요소는 핵점포, 몰, 코트, 페데스트리언지대 이다.

정답 ②

13. 백화점 매장의 배치유형 중 직각배치형에 관한 설명으로 옳지 않은 것은?

① 판매대의 설치가 간단하고 경제적이다.

② 판매장 면적을 최대한을 이용할 수 있다.

③ 매장의 획일성에서 탈피하여 자유로운 구성이 용이하다.

④ 고객의 통행량에 따라 부분적으로 통로 폭을 조절하기 어렵다.

[해설]

◈ 직교(직각)배치법

가구를 열을 지어 직각배치 함으로써 직교하는 통로가 나게 하는 가장 간단한 배치 방법으로 판매장의 면적을 최대한으로 이용할 수 있다. 그러나 단조로운 배치이고, 통행량에 따른 폭을 조절하기 어려워 국부적인 혼란을 일으키기 쉽다.

정답 ②

14. 백화점의 에스컬레이터 계획에 관한 설명으로 옳지 않은 것은?

① 건축적 점유면적이 가능한 한 작게 배치한다.

② 승객의 보행거리가 가능한 한 짧게 되도록 한다.

③ 복렬형은 대형 백화점에서 가장 많이 채용되는 배열 방법이다.

④ 출발 기준층에서 쉽게 눈에 띄도록 하고 보행동선 흐름의 중심에 설치한다.

[해설]

► 직렬식 배치형식이 대형 백화점에서 가장 많이 채용되는 배열 방법이다.

정답 ②

15. 백화점 건축계획에 관한 설명으로 옳지 않은 것은?

① 일조권 확보 계획, 인동간격과 방위와 관련된 배치계획이 우선적으로 요구된다.

② 정면성을 강조함으로서 다양한 고객의 동선을 용이하게 유도하는 것이 요구된다.

③ 전면에 광장과 같은 이벤트 행사 등을 할 수 있는 개방적 외부공간을 계획하는 것이 좋다.

④ 2면 도로의 경우 주도로측에 보행자 출입구, 부도로측에는 차량 및 종업원 출입구를 계획한다.

[해설]

► 배치계획 중 가장 중요시 여기는 부분은 면적구성에 관한 것으로 연면적을 판매부분과 부대관리 부분으로 나누는 것이다.

정답 ②

16. 다음 중 쇼핑센터를 구성하는 주요 요소로 볼 수 없는 것은?

① 핵점포 ② 몰(mall)

③ 코트(court) ④ 터미널(termianl)

[해설]

► 쇼핑센터를 구성하는 요소는 핵상점, 전문점, 몰, 코트, 주차장 등이 있다.

정답 ④

17. 다음의 백화점 에스컬레이터 배치방식 중 매장에 대한 고객의 시야가 가장 제한되는 방식은?

① 직렬식 ② 병렬단속식

③ 병렬연속식 ④ 교차식

[해설]

► 백화점 에스컬레이터 배치 방식중 교차식 배치는 승객의 시야가 나쁘고 점유 면적이 크다.

정답 ④

18. 백화점 매장의 배치유형 중 직각배치형에 관한 설명으로 옳지 않은 것은?

① 판매대의 설치가 간단하고 경제적이다.

② 판매장 면적을 최대한으로 이용할 수 있다.

③ 매장의 획일성에서 탈피하여 자유로운 구성이 용이하다.

④ 고객의 통행량에 따라 부분적으로 통로 폭을 조절하기 어렵다.

[해설]

◈ 직각배치형

가구를 열을 지어 직각배치 함으로써 직교하는 통로가 나게 하는 가장 간단한 배치방법으로 판매장의 면적을 최대한으로 이용할 수 있다. 그러나 단조로운 배치이고, 통행량에 따른 폭을 조절하기 어려워 국부적인 혼란을 일으키기 쉽다. 따라서 오답은 3번이다.

정답 ③

19. 백화점 스팬(Span)의 결정요인과 가장 관계가 먼 것은?

① 매장 진열장의 배치방식과 치수

② 엘리베이터, 에스컬레이터의 유무와 배치

③ 지하주차장의 주차방식과 주차폭

④ 공조실의 폭과 위치

[해설]

◈ 백화점 기둥간격의 결정요소

1. 진열장의 배치
2. 에스컬레이터
3. 지하주차장

정답 ④

20. 백화점의 에스컬레이터의 배치 형식에서 점내의 점유 면적이 가장 작은 것은?

① 직렬식 배치　② 병렬 단속식 배치

③ 병렬 연속식 배치　④ 교차식 배치

[해설]

교차식 배치는 점유 면적이 가장 작고, 직렬식 배치는 점유면적이 가장 크다.

정답 ④

21. 다음 중 쇼핑센터를 구성하는 주요 요소와 가장 관계가 먼 것은?

① 핵점포 ② 몰(mall)

③ 코트(court) ④ 터미널(terminal)

[해설]

► 쇼핑센터의 기능 및 공간의 구성요소

1. 핵점포 2. 몰 3. 전문점

4. 코트 5. 주차장

정답 ④

22. 상점건축에서 대면판매의 특징으로 옳은 것은?

① 진열면적이 커지고 상품에 친근감이 간다.

② 판매원의 정위치를 정하기 어렵고 불안정하다.

③ 일반적으로 시계, 귀금속 상점 등에 사용된다.

④ 상품의 설명이나 포장이 불편하다.

[해설]

► 직원이 고객과 마주보고 대면하여 상품설명에 용이하고 상품의 포장과 계산이 편리하다. 일반적으로 시계, 귀금속 상점 등에 사용된다.

정답 ③

23. 백화점의 에스컬레이터 배치형식에 대한 설명 중 옳은 것은?

① 직렬식 배치 – 점유면적이 작고 승객시야가 좋다.

② 병렬식 배치 – 백화점 점내를 내려다 보기가 어렵다.

③ 교차식 배치 – 점유면적이 작다.

④ 병렬 연속식 배치 – 점유면적이 가장 작다.

[해설]

– 직렬식 배치 : 점유면적이 가장 크고 승객시야가 가장 좋으나, 시선이 한방향으로 고정되기 쉽다.

– 병렬식 배치 : 백화점 점내를 내려다보는 것이 용이하다.

– 병렬 연속식 배치 : 점유면적이 작으나 교차식 배치보다는 크다.

정답 ③

25. 백화점 평면계획에 있어서 엘리베이터와 에스컬레이터의 위치는 어느 곳이 가장 좋은가?

① 두 가지 모두 고객 출입구 근처에 있어야 좋다.

② 엘리베이터는 주 출입구에서 가장 가까운 곳에, 에스컬레이터는 먼 곳이 좋다.

③ 엘리베이터는 주 출입구에서 먼 곳에, 에스컬레이터는 그 중간이 좋다.

④ 두 가지 모두 주 출입구에서 가장 깊숙한 곳이 좋다.

[해설]

► 에스컬레이터는 엘리베이터 군과 주출입구의 중간에 위치하는 것이 좋다. 엘리베이터는 주출입구에서 먼곳에 위치하게 된다.

정답 ③

95. 쇼핑센터를 구성하는 주요 요소가 아닌 것은?

① 핵점포 ② 몰(Mall)

③ 페데스트리언 지대(Pedestrian area) ④ 터니멀(Terminal)

[해설]

◈ 쇼핑센터의 기능 및 공간의 구성 요소

1. 핵상점 2. 전문점 3. 몰 4. 코트 5. 주차장

정답 ④

27. 7층 규모의 백화점 계획에서 각 층 판매장의 일반적인 배치기준과 가장 관계가 먼 것은?

① 1층에는 선택에 시간이 걸리지 않는 소형상품 등 손쉽게 구매할 수 있는 상품을 진열한다.

② 3층에는 안정된 분위기로 비교적 선택에 시간이 걸리는 상품을 진열한다.

③ 5층에는 침구, 카메라, 완구, 운동구 등의 잡화류를 진열하며, 많은 판매장이 구성되도록 한다.

④ 7층에는 고객이 백화점에서 최후로 사는 상품을 진열 한다.

[해설]

► 지하층에는 고객이 백화점에서 최후로 사는 상품을 진열 한다.

정답 ④

28. 쇼핑센터를 구성하는 주요 요소가 아닌 것은?

① 핵점포 ② 몰(Mall)

③ 페데스트리언 지대(pedestrian area) ④ 터미널(Terminal)

[해설]

1. 핵점포 - 쇼핑센터의 핵으로 고객을 끌어당기는 기능
2. 몰 - 쇼핑센터 내의 주요 보행동선으로 고객을 각 상점으로 고르게 유도하는 쇼핑거리인 동시에 고객의 휴식처로서의 기능도 갖고 있다
3. 페데스트리언 지대 - 몰, 코트, 분수, 연못, 조경이 있음

정답 ④

29. 백화점 매장의 가구 배치 및 고객용 통로의 배치 형식에 대한 설명 중 올바르지 않은 것은?

① 직각배치는 경제적이나 단조로운 느낌을 줄 수 있다.

② 사행배치는 매장의 구석까지 가기 어려운 단점이 있다.

③ 자유유선형 배치는 매장의 변경 및 이동이 곤란하다.

④ 직각배치는 고객의 통행량에 따라 통로폭을 조절하기 어려워 국부적인 혼란을 일으키기가 쉽다.

[해설]

◈ 백화점 매장의 진열장 배치방법

1. 직각 배치

- 가장 간단한 배치 방법으로, 가구와 가구 사이를 직교하여 배치함으로써 직각의 통로가 나오게 하는 배치 방법이다.
- 경제적이고 판매장 면적을 최대한 이용할 수 있다.
- 단조로운 배치이고 고객 통행량에 따른 통로 폭의 변화가 어려워 국부적인 혼란을 가져온다.

2. 사행배치

- 주통로를 직각 배치하고, 부통로를 주통로에 45도 경사지게 배치하는 방법이다.
- 수직동선에의 접근이 쉽고, 매장의 구석까지 가기 쉽다.
- 진열장의 다양한 크기가 요구되며, 이형의 매대가 많이 필요하다.

3. 자유 유선형 배치

- 고객의 유동 방향에 따라 자유로운 곡선의 통로를 배치하는 방법이다.
- 전시에 변화를 주고 판매장의 특수성을 살릴 수 있다.
- 판매대나 유리 케이스에 특수형을 필요하기 때문에 고가가 된다.
- 매장의 변경 및 이동이 곤란하다.

4. 방사형 배치

- 판매장의 통로를 방사형이 되도록 배치하는 방법이다.
- 미국에서 실시한 예가 있으나 일반적으로 적용이 곤란한 방식이다.

정답 ②

30. 쇼핑센터를 구성하는 주요 요소가 아닌 것은?

① 핵점포 ② 몰(Mall)

③ 코트(Court) ④ 터미널(Terminal)

[해설]

► 쇼핑센터를 구성하는 주요 요소는 핵점포, 몰, 코트이다.

정답 ④

31. 백화점 스팬(Span)의 결정요인으로 볼 수 없는 것은?

① 매장 진열장의 배치와 치수

② 엘리베이터, 에스컬레이터의 유무와 배치

③ 지하주차장의 주차방식과 주차폭

④ 공조실의 폭과 위치

[해설]

► 백화점 스팬은 기둥과 기둥 사이의 거리로서 매장의 진열장, 주차방식과 주차폭, 엘리베이터 및 에스컬레이터 위치에 따라서 그 길이가 결정된다.

정답 ④

제 17 장
공장

1. 다음 설명에 알맞은 공장건축의 레이아웃 형식은?

- 다종의 소량 생산의 경우나 표준화가 이루어지기 어려운 경우에 채용된다. - 생산성이 낮으나 주문 생산품 공장에 적합하다.

① 제품중심 레이아웃 ② 공정중심 레이아웃

③ 고정식 레이아웃 ④ 혼성식 레이아웃

[해설]

◈ 공정중심의 레이아웃(기계설비중심)

- 동일 종류의 공정, 즉, 기계로 그 기능이 동일한 것, 혹은 유사한 것을 하나의 그룹으로 집합시키는 방식으로 일명 기능식 레이아웃이다.
- 다종 소량생산으로 예상생산이 불가능한 경우, 표준화가 행해지기 어려운 경우에 채용한다.
- 생산성이 낮으나, 주문공장생산에 적합하다.

◈ 제품중심의 레이아웃(연속작업식)

- 생산에 필요한 모든 공정, 기계 기구를 제품의 흐름에 따라 배치하는 방식이다.
- 대량 생산 가능, 생산성이 높음, 공정시간의 시간적, 수량적 밸런스가 좋고, 상품의 연속성이 가능하게 흐를 경우 성립한다.

◈ 고정식 레이아웃

- 주가 되는 재료나 조립부품이 고정된 장소에 사람이나 기계는 그 장소에 이동해가서 작업이 행해지는 방식이다.
- 제품이 크고 수가 극히 적을 경우(선박, 건축)

◈ 혼성식 레이아웃

- 위의 방식이 혼성된 형식

정답 ②

2. 공장건축의 형식 중 분관식(Pavillion type)에 관한 설명으로 옳지 않은 것은?

① 통풍, 채광에 불리하다.

② 배수, 물홈통 설치가 용이하다.

③ 공장의 신설, 확장이 비교적 용이하다.

④ 건물마다 건축 형식, 구조를 각기 다르게 할 수 있다.

[해설]

◈ 분관식

건축형식, 구조를 각각 다르게 할 수 있다. 공장의 신설, 확장이 용이하다.
배수, 물홈통설치가 용이하다. 통풍, 채광이 좋다
공장건설을 병행할 수 있으므로 조기완성이 가능하다.
화학공장, 일반기계 조립공장, 중층공장의 경우에 알맞다.

정답 ①

3. 공장건축에서 효율적인 자연채광 유입을 위해 고려해야 할 사항으로 옳지 않은 것은?

① 가능한 동일 패턴의 창을 반복하는 것이 바람직하다.

② 벽면 및 색채 계획 시 빛의 반사에 대한 면밀한 검토가 요구된다.

③ 채광량 확보를 위해 젖빛 유리나 프리즘 유리는 사용하지 않는다.

④ 주로 공장은 대부분 기계류를 취급하므로 가능한 창을 크게 설치하는 것이 좋다.

[해설]

◈ 자연채광

가능한 한 창을 크게 낼 것

광선을 부드럽게 확산시키는 젖빛 유리, 프리즘 유리를 사용한다.

빛의 반사에 의한 벽의 색체에 유의한다.

정답 ③

4. 공장건축 중 무창공장에 관한 설명으로 옳지 않은 것은?

① 방직공장 등에서 사용된다.

② 공장 내 조도를 균일하게 할 수 있다.

③ 온 · 습도의 조절일 유창공장에 비해 어렵다.

④ 외부로부터 자극이 적으나 오히려 실내발생 소음은 커진다.

[해설]

◈ 무창공장

창을 설치할 필요가 없으므로 건설비가 싸게 든다.

실내의 조도는 자연채광에 의하지 않고, 인공조명을 통하여 조절하게 되므로 균일하게 할 수 있다.

공조시 냉난방부하가 적게 걸리므로 비용이 적게 들며, 운전하기가 용이하다.

실내에서의 소음이 크다.

외부로부터의 자극이 적어 작업능률이 향상된다.

정답 ③

5. 공장건축의 지붕형식에 관한 설명으로 옳지 않은 것은?

① 솟을지붕은 채광 및 자연환기에 적합한 형식이다.

② 평지붕은 가장 단순한 형식으로 2~3층의 중층식 공장건축물의 최상층에 적용된다.

③ 톱날지붕은 북향의 채광창을 통해 일정한 조도를 가진 약한 광선을 받아들일 수 있다.

④ 샤렌구조 지붕은 최근에 많이 사용되는 유형으로 기둥이 많이 필요하다는 단점이 있다.

[해설]

- **평지붕** : 중층식 건물의 최상층
- **뾰족지붕** : 동일면에 천창을 내는 방법으로 어느 정도 직사광선을 허용하는 결점이 있다.
- **솟을지붕** : 채광, 환기에 적합하다.
- **톱날지붕** : 공장 특유의 지붕형태로 채광창이 북향으로 종일 변함 없는 조도를 가진 약한 광선을 받아 들여 작업능률에 지장이 없도록 한다.
- **샤렌구조** : 기둥이 적게 소용되는 장점이 있다.

정답 ④

6. 연속작업식 레이아웃(layout)이라고도 하며, 대량생산에 유리하고 생산성이 높은 공장건축의 레이아웃 형식은?

① 고정식 레이아웃　　② 혼성식 레이아웃

③ 제품중심의 레이아웃　　④ 공정중심의 레이아웃

[해설]

◈ 공정중심의 레이아웃(기계설비중심)

- 동일 종류의 공정, 즉, 기계로 그 기능이 동일한 것, 혹은 유사한 것을 하나의 그룹으로 집합시키는 방식으로 일명 기능식 레이아웃이다.
- 다종 소량생산으로 예상생산이 불가능한 경우, 표준화가 행해지기 어려운 경우에 채용한다.
- 생산성이 낮으나, 주문공장생산에 적합하다.

◈ 제품중심의 레이아웃(연속작업식)

- 생산에 필요한 모든 공정, 기계 기구를 제품의 흐름에 따라 배치하는 방식이다.
- 대량 생산 가능, 생산성이 높음, 공정시간의 시간적, 수량적 밸런스가 좋고, 상품의 연속성이 가능하게 흐를 경우 성립한다.

◈ 고정식 레이아웃

- 주가 되는 재료나 조립부품이 고정된 장소에 사람이나 기계는 그 장소에 이동해가서 작업이 행해지는 방식이다.
- 제품이 크고 수가 극히 적을 경우(선박, 건축)

◈ 혼성식 레이아웃

- 위의 방식이 혼성된 형식

정답 ③

7. 무창 방직공장에 관한 설명으로 옳지 않은 것은?

① 내부 발생 소음이 작다.

② 외부로부터의 자극이 적다.

③ 내부 조도를 균일하게 할 수 있다.

④ 배치계획에 있어서 방위를 고려할 필요가 없다.

[해설]

◈ 무창공장

창을 설치할 필요가 없으므로 건설비가 싸게 든다.

실내의 조도는 자연채광에 의하지 않고, 인공조명을 통하여 조절하게 되므로 균일하게 할 수 있다.

공조시 냉난방부하가 적게 걸리므로 비용이 적게 들며, 운전하기가 용이하다.

실내에서의 소음이 크다.

외부로부터의 자극이 적어 작업능률이 향상된다.

정답 ①

8. 표준화가 어렵거나 다종을 소량 생산하는 경우에 채용되는 공장의 레이아웃(lay out) 방식은?

① 고정식 레이아웃 ② 혼성식 레이아웃

③ 공정중심 레이아웃 ④ 제품중심 레이아웃

[해설]

◈ 공정중심의 레이아웃(기계설비중심)

- 동일 종류의 공정, 즉, 기계로 그 기능이 동일한 것, 혹은 유사한 것을 하나의 그룹으로 집합시키는 방식으로 일명 기능식 레이아웃이다.
- 다종 소량생산으로 예상생산이 불가능한 경우, 표준화가 행해지기 어려운 경우에 채용한다.
- 생산성이 낮으나, 주문공장생산에 적합하다.

◈ 제품중심의 레이아웃(연속작업식)

- 생산에 필요한 모든 공정, 기계 기구를 제품의 흐름에 따라 배치하는 방식이다.
- 대량 생산 가능, 생산성이 높음, 공정시간의 시간적, 수량적 밸런스가 좋고, 상품의 연속성이 가능하게 흐를 경우 성립한다.

◈ 고정식 레이아웃

- 주가 되는 재료나 조립부품이 고정된 장소에 사람이나 기계는 그 장소에 이동해가서 작업이 행해지는 방식이다.
- 제품이 크고 수가 극히 적을 경우(선박, 건축)

◈ 혼성식 레이아웃

- 위의 방식이 혼성된 형식

정답 ③

9. 무창공장에 관한 설명으로 옳지 않은 것은?

① 공장 내 발생 소음이 작아진다.

② 온 · 습도 조절 유지비가 저렴하다.

③ 실내의 조도는 인공 조명에 의해 조절된다.

④ 외부로부터의 자극이 적어 작업 능률이 향상된다.

[해설]

◈ 무창공장

창을 설치할 필요가 없으므로 건설비가 싸게 든다.

실내의 조도는 자연채광에 의하지 않고, 인공조명을 통하여 조절하게 되므로 균일하게 할 수 있다.

공조시 냉난방부하가 적게 걸리므로 비용이 적게 들며, 운전하기가 용이하다.

실내에서의 소음이 크다.

외부로부터의 자극이 적어 작업능률이 향상된다.

정답 ①

10. 다음의 공장건축 지붕형식 중 채광과 환기에 효과적인 유형으로 자연환기에 가장 적합한 것은?

① 평지붕 ② 뾰족지붕

③ 톱날지붕 ④ 솟을지붕

[해설]

- 평지붕 : 중층식 건물의 최상층
- 뾰족지붕 : 동일면에 천창을 내는 방법으로 어느 정도 직사광선을 허용하는 결점이 있다.
- 솟을지붕 : 채광, 환기에 적합하다.
- 톱날지붕 : 공장 특유의 지붕형태로 채광창이 북향으로 종일 변함 없는 조도를 가진 약한 광선을 받아 들여 작업능률에 지장이 없도록 한다.
- 사렌구조 : 기둥이 적게 소용되는 장점이 있다.

정답 ④

11. 다음 중 공장건축의 레이아웃(Lay out) 형식과 적합한 생산제품의 연결이 가장 부적당한 것은?

① 고정식 레이아웃–소량의 대형제품

② 제품중심의 레이아웃–가정전기제품

③ 공정중심의 레이아웃–다량의 소형제품

④ 혼성식 레이아웃–가정전기 및 주문생산품

[해설]

◈ 공정중심의 레이아웃(기계설비중심)

- 동일 종류의 공정, 즉, 기계로 그 기능이 동일한 것, 혹은 유사한 것을 하나의 그룹으로 집합시키는 방식으로 일명 기능식 레이아웃이다.
- 다종 소량생산으로 예상생산이 불가능한 경우, 표준화가 행해지기 어려운 경우에 채용한다.
- 생산성이 낮으나, 주문공장생산에 적합하다.

정답 ③

12. 공장 녹지계획의 효용성과 가장 거리가 먼 것은?

① 근로자의 피로경감 ② 상품의 이미지 향상

③ 제품의 유출입 원활 ④ 재해파급의 완충적 기능

[해설]

◈ 공장 녹지계획의 효용성

생산 및 노동환경의 보존

공해 및 재해방지의 완화

상품 이미지의 향상과 선전

조경이나 미화성

지역사회와의 조화

정답 ③

13. 다음 설명에 알맞은 공장건축의 레이아웃 형식은?

> · 기능식 레이아웃으로 기능이 동일하거나 유사한 공정, 기계를 집합하여 배치하는 방식이다.
> · 다품종 소량생산의 경우 표준화가 이루어지기 어려운 경우에 채용된다.

① 혼성식 레이아웃 ② 고정식 레이아웃

③ 공정중심의 레이아웃 ④ 제품중심의 레이아웃

[해설]

◈ 공정중심의 레이아웃(기계설비중심)

- 동일 종류의 공정, 즉, 기계로 그 기능이 동일한 것, 혹은 유사한 것을 하나의 그룹으로 집합시키는 방식으로 일명 기능식 레이아웃이다.
- 다종 소량생산으로 예상생산이 불가능한 경우, 표준화가 행해지기 어려운 경우에 채용한다.
- 생산성이 낮으나, 주문공장생산에 적합하다.

정답 ③

14. 공장건축에서 효율적인 자연채광 유입을 위해 고려해야 할 사항으로 옳은 것은?

① 젖빛 유리나 프리즘 유리는 사용하지 않는다.

② 가능한 동일 패턴의 창을 반복하지 않는 것이 좋다.

③ 벽면 및 색채계획시 빛의 반사에 대한 면밀한 검토가 필요하다.

④ 공장은 대부분 기계류를 취급하므로 가능한 한 창을 작게 설치하는 것이 효율적이다.

[해설]

◈ 자연채광

가능한 한 창을 크게 낼 것

광선을 부드럽게 확산시키는 젖빛 유리, 프리즘 유리를 사용한다.

빛의 반사에 의한 벽의 색체에 유의한다.

정답 ③

15. 공장건축의 형식 중 파빌리온형(Pavilion type)에 관한 설명으로 옳은 것은?

① 통풍, 채광이 좋지 않다.
② 배수, 물홈통설치가 어렵다.
③ 공장의 신설, 확장이 비교적 용이하다.
④ 건축형식, 구조를 각각 다르게 할 수 없다.

[해설]

◈ 분관식(pavilion type)

건축형식, 구조를 각각 다르게 할 수 있다.

공장의 신설, 확장이 용이하다.

배수, 물홈통설치가 용이하다.

통풍, 채광이 좋다.

공장건설을 병행할 수 있으므로 조기완성이 가능하다.

화학공장, 일반기계 조립공장, 중층공장의 경우에 알맞다.

정답 ③

16. 공장 건축의 레이아웃(lay out)에 관한 설명으로 옳지 않은 것은?

① 고정식 레이아웃은 제품의 대량생산에 적합한 방식이다.
② 레이아웃은 장래 공장 규모의 변화에 대응한 융통성이 있어야 한다.
③ 기능이 유사한 기계를 집합시키는 방식은 표준화가 어려운 공장에 채용한다.
④ 제품의 흐름에 따라 기계를 배치하는 방식을 연속작업식 레이아웃이라 한다.

[해설]

◈ 고정식 레이아웃

– 주가 되는 재료나 조립부품이 고정된 장소에 사람이나 기계는 그 장소에 이동해가서 작업이 행해지는 방식이다.

– 제품이 크고 수가 극히 적을 경우(선박, 건축)

정답 ①

17. 공장건축의 형식 중 분관식(Pavillion type)에 관한 설명으로 옳지 않은 것은?

① 통풍, 채광에 불리하다.

② 배수, 물홈통 설치가 용이하다.

③ 공장의 신설, 확장이 비교적 용이하다.

④ 건물마다 건축 형식, 구조를 각기 다르게 할 수 있다.

[해설]

◈ 분관식(pavilion type)
건축형식, 구조를 각각 다르게 할 수 있다.
공장의 신설, 확장이 용이하다.
배수, 물홈통설치가 용이하다.
통풍, 채광이 좋다.
공장건설을 병행할 수 있으므로 조기완성이 가능하다.
화학공장, 일반기계 조립공장, 중층공장의 경우에 알맞다.

정답 ①

18. 공장 건축에서 자연채광 계획에 관한 설명으로 옳은 것은?

① 톱날지붕형태일 경우 채광창은 남향으로 한다.

② 광선을 밝게 하기 위해 항상 투명유리를 사용한다.

③ 벽면 및 색채계획 시 빛의 반사에 대한 고려가 필요하다.

④ 자연채광은 피로감을 많이 주므로 가능한 한 차단한다.

[해설]

► 자연채광은 가능한 한 창을 크게 내고 광선을 부드럽게 확산시키는 젖빛유리, 프리즘유리를 사용한다. 빛의 반사에 의한 벽의 색체에 유의한다.

정답 ③

19. 다음 설명에 알맞은 공장 건축의 레이아웃 형식은?

- 동일한 기계설비 또는 기능이 유사한 것을 하나의 그룹으로 집합 시키는 방식이다. - 다품종 소량 생산의 경우, 표준화가 이루어지기 어려운 경우에 채용된다. - 주문 생산품 공장에 적합하다.

① 혼성식 레이아웃　　② 고정식 레이아웃

③ 공정 중심의 레이아웃　　④ 제품 중심의 레이아웃

[해설]

► 공정중심의 레이아웃이란 동일 종류의 공정, 즉 기계로 그 기능이 동일하고 유사한 것을 하나의 그룹으로 집합시키는 방식으로 일명 기능식 레이아웃이다. 다종 소량생산으로 예상생산이 불가능한 경우 표준화가 행해지기 어려운 경우에 채용한다.

정답 ③

20. 무창공장에 관한 설명으로 옳지 않은 것은?

① 창을 설치하지 않으므로 건설비가 줄어든다.

② 공조 시 냉난방 부하가 적어 비용이 적게 든다.

③ 외부로부터 자극이 적어 작업 능률이 향상된다.

④ 실내에서의 소음 발생이 적어 쾌적한 근무환경 조성이 용이하다.

[해설]

► 무창공장은 창을 설치할 필요가 없으므로 건설비가 싸게 든다. 실내의 조도는 자연채광에 의하지 않고, 인공조명을 통하여 조절하게 되므로 균일하게 할 수 있다. 공조시 냉난방부하가 적게 걸리므로 비용이 적게 들며, 운전하기가 용이하다. 실내에서의 소음이 크고 외부로부터의 자극이 적어 작업능률이 향상된다.

정답 ④

21. 공장 건축의 지붕형태에 관한 설명으로 옳지 않은 것은?

① 솟을지붕은 채광 및 환기에 적합하다.

② 뾰족지붕은 어느 정도 직사광선을 허용하는 단점이 있다.

③ 샤렌구조에 의한 지붕은 기둥이 적게 소요되는 장점이 있다.

④ 톱날지붕은 채광창을 서향으로 한 경우 하루 종일 변함없는 조도가 제공된다.

[해설]

► 톱날지붕은 공장 특유의 지붕형태로 채광창이 북향으로 종일 변함없는 조도를 가진 약한 광선을 받아 들여 작업능률에 지장이 없도록 한다.

정답 ④

22. 공장 건축계획에 대한 설명 중 옳지 않은 것은?

① 계획 시부터 증축에 대한 고려를 해야 한다.

② 평면은 가능한 요철이 없는 형이 바람직하다.

③ 파빌리온형(Pavilion type)의 공장 형식은 통풍, 채광이 좋지 않다.

④ 공장 건축의 레이아웃 중 고정식 레이아웃은 조선소와 같이 제품이 크고 수량이 적은 경우에 행해진다.

[해설]

► 파빌리온형은 건축형식, 구조를 각각 다르게 할 수 있고 공장의 신설, 확장이 용이하고 배수, 물홈통설치가 용이하다. 통풍, 채광이 좋으며 공장건설을 병행할 수 있으므로 조기완성이 가능하고 화학공장, 일반기계 조립공장, 중층공장의 경우에 알맞다.

정답 ③

23. 공장 건축의 지붕형식에 관한 설명으로 옳지 않은 것은?

① 솟을지붕은 채광 및 자연환기에 적합한 형식이다.

② 평지붕은 가장 단순한 형식으로 2~3층의 복층식 공장 건축물의 최상층에 적용된다.

③ 샤렌구조 지붕은 최근에 많이 사용되는 유형으로 기둥이 많이 필요하다는 단점이 있다.

④ 톱날지붕은 북향의 채광창을 통한 약한 광선의 유입으로 작업능률에 지장이 없는 형식이다.

[해설]

샤렌구조는 기둥이 적게 소요되는 장점이 있으며 샤렌을 곡면슬라브라고도 말한다. 뼈대의 종류에 따른 구조물 종류의 하나이다.

정답 ③

24. 공장 건축의 레이아웃(Layout)에 관한 설명 중 옳지 않은 것은?

① 공장의 생산성에 큰 영향을 미친다.

② 중화학공업 등 장치공업은 레이아웃의 유연성이 크다.

③ 제품 중심의 레이아웃은 대량 생산에 유리하며 생산성이 높다.

④ 공정 중심의 레이아웃은 다품종 소량 생산이나 주문 생산의 경우와 표준화가 어려운 경우에 적합하다.

[해설]

► 공장 건축의 레이아웃은 공장사이의 여러 부분, 작업장내의 기계설비, 작업자의 작업구역, 자재나 제품을 두는 곳 등 상호 위치관계를 가리키는 곳을 말한다. 장래 공장규모의 변화에 대응한 융통성이 있어야 한다. 공장 생산성이 미치는 영향이 크고, 공장 배치계획, 평면계획시 레이아웃을 건축적으로 종합한 것이 되어야 한다.

정답 ②

25. 공장 건축에서 효율적인 자연채광 유입을 위해 고려해야 할 사항으로 옳지 않은 것은?

① 가능한 동일 패턴의 창을 반복하는 것이 좋다.

② 빛을 차단하는 젖빛 유리나 프리즘 유리는 사용하지 않는다.

③ 벽면 및 색채계획 시 빛의 반사에 대한 면밀한 검토가 필요하다.

④ 공장은 대부분 기계류를 취급하므로 가능한 한 창을 크게 설치하는 것이 효율적이다.

[해설]

► 자연채광은 가능한 한 창을 크게 내고 광선을 부드럽게 확산시키는 젖빛유리, 프리즘유리를 사용한다. 빛의 반사에 의한 벽의 색채에 유의한다.

정답 ②

26. 다음 설명에 알맞은 공장건축의 레이아웃 형식은?

- 다종의 소량 생산의 경우나 표준화가 이루어지기 어려운 경우에 채용된다.
- 생산성이 낮으나 주문 생산품 공장에 적합하다.

① 제품중심 레이아웃 ② 공정중심 레이아웃

③ 고정식 레이아웃 ④ 혼성식 레이아웃

[해설]

► 공정중심 레이아웃

동일 종류의 공정, 즉 기계로 그 기능이 동일한 것 혹은 유사한 것을 하나의 그룹으로 집합시키는 방식으로 일명 기능식 레이아웃이다. 다종 소량생산으로 예상생산이 불가능한 경우 표준화가 행해지기 어려운 경우에 채용한다. 생산성이 낮으나 주문공장생산에 적합하다.

정답 ②

27. 기계공장의 지붕 형식으로 톱날지붕을 채용하는 가장 주된 이유는?

① 실내 소음을 감소시키기 위해 ② 실내 조도를 일정하게 하기 위해

③ 우수 처리를 용이하게 하기 위해 ④ 실내 온·습도는 일정하게 하기 위해

[해설]

► 톱날지붕

공장 특유의 지붕형태로 채광창이 북향으로 종일 변함없는 조도를 가진 약한 광선을 받아 들여 작업능률에 지장이 없도록 한다.

정답 ②

28. 공장건축의 형식 중 분관식(Pavillion type)에 대한 설명으로 옳지 않은 것은?

① 통풍, 채광에 불리하다.

② 배수, 물홈통 설치가 용이하다.

③ 공장의 신설, 확장이 비교적 용이하다.

④ 건물마다 건축형식, 구조를 각기 다르게 할 수 있다.

[해설]

◈ 분관식

건축형식, 구조를 각각 다르게 할 수 있고 공장의 신설, 확장이 용이하고 배수, 물홈통설치가 용이하다. 통풍, 채광이 좋고 공장건설을 병행할 수 있으므로 조기완성이 가능하고 화학공장, 일반기계조립공장, 중층공장의 경우에 알맞다

정답 ①

29. 공장건축의 레이아웃 형식 중 다품종 소량생산이나 주문생산에 가장 적합한 것은?

① 제품중심의 레이아웃

② 공정중심의 레이아웃

③ 고정식 레이아웃

④ 혼성식 레이아웃

[해설]

► 동일 종류의 공정, 즉 기계로 그 기능이 동일한 것, 혹은 유사한 것을 하나의 그룹으로 집합시키는 방식으로 일명 기능식 레이아웃이다. 다종 소량생산으로 예상생산이 불가능한 경우 표준화가 행해지기 어려운 경우에 채용한다. 생산성이 낮으나 주문공장생산에 적합하다.

정답 ②

30. 공장 건축의 레이아웃 형식 중 사람이나 기계가 이동하여 작업하는 방식으로, 조선소와 같이 제품이 크고, 수량이 적은 경우에 사용되는 것은?

① 제품 중심의 레이아웃

② 공정 중심의 레이아웃

③ 고정식 레이아웃

④ 혼성식 레이아웃

[해설]

► 고정식 레이아웃

주가 되는 재료나 조립부품이 고정된 장소에 사람이나 기계는 그 장소에 이동해가서 작업이 행해지는 방식이다. 제품이 크고 수가 극히 적을 경우에 해당한다.

정답 ③

31. 공장 배치계획에 관한 설명으로 옳지 않은 것은?

① 장래의 확장계획을 고려한다.

② 견학자를 위한 동선을 고려한다.

③ 중요한 작업은 공정상 유리한 위치에 둔다.

④ 생산, 관리, 연구, 후생 등의 시설은 집중 배치시킨다.

[해설]

► 공장 배치계획

생산, 관리, 연구는 유기적으로 결합시키고, 후생과는 명쾌하게 나눈다. 각 건물의 배치는 공장작업내용을 충분히 검토한 후 결정하는 것이 바람직하며 장래계획, 확장계획을 충분히 고려해서 배치 계획한다. 이상적으로 부지내의 종합계획을 하고, 원료 및 제품을 운반하는 방법, 작업동선을 고려한다. 동력의 종류에 따라 배치하는 계통을 합리화하며 견학자동선을 고려한다. 대공장에서 여러 종류의 작업이 포함하는 경우 가장 중요한 작업에 대하여 가장 유리한 위치에 배치한다.

정답 ④

32. 다음 설명에 알맞은 공장 건축의 지붕형식은?

- 공장 특유의 지붕형태이다. - 채광창을 북향으로 함으로써 하루 종일 변화 없이 실내조도를 유지할 수 있다. - 기둥이 많이 소요되는 단점이 있다.

① 톱날지붕 ② 뾰족지붕

③ 평지붕 ④ 샤렌지붕

[해설]

► 톱날지붕

공장 특유의 지붕형태로 채광창이 북향으로 종일 변함없는 조도를 가진 약한 광선을 받아 들여 작업능률에 지장이 없도록 한다.

정답 ①

33. 공장 건축의 형식 중 파빌리온형(Pavilion type)에 대한 설명으로 옳지 않은 것은?

① 공장의 신설, 확장이 비교적 용이하다.

② 건축형식, 구조를 각기 다르게 할 수 있다.

③ 공장 건설을 병행할 수 있으므로 조기 완성이 가능하다.

④ 단층공장에 적용되며, 중층공장의 경우에는 적용할 수 없다.

[해설]

► 파빌리온형은 분관식이라고도 하며 건축형식, 구조를 각각 다르게 할 수 있으며 공장의 신설, 확장이 용이하다. 배수, 물홈통설치가 용이하고 통풍, 채광이 좋다. 공장건설을 병행할 수 있으므로 조기완성이 가능하고 화학공장, 일반기계 조립공장, 중층공장의 경우에 알맞다.

정답 ④

34. 공장 녹지계획의 효용성과 관계가 없는 것은?

① 피로 경감　　② 공해 방지
③ 작업 의욕의 향상　　④ 원료 수급과 저장의 원활

[해설]

공장의 녹지계획의 효용성에는 생산 및 노동환경의 보존과 공해 및 재해방지의 완화, 상품 이미지의 향상과 선전, 조경이나 미화성, 지역사회와의 조화가 있다.

정답 ④

35. 다음 중 공장 건축의 레이아웃(Layout)형식과 적합한 생산 제품의 연결이 가장 부적당한 것은?

① 제품 중심의 레이아웃 – 가정전기제품
② 공정 중심의 레이아웃 – 주문 생산품
③ 고정식 레이아웃 – 소규모제품
④ 혼성식 레이아웃 – 가정전기 및 주문 생산품

[해설]

► 고정식 레이아웃은 주가 되는 재료나 조립부품이 고정된 장소에 사람이나 기계는 그 장소에 이동해 가서 작업이 행해지는 방식이다. 제품이 크고 수가 극히 적을 경우(선박, 건축)에 해당한다.

정답 ③

36. 공장건축의 형식 중 파빌리온 타입에 대한 설명으로 옳지 않은 것은?

① 통풍, 채광이 좋다.
② 공장의 신설, 확정이 비교적 용이하다.
③ 건축형식, 구조를 각기 다르게 할 수 없다.
④ 각 동의 건설을 병행할 수 있으므로 조기완성이 가능하다.

[해설]

► 공장건축의 형식 중 파빌리온 타입은 분관식이라고 하며 건축형식, 구조를 각각 다르게 할 수 있으며 공장의 신설, 확장이 용이하다. 배수, 물홈통설치가 용이하며 통풍, 채광이 좋다. 공장건설을 병행할 수 있어 조기완성이 가능하다. 화학공장, 일반기계 조립공장, 중층공장의 경우에 알맞다.

정답 ③

37. 다음 중 방적공장을 무창공장으로 설계하는 이유와 가장 거리가 먼 것은?

① 온 · 습도 조정의 유지비가 싸다.　② 조도를 일정하게 하는데 유리하다.

③ 유창공장에 비하여 건설비가 싸다.　④ 공장내의 소음을 저하시킨다.

[해설]

◈ 무창공장

창을 설치할 필요가 없어 건설비가 싸게 들고 실내의 조도는 자연채광에 의하지 않고 인공조명을 통하여 조절하게 되므로 균일하게 할 수 있다. 공조시 냉난방부하가 적게 걸리므로 비용이 적게 들며 운전하기가 용이하고 실내에서의 소음이 크다. 외부로부터의 자극이 적어 작업능률이 향상된다.

정답 ④

38. 공장건축의 지붕형태에 대한 설명 중 옳지 않은 것은?

① 뾰족지붕은 어느 정도 직사광선을 허용하는 단점이 있다.

② 솟음지붕은 채광 및 환기에 적합하다.

③ 채광창을 서향으로 한 경우 하루종일 변함없는 조도가 제공된다.

④ 샤렌구조에 의한 지붕은 기둥이 적게 소요되는 장점이 있다.

[해설]

► 채광창을 북향으로 한 경우 하루종일 균일한 조도를 얻을 수 있다.

정답 ③

39. 다음 중 무창공장에 대한 설명으로 옳지 않은 것은?

① 작업 중 실내에서 발생하는 소음이 저하된다.

② 유창공장에 비하여 건설비가 싸다.

③ 인공조명으로 균일한 조도를 얻을 수 있다.

④ 온 · 습도 조정의 유지비가 적게 든다.

[해설]

► 작업 중 실내에서 발생하는 소음이 증가한다.

정답 ①

40. 연속작업식 레이아웃(layout)이라고도 하며, 대량생산에 유리하여 생산성이 높은 공장건축의 레이아웃 형식은?

① 제품중심의 레이아웃 ② 공정중심의 레이아웃

③ 고정식 레이아웃 ④ 혼성식 레이아웃

[해설]

◈ 공정중심의 레이아웃(기계설비중심)

- 동일 종류의 공정, 즉, 기계로 그 기능이 동일한 것, 혹은 유사한 것을 하나의 그룹으로 집합시키는 방식으로 일명 기능식 레이아웃이다.
- 다종 소량생산으로 예상생산이 불가능한 경우, 표준화가 행해지기 어려운 경우에 채용한다.
- 생산성이 낮으나, 주문공장생산에 적합하다.

◈ 제품중심의 레이아웃(연속작업식)

- 생산에 필요한 모든 공정, 기계 기구를 제품의 흐름에 따라 배치하는 방식이다.
- 대량 생산 가능, 생산성이 높음, 공정시간의 시간적, 수량적 밸런스가 좋고, 상품의 연속성이 가능하게 흐를 경우 성립한다.

◈ 고정식 레이아웃

- 주가 되는 재료나 조립부품이 고정된 장소에 사람이나 기계는 그 장소에 이동해가서 작업이 행해지는 방식이다.
- 제품이 크고 수가 극히 적을 경우(선박, 건축)

◈ 혼성식 레이아웃

- 위의 방식이 혼성된 형식

정답 ①

41. 다음 중 공장건축에서 톱날지붕을 채택하는 이유로 가장 알맞은 것은?

① 균일한 조도를 얻을 수 있다.

② 기둥이 많이 소요되지 않는다.

③ 소음이 완화된다.

④ 온도와 습도조절이 용이하다.

[해설]

채광창을 북측으로 하여 균일한 조도를 얻을 수 있다.

정답 ①

42. 다음 중 공장건축의 평면계획에서 가장 중요한 사항은?

① 작업장내의 기계설비 ② 생산공정에 따른 레이아웃

③ 작업자의 작업구역 ④ 위생 및 후생관계시설

[해설]

► 공장설계시 평면계획에서 가장 중요한 사항은 생산공정에 따른 레이아웃시 동선의 정리이다.

정답 ②

43. 다음의 공장의 지붕형태에 대한 설명 중 옳지 않은 것은?

① 평지붕은 대개 중층식 건물의 최상층에 쓰인다.

② 톱날지붕은 기둥이 적게 소요되기 때문에 기계배치의 융통성이 좋다.

③ 뾰족지붕은 직사광선을 어느 정도 허용하는 결점이 있다.

④ 솟음지붕은 채광, 환기에 적합하다.

[해설]

톱날지붕은 기둥이 많이 소요되며, 샤렌구조가 기둥이 적게 소요되므로 기계배치의 융통성이 좋다.

정답 ②

44. 공장의 레이아웃(layout) 계획에 대한 설명 중 부적당한 것은?

① 공장건축에 있어서 이용자의 심리적인 요구를 고려하여 내부환경을 결정하는 것을 의미한다.

② 작업장내의 기계설비, 작업자의 작업구역, 자재나 제품 두는 곳 등에 대한 상호관계의 검토가 필요하다.

③ 고정식 레이아웃은 조선소와 같이 제품이 크고 수량이 적은 경우에 행해진다.

④ 레이아웃은 공장규모의 변화에 대응할 수 있도록 충분한 융통성을 부여하여야 한다.

[해설]

► 공장 건축의 레이아웃은 공장사이의 여러 부분, 작업장내의 기계설비, 작업자의 작업구역, 자재나 제품을 두는 곳 등 상호 위치관계를 가리키는 곳을 말한다. 장래 공장규모의 변화에 대응한 융통성이 있어야 한다. 공장 생산성이 미치는 영향이 크고, 공장 배치계획, 평면계획시 레이아웃을 건축적으로 종합한 것이 되어야 한다.

정답 ①

45. 공간 건축계획에 대한 설명 중 옳지 않은 것은?

① 계획시부터 증축에 대한 고려를 해야 한다.

② 평면은 가능한 요철이 없는 형이 바람직하다.

③ 파빌리온형(pavillion type)의 공장형식은 통풍, 채광이 좋지 않다.

④ 공장건축의 레이아웃 중 고정식 레이아웃은 조선소와 같이 제품이 크고 수량이 적은 경우에 행해진다.

[해설]

◈ 고정식 레이아웃

- 주가 되는 재료나 조립부품이 고정된 장소에 사람이나 기계는 그 장소에 이동해가서 작업이 행해지는 방식이다.
- 제품이 크고 수가 극히 적을 경우(선박, 건축)

정답 ④

46. 무창 방적 공장에 관한 설명으로 옳지 않은 것은?

① 방위에 무관하게 배치 계획할 수 있다.

② 실내 소음이 실외로 잘 배출되지 않는다.

③ 온도와 습도 조정에 비용이 적게 든다.

④ 외부 환경의 영향을 많이 받는다.

[해설]

◈ 무창공장

창을 설치할 필요가 없어 건설비가 싸게 들고 실내의 조도는 자연채광에 의하지 않고 인공조명을 통하여 조절하게 되므로 균일하게 할 수 있다. 공조시 냉난방부하가 적게 걸리므로 비용이 적게 들며 운전하기가 용이하고 실내에서의 소음이 크다. 외부로부터의 자극이 적어 작업능률이 향상된다.

정답 ④

47. 공장건축의 형식 중 파빌리언 타입(pavilion type)에 대한 설명으로 가장 부적당한 것은?

① 각각의 건물에 대해 건축형식 및 구조를 각기 다르게 할 수 없다.

② 통풍 및 채광이 양호하다.

③ 각 동의 건설을 병행할 수 있으므로 조기완성이 가능하다.

④ 공장의 신설, 확장이 비교적 용이하다.

[해설]

► 파빌리온형은 분관식이라고도 하며 건축형식, 구조를 각각 다르게 할 수 있으며 공장의 신설, 확장이 용이하다. 배수, 물홈통설치가 용이하고 통풍, 채광이 좋다. 공장건설을 병행할 수 있으므로 조기완성이 가능하고 화학공장, 일반기계 조립공장, 중층공장의 경우에 알맞다.

정답 ①

48. 공장건축의 레이아웃(Layout) 형식에 관한 설명 중 옳지 않은 것은?

① 공장의 생산성에 큰 영향을 미친다.

② 중화학 공업 등 장치공업은 레이아웃의 유연성이 크다.

③ 제품중심의 레이아웃은 대량생산에 유리하며 생산성이 높다.

④ 공정중심의 레이아웃은 다품종 소량생산이나 주문생산의 경우와 표준화가 어려운 경우에 적합하다.

[해설]

► 공장 건축의 레이아웃은 공장사이의 여러 부분, 작업장내의 기계설비, 작업자의 작업구역, 자재나 제품을 두는 곳 등 상호 위치관계를 가리키는 곳을 말한다. 장래 공장규모의 변화에 대응한 융통성이 있어야 한다. 공장 생산성이 미치는 영향이 크고, 공장 배치계획, 평면계획시 레이아웃을 건축적으로 종합한 것이 되어야 한다.

정답 ②

49. 공장건축의 형식 중 파빌리온(Pavilion type)에 대한 설명으로 옳은 것은?

① 공장의 신설, 확장이 비교적 용이하다.

② 배수, 물홈통설치가 어렵다.

③ 통풍, 채광이 좋지 않다.

④ 일반기계조립공장, 단층건물이 많으며 평지붕무창 공장에 적합하다.

[해설]

► 파빌리온형은 분관식이라고도 하며 건축형식, 구조를 각각 다르게 할 수 있으며 공장의 신설, 확장이 용이하다. 배수, 물홈통설치가 용이하고 통풍, 채광이 좋다. 공장건설을 병행할 수 있으므로 조기완성이 가능하고 화학공장, 일반기계 조립공장, 중층공장의 경우에 알맞다.

정답 ①

50. 연속작업식 레이아웃(layout)이라고도 하며, 대량생산에 유리하고 생산성이 높은 공장건축의 레이아웃 형식은?

① 제품중심의 레이아웃　　② 공정중심의 레이아웃

③ 고정식 레이아웃　　④ 혼성식 레이아웃

[해설]

◈ 제품중심의 레이아웃(연속작업식)

- 생산에 필요한 모든 공정, 기계 기구를 제품의 흐름에 따라 배치하는 방식이다.
- 대량 생산 가능, 생산성이 높음, 공정시간의 시간적, 수량적 밸런스가 좋고, 상품의 연속성이 가능하게 흐를 경우 성립한다.

정답 ①

51. 공장건축 중 무창공장에 대한 설명으로 옳지 않은 것은?

① 온 · 습도의 조절이 유창공장에 비해 어렵다.

② 방적공장 등에서 무창공장형식이 사용된다.

③ 공장내 조도가 일정해진다.

④ 외부로부터 자극이 적으나 오히려 실내발생 소음은 커진다.

[해설]

◈ 무창공장

창을 설치할 필요가 없어 건설비가 싸게 들고 실내의 조도는 자연채광에 의하지 않고 인공조명을 통하여 조절하게 되므로 균일하게 할 수 있다. 공조시 냉난방부하가 적게 걸리므로 비용이 적게 들며 운전하기가 용이하고 실내에서의 소음이 크다. 외부로부터의 자극이 적어 작업능률이 향상된다.

정답 ①

52. 공장건축의 일반설비사항으로 가장 거리가 먼 것은?

① 조명은 위치를 자유롭게 할 수 있는 인공조명을 주로 사용하는 것이 좋다.

② 환기의 표준으로는 1시간에 6회 내지 7회 정도가 좋으며, 환기방법으로는 자연환기와 기계환기가 있다.

③ 강공업(鋼工業)에 속하는 작업장에는 그 자체가 난방이 되어 난방시설이 필요하지 않다.

④ 욕실설비는 중층공장의 경우에는 1층에 배치하는 것이 좋다.

[해설]

► 공장내의 조명은 자연채광과 인공조명을 함께 사용한다.

정답 ①

53. 공장 건축에서 공장 레이아웃(lay out)에 관한 설명 중 틀린 것은?

① 레이아웃은 장래 공장 규모의 변화에 대응한 융통성이 있어야 한다.

② 제품의 흐름에 따라 기계를 배치하는 방식을 연속작업식 레이아웃이라 한다.

③ 기능이 유사한 기계를 집합시키는 방식은 표준화가 어려운 공장에 채용한다.

④ 고정식레이아웃은 제품의 대량생산에 적합한 방식이다.

[해설]

► 공장 건축의 레이아웃은 공장사이의 여러 부분, 작업장내의 기계설비, 작업자의 작업구역, 자재나 제품을 두는 곳 등 상호 위치관계를 가리키는 곳을 말한다. 장래 공장규모의 변화에 대응한 융통성이 있어야 한다. 공장 생산성이 미치는 영향이 크고, 공장 배치계획, 평면계획시 레이아웃을 건축적으로 종합한 것이 되어야 한다.

◈ 공정중심의 레이아웃(기계설비중심)

- 동일 종류의 공정, 즉, 기계로 그 기능이 동일한 것, 혹은 유사한 것을 하나의 그룹으로 집합시키는 방식으로 일명 기능식 레이아웃이다.
- 다종 소량생산으로 예상생산이 불가능한 경우, 표준화가 행해지기 어려운 경우에 채용한다.
- 생산성이 낮으나, 주문공장생산에 적합하다.

◈ 제품중심의 레이아웃(연속작업식)

- 생산에 필요한 모든 공정, 기계 기구를 제품의 흐름에 따라 배치하는 방식이다.
- 대량 생산 가능, 생산성이 높음, 공정시간의 시간적, 수량적 밸런스가 좋고, 상품의 연속성이 가능하게 흐를 경우 성립한다.

◈ 고정식 레이아웃

- 주가 되는 재료나 조립부품이 고정된 장소에 사람이나 기계는 그 장소에 이동해가서 작업이 행해지는 방식이다.
- 제품이 크고 수가 극히 적을 경우(선박, 건축)

◈ 혼성식 레이아웃

- 위의 방식이 혼성된 형식

정답 ④

54. 일반적으로 방적 공장들은 무창공장으로 설계되는데 그 이유 중 틀린 것은?

① 온 · 습도를 균일하게 유지할 수 있다.

② 조도를 일정하게 하는데 유리하다.

③ 유창공장에 비하여 건설비가 싸다.

④ 공장 내에서 발생하는 소음을 외부로 확산시킨다.

[해설]

► 방적공장은 일반적으로 공장내에서 발생하는 소음이 외부로 확산되지 않으나 실내에서의 소음이 크다.

정답 ④

55. 공장배치계획에 관한 설명으로 옳지 않은 것은?

① 장래의 확장계획을 고려한다.

② 견학자를 위한 동선을 고려한다.

③ 중요한 작업은 공정상 유리한 위치에 둔다.

④ 생산, 관리, 연구, 후생 등의 시설은 집중 배치시킨다.

[해설]

► 생산, 관리, 연구, 후생 등의 각 부분별 시설을 명쾌하게 나누고 유기적으로 결합시킨다.

정답 ④

제 18 장

창고

1. 공장의 창고건축에 관한 설명으로 옳지 않은 것은?

① 다층창고에서 화물의 출입은 기계설비를 이용한다.

② 단층창고는 지가가 높고, 협소한 부지의 경우 주로 이용된다.

③ 단층창고의 경우 구조, 재료가 허용하는 한 스팬을 넓게 하는 것이 좋다.

④ 단층창고의 출입문은 보통 크게 내는 것이 좋으며, 통상적으로 기둥 사이의 전체길이를 문으로 한다.

[해설]

► 단층창고

- 지가가 낮고 부지가 넓은 경우 단층인 것이 가장 기능적이다.
- 화물의 출입이 편리하고 바닥의 내력도 강하므로 건물 내의 높이가 허용하는 한도 안에서 적하가 가능하다.

► 다층창고

- 지가가 높은 부지, 협소한 부지의 경우에 이용된다. 화물의 출입은 필연적으로 기계 설비를 이용하지 않으면 안된다.
- 다층창고의 층높이는 대체로 3.65m가 적당하다.
- 최상층의 경우는 방염, 환기 등을 위한 설치관계로 층높이가 다소 높아지는 경우가 있다.

정답 ②

2. 공장의 창고건축에 대한 설명 중 가장 옳지 않은 것은?

① 단층창고의 출입문은 보통 크게 내는 것이 좋으며, 통상적으로 기둥 사이의 전체길이를 문으로 한다.

② 다층창고에서 화물의 출입은 기계설비를 이용한다.

③ 단층창고의 경우 구조, 재료가 허용하는 한 스팬을 넓게 하는 것이 좋다.

④ 다층창고는 지가가 높고, 협소한 부지의 경우에는 적용할 수 없다.

[해설]

► 다층창고

- 지가가 높은 부지, 협소한 부지의 경우에 이용된다. 화물의 출입은 필연적으로 기계 설비를 이용하지 않으면 안된다.
- 다층창고의 층높이는 대체로 3.65m가 적당하다.
- 최상층의 경우는 방염, 환기 등을 위한 설치관계로 층높이가 다소 높아지는 경우가 있다.

정답 ④

참고문헌

- 건축산업기사 과년도문제, 산업인력관리공단.
- 건축계획학입문, 안창환 외 저, 서우.
- 건축계획총해, 조용구, 서우.
- 건축계획, 김광문 외 역, 세진사.
- 과년도 종합문제해설, 장성훈 외, 기문당.
- 건축계획각론, 박춘근 저, 보성각.
- 건축총론, 김창언 외 저, 기문당.
- 건축계획방법, 이경회 저, 문운당.
- 건축기사과년도 문제해설, 채성범, 서우.
- 건축계획각론, 이범재 외 저, 기문당.
- 과년도문제집, 정하정 저, 성안당.
- 건축계획, 허만형 저, 학문사.
- 건축계획각론, 김영수 저, 서우.
- 8개년핵심건축산업기사, 수험연구회 저, 한솔아카데미.
- 건축계획학입문, 안창환 외 저, 서우.
- 건축설계도감, 강병근 역, 기문당.
- 주택계획설계, 김형대 저, 기문당.
- 단지계획, 김철수 저, 기문당.
- 건축계획, 이진오 저, 예문사.
- 건축계획 문제해설, 김영수 저, 서우.
- 건축사예비시험1, 송성길 외 저, 한솔아카데미.
- 건축계획, 송성길 외 저, 한솔아카데미.
- 건축계획학, 김기홍 저, 서울고시각.

- 건축계획・설계론, 김창언 외 2인 공저, 서우.
- 건축계획, 이광노 외 4인 공저, 문운당.
- 건축설계・계획, 윤도근 외 11인 공저, 문운당.
- 건축계획론, 김진일 저, 보성문화사.
- 건축계획 테마특강, 김형돈 저, 성안당.
- 건축설계자료집성 시리즈, 편집부 역, 집문사.
- 건축설계내사전, 건축실계편찬위원회 저, 한국사전연구사.
- 상업건축기획설계자료집성, 일본점포설계가협회 편, 상업건축사.

저•자•소•개

■ **이 용 희**
- 공학박사
- 강동대학교 건축과 교수

■ **류 근 주**
- 공학박사
- 강동대학교 건축과 교수

건축계획실습

2021년 1월 15일 초판 인쇄
2021년 1월 20일 초판 발행

공 저 : 이용희·류근주
펴낸이 : 이 석 환
펴낸곳 : 도서출판 서우
등 록 : 제8-159호
주 소 : 서울시 은평구 대조동 188-8
전 화 : (02)383-1696, 1697
팩 스 : (02)387-9578
ISBN 979-11-6234-035-6 93540

값 24,000원